冗余捷联惯组信息处理技术

张　通　符文星　张添钧　著

科学出版社
北　京

内 容 简 介

本书是关于冗余捷联惯组信息处理技术的学术著作。全书共 6 章，包括绪论、基本理论、冗余捷联惯组安装配置、冗余捷联惯组误差标定、冗余捷联惯组故障诊断、冗余捷联惯组信息融合等内容。

本书可作为高等院校导航制导与控制、飞行器控制与信息工程相关专业高年级本科生、研究生的教学用书和参考书，也可供相关专业的科研人员和工程技术人员阅读参考。

图书在版编目（CIP）数据

冗余捷联惯组信息处理技术 / 张通，符文星，张添钧著．—北京：科学出版社，2024.5

ISBN 978-7-03-077381-4

Ⅰ．①冗… Ⅱ．①张… ②符… ③张… Ⅲ．①捷联式惯性制导-信息处理 Ⅳ．①V448.131

中国国家版本馆 CIP 数据核字（2024）第 002724 号

责任编辑：宋无汗 / 责任校对：崔向琳

责任印制：徐晓晨 / 封面设计：陈 敬

科学出版社 出版

北京东黄城根北街 16 号

邮政编码：100717

http://www.sciencep.com

北京中科印刷有限公司印刷

科学出版社发行 各地新华书店经销

*

2024 年 5 月第 一 版 开本：720×1000 1/16

2024 年 5 月第一次印刷 印张：11 3/4

字数：237 000

定价：118.00 元

（如有印装质量问题，我社负责调换）

前　言

运载火箭需具备极高的安全性和可靠性，因此要求其导航系统也具有极高的可靠性。国内外运载火箭均采用冗余技术和有效的信息处理技术，提供余度测量信息，提高导航系统的可靠性和精度。例如，美国德尔塔 4 火箭采用两套相对旋转安装的激光捷联惯组；欧洲航天局阿里安 5 火箭采用两套同轴共基座安装的激光陀螺仪捷联惯组；日本 H2A 火箭采用三个正交轴加一个斜置轴安装的捷联惯组；我国新一代运载火箭采用多个惯性器件冗余安装的捷联惯组(长征六号运载火箭采用双八表器件冗余捷联惯组，长征五号运载火箭采用三套冗余捷联惯组，远征一号运载火箭上面级采用十表器件冗余捷联惯组)。

本书总结了作者多年从事运载火箭冗余捷联惯组研究的成果，吸收了前人对冗余捷联惯组系统的科研成果，并参阅了国内外众多文献资料，注重基础理论与工程实践相结合，实用性与可操作性强。

本书受到国家自然科学基金项目(61603297)、陕西省自然科学基金项目(2023-JC-YB-503)的资助。在撰写本书期间，得到了西北工业大学和北京航天自动控制研究所相关学者的大力支持，北京航天自动控制研究所的叶松研究员、胡任祎高工、徐帆研究员给出了具体的意见与建议，王芬芬参与编写第 6 章，在此表示衷心感谢。

由于作者水平和实践经验的限制，书中难免有不当之处，敬请读者批评指正。联系邮箱：zhangtong@nwpu.edu.cn。

目　录

第1章 绪 论

1.1 应用背景及研究意义

近年来，随着科技的发展，惯性导航系统(inertial navigation system，INS)被广泛应用于近地飞行器、载人飞船、远洋航行等领域。其通过陀螺仪测量载体的角速度信息，加速度计测量载体的加速度信息，根据牛顿运动定律积分解算得到载体的姿态、速度与位置[1]。由于 INS 具有不与外界数据交互即可获知自身导航参数的特点，因此不易受到外界电磁干扰的影响，且不易被探测到，是一种具备自主性与隐蔽性，对环境具有高度适应性的导航系统[2]。捷联式惯性导航系统(strapdown inertial navigation system，SINS)直接将惯性测量单元(inertial measurement unit，IMU)与载体固连，通过导航计算机采集数据并进行数值积分，从而求解出载体的姿态、速度、位置信息[3]。与平台式惯性导航(简称惯导)系统相比，SINS 具有成本低、质量轻、初始对准时间短、便于利用多余惯性器件实现冗余配置技术等优点，逐步成为惯性导航系统发展的主流。

惯性导航系统具备自主运作性与高度隐蔽性的特点，因此其经常应用于航空、航天等军事领域。由于工作环境的特殊性，惯性导航系统需要具有高精度与高可靠性[4]。若精度与可靠性无法满足要求，可能造成非常严重的事故。美国曾经针对土星 1 号运载火箭的故障开展分析，结果表明 60%的故障源自制导与控制系统。惯性导航系统作为导航控制系统的核心器件之一，其精度与可靠性决定了系统能否顺利完成导航任务[5]，而 IMU 易受到元器件老化和恶劣工况等影响，导航功能无法保证[6]。

提升 IMU 的精度与可靠性通常有两种方案：第一种方案为提升惯性传感器自身的精度；第二种方案为构建冗余惯性导航系统。第一种方案由于制造工艺、设计水准、组成原理、技术水平等客观因素限制，精度与可靠性无法在短时间内得到改善，难以满足日益增长的任务需求。第二种方案采用冗余配置技术，通过增加一定数量的惯性器件或建立由多套惯性测量组合(简称惯组)构成的惯性导航系统以提升系统导航能力。冗余配置技术分为系统级冗余技术与器件级冗余技术，系统级冗余技术通过建立成套备份系统的方式提高了惯性导航系统的可靠性，但由于系统级冗余技术的制造成本较高，且多套系统间需要考虑对准及时间戳对齐的问题，惯性导航系统的复杂程度较高。器件级冗余技术通过增加惯性传感器数目的方式以建立冗余惯性导航系统，在减小惯导系统体积、降低成本等方面更有优势[7-8]。

由器件级冗余技术构成的冗余捷联惯组将多个惯性传感器按照一定的配置方式进行正交或斜置安装，得到多个轴向的测量值，并根据安装矩阵反映的投影关系将测量数据融合至载体坐标系正交三轴，经过惯性解算后得到载体的姿态、速度、位置信息。例如，典型的德尔塔 4 (Delta Ⅳ)火箭的冗余惯性飞行控制组件(redundant inertial flight control assembly，RIFCA)，RIFCA 传感器模块如图 1-1 所示。

图 1-1 RIFCA 传感器模块[9]

器件级冗余捷联惯组复杂度低，占用空间小，因此具有较高的研究价值。但器件级冗余技术配置方案集中于已知仪表个数的配置方法研究，并未解决任意传感器数目下如何确定满足精度最优评价准则的配置方案问题。此外，器件级冗余捷联惯组存在非正交安装情况，非正交器件的安装误差无法用传统针对正交惯组的十二位置法进行标定，因此需要构建针对非正交器件的误差模型并研究新的标定方法。现有的故障诊断技术主要针对硬性故障，而传统方法对于慢漂故障的检测存在高延时的问题，因此需要构建基于智能方法的慢漂故障检测方法。冗余捷联惯组的同质数据融合方法能够在信号级层面上降低随机游走对导航系统的影响，但是在不依赖外部数据的情况下依旧存在误差累积的问题，因此需要在同质数据融合与异质数据融合层面上进行冗余捷联惯组信息融合技术研究。

1.2 研 究 现 状

1.2.1 冗余捷联惯组安装配置研究现状

工程常用的冗余捷联惯组以四传感器、五传感器、六传感器为主[10]，其中四传感器冗余系统体积最小、成本最低，六传感器冗余系统中单一传感器对系统可靠性贡献最大。因此，四传感器冗余系统与六传感器冗余系统成为研究和应用最广泛的器件级冗余惯性导航系统[11]。美国 EOS-AQUA 卫星采用了四表锥形配置的冗余系统[12-13]；法国 iXblue 公司 Astrix 型号的冗余系统采用了四传感器配置技术；美国 Litton 公司设计了正四面体冗余捷联惯组[14]。除了由单一传感器组合而成的冗余配置技术以外，阵列式冗余技术也能够应用于捷联惯性导航系统。其中前者的冗余配置方案的惯组质心重合于载体重心，而后者的阵列式冗余配置方案中每套惯组质心不重合。国内外学术研究中，Martin 等[15]提出了基于改进平行阵列的冗余配置方案，增强了 IMU 的精度与可靠性。Skog 等[16]提出了由 18 个 IMU 阵列组成的冗余系统，并对其进行性能评估。瑞士联邦理工学院的 Adrian 研制出由三组 IMU 斜置安装的多面体框架结构式冗余捷联惯组，提升了 INS/GPS 组合导航系统的集成性能[17]。李雪莲等[18]提出了一种九表斜置冗余设计方案，提升了冗余系统的可靠性。梁海波[19]提出了三组 IMU 非正交安装的锥形配置方案。李荣冰等[20]设计了一种非正交微机电系统(micro-electro-mechanical system，MEMS)，降低了载体随机扰动对导航性能的影响[21]。

不同的冗余配置方案对导航性能提升的作用不一致，因此需要确定冗余传感器的最优配置方案。冗余惯性导航系统具备单表故障情况下依旧能够保证基本导航功能的特点，因此可靠性以及故障检测与隔离能力是衡量不同配置方案的重要评价准则。Jin 等[22]根据平均故障时间间隔建立可靠性准则，分析了不同配置方案的可靠性。Cheng 等[23]对陀螺仪的冗余配置方案进行了进一步研究，在分析了正交配置方案、斜置配置方案和圆锥配置方案可靠性的基础上，提出了对称斜置配置方案，同时提出了一种新的陀螺仪正交旋转冗余配置方案，并验证了该方案在可靠性上的优势[24]。Harrison 等[25]于 1977 年提出了故障检测与隔离(fault detection and isolation，FDI)的参数指标，为器件级冗余捷联惯组的配置方案提供了理论依据。戴晓强[26]根据所提出的 FDI 评价准则，对不同的配置方案进行评估与比较，总结出最优配置方案。Cheng 等[27-28]改进了冗余惯性导航系统的故障检测算法，提出了基于交互多模型的广义似然比法，并将其应用于四传感器与六传感器配置方案。除 FDI 评价准则外，精度评价准则衡量了不同冗余配置方案的导航精度。Shim 等[29]提出了基于最小二乘估计的冗余惯性导航系统的精度最优评价准则，保证冗余导航系统的姿态、速度、位置误差最小。Xue 等[30]提出了基于几何精度因子(geometric dilution of precision，GDOP)的冗余捷联惯组评价准则，详细推导了传感器安装角度与 GDOP 的关系，同时分析了传感器组噪声相关条件对冗余惯性导航系统精度的影响[31]。

综上所述，通过上述冗余捷联惯组配置方案的研究现状分析可知，配置方案主要有由单一传感器组合而成的斜置方案、正交方案，以及由多套惯组构成的阵列式冗余配置方案。同时，FDI 评价准则与精度评价准则用于衡量不同冗余惯性导航系统的性能优劣，进而选出最优配置方案。但是之前的研究主要集中在已知传感器个数的配置方法研究，通过穷举法列出不同配置并利用评价准则进行评判，并未研究任意传感器数目下的最优配置方案确定方法，因此本书将针对该问题进行研究。

1.2.2 冗余捷联惯组误差标定研究现状

标定指以系统辨识及参数估计为理论基础，对传感器的器件误差进行估计并补偿的一种手段[32]。在惯性器件标定中，首先需要对待标定系统进行误差建模，其次研究并选取合适的参数估计算法对待估计误差参数进行辨识，最后将估计误差参数补偿至原始数据以实现导航精度的提升。面向捷联惯导系统的标定方法主要分为离线标定法与在线标定法[33]：离线标定法借助实验室的高精度转台对器件误差进行估计[34]，通过对比 IMU 的测量数据与转台的基础转速，对传感器的确定性误差进行标定[35]；在线标定法则借助于全球导航卫星系统(global navigation satellite system，GNSS)或星敏感器等外部传感器提供的导航信息，与惯性解算得到的姿态、速度、位置数据构建残差，以残差信息作为测量量实现对器件误差的估计[36]。在线标定法降低了对高精度转台的依赖，适用于载体在飞行过程中的标定[37]。考虑到载体在飞行过程中存在其确定性误差与地面离线标定结果不一致的情况，在线标定法正逐渐成为主流研究方向。Lu 等[38]利用星敏感器作为外部导航信息，采用卡尔曼滤波(Kalman filter，KF)对标度因数误差、安装误差、零偏和星敏感器安装误差进行标定。Nie 等[39]提出了一种基于星敏感器的光纤陀螺仪误差分离方法，利用星敏感器的转速和姿态四元数补偿陀螺仪的器件误差。Lu 等[40]根据星敏感器提供的姿态矩阵，针对陀螺仪和加速度计的偏置估计提出一种新的解析方法。Yuan 等[41-42]以星敏感器为姿态参考，对随机游走进行分析，并对陀螺仪的系统噪声进行量化。

随着冗余捷联惯导系统中传感器数目的增加，配置结构趋于复杂化，传感器的误差标定难度增加[43]。对于冗余捷联惯导系统的斜置传感器安装误差，其在特定的环境下具有更好的激励结果，因此误差模型的建立需同时考虑传感器自身参数、环境因素和使用条件[44]。梁晴[45]用高斯-马尔可夫过程表示安装误差，并给出不同主轴下的斜置轴安装误差模型。Cheng 等[46]提出斜置传感器标定模型，并构建自适应扩展卡尔曼滤波对安装误差进行标定。Gao 等[47]建立了环形激光陀螺仪的误差模型，通过旋转激励的方法对安装误差进行标定。

对于器件误差的标定，不同的激励方式对其估计结果存在影响。Lu 等[38]针对在轨飞行器上的四传感器冗余系统，设计了最优测量与次优测量的载体旋转方案，提升标定精度。Cho 等[48]以三正交惯组为基础，设计了两轴转台的旋转序列以实现对斜置轴安装误差的高精度估计。

为降低对外部传感器的依赖，部分学者提出了以高精度惯组为基础的自标定方法[49-51]。Zhang 等[52]提出了一种加速度计标度因数的自标定方法，该方法需要进行多自由度旋转。Gang 等[53]提出了一种惯导系统发射前的自标定方法，其需要旋转到 9 个特定位置，并将高精度惯导系统信息传递给精度相对较低的惯导系统，实现自标定。Cheng 等[54]构建了线性系统误差模型，采用自标定形式，利用卡尔曼滤波方法对安装误差进行标定。Tian 等[55]针对捷联惯导系统的自标定问题，提出了斜置六轴冗余配置模式和可观测性优化分配方法，通过对多种构型进行多次计算来完成自标定。

针对在线标定方法的研究，部分学者设计出不同的滤波算法。Grewal 等[56]研究出一套标定路径，利用姿态、速度、位置误差构建高维滤波器，实现对误差参数的估计。Olli 等[57]设计了一种基于更多测量信息的传感器标定方法，实现对陀螺仪与加速度计的高精度标定。Poddar 等[58]设计了一种基于容积卡尔曼滤波的陀螺仪标定方案，通过水平旋转对陀螺仪的器件误差进行激励。Wu 等[59]和 Nemec 等[60]设计了一种实时处理均方差估计的自适应异构融合算法，通过融合磁强计的信息，并基于机器学习方法进行实时校准，实现载体飞行状态下的标定，消除对高精度转台的依赖。Luken 等[61]设计了基于决策树的多模态无迹卡尔曼滤波，通过对 IMU 与磁强计构建残差以实现对器件误差的估计。Stebler 等[62]通过贝叶斯滤波模型对器件误差进行建模，并通过广义小波矩阵算法对误差参数进行估计。

对冗余捷联惯组误差标定技术研究现状分析可知，冗余系统的标定流程趋向于在线标定，标定算法以滤波为主。由于冗余惯性导航系统的配置结构具有多样化的特点，现有标定模型通用性较差，当器件误差参数之间存在耦合时，传统标定模型存在非线性误差，标定精度降低。现有研究成果主要是建立正交型配置的冗余系统安装误差模型，缺少适用于在线标定的斜置传感器的安装误差模型。因此，本书将针对斜置传感器的误差模型进行研究，并建立基于滤波的在线标定方法。

1.2.3　冗余捷联惯组故障诊断研究现状

冗余捷联惯导系统中惯性器件故障主要表现为完全失效故障、固定偏差故障、漂移偏差故障和精度下降故障四种情况。完全失效故障指惯性器件测量突然失灵，测量值持续为某一常值，可通过观察被识别的一类故障；固定偏差故障指惯性器件测量值与真实值相差某一恒定常数的一类故障；漂移偏差故障指惯性器件测量值与真实值偏差随时间增加而发生变化的一类故障；精度下降故障指惯性器件测量能力变差，精度变低，一般表现为测量均值不变，方差变化的一类故障，发生于测量噪声较大的惯性器件中[63]。其中，固定偏差故障和漂移偏差故障在系统中不易察觉，本书以这两种类型的故障为研究对象。本书中硬故障指固定偏差故障，表现为某一时刻测量值与真实值相差某一恒定常数的阶跃故障；软故障指漂移偏差故障，表现为测量值与真实值偏差随时间增加而逐渐变化的斜坡故障。

冗余捷联惯导系统的故障检测方法研究最早从硬故障的检测开始，对软故障检测的研究较晚。冗余捷联惯导系统的故障检测方法主要分为直接比较法、基于信号处理的方法和基于奇偶向量空间的方法。其中，直接比较法利用不同测量向量之间的线性相关关系得到的奇偶检测方程建立故障检测与识别真值表进行故障检测与隔离，然而该方法计算量大，且只适用于检测硬故障，对于缓变的软故障不易检测[64-67]；基于信号处理的方法对信号的突变较敏感，然而该方法只能检测硬故障，无法检测软故障；基于奇偶向量空间的方法将陀螺仪输出值投影到奇偶空间，使输出值只与噪声和故障有关，与系统运动状态无关，利于硬故障和软故障的检测，如局部方法、最优奇偶向量方法、奇异值分解法、广义似然比方法等。其中，Benveniste 等[68]提出的局部方法，以不同时刻产生的残差作为随机样本，对大量样本求加权和，并基于加权和求得判决函数，适合诊断幅值小的故障，但算法计算量大且诊断延迟大。金宏等[69-70]提出的最优奇偶向量方法，只对特定陀螺仪故障敏感的奇偶向量进行故障检测与隔离，故障诊断鲁棒性强，但故障检测的虚警率过高。奇异值分解法[71-74]利用奇异值分解得到奇偶向量和奇偶残差进行故障检测与隔离，然而该方法无法诊断负向故障。

广义似然比(generalized likelihood test，GLT)方法可解决以上的问题，该算法计算量小且诊断延迟小，虚警率较低，能够诊断负向故障，并且能够检测硬故障和软故障[75]。除此之外，该方法检测灵敏度高，便于工程实现。因此，在冗余捷联惯导系统的故障检测中得到了广泛的应用，但该方法在实际应用环境中还存在一些动态环境下不适用和软故障检测实时性低的问题。

1. 动态环境下故障检测方法研究

惯性器件含有标度因数误差、安装误差和常值偏差等误差，传统 GLT 故障检测方法中的奇偶向量包含此三种误差，奇偶向量不仅与噪声和故障幅值有关，还与奇偶向量误差项(系统真实运动状态与标度因数误差和安装误差的乘积及常值偏差)有关。当系统处于静态环境中，陀螺仪只能检测到地球转动，此时系统真实运动状态为确定的常值。奇偶向量误差项也为常值，通过实验方法估计并补偿奇偶向量误差项均值，使补偿后的奇偶向量只与噪声和故障幅值有关，便可实现故障的检测与隔离。因此，通常认为静态环境下，惯性器件误差对故障检测与隔离的影响可通过实验方法消除；动态环境下，由于奇偶向量误差项将随着载体运动速率增大而增大，惯性器件误差对故障检测与隔离的影响不可通过实验方法消除，致使故障判决函数有可能超过给定的门限而造成虚警，从而无法检测故障。对于误差参数分别是标度因数误差为 0.005ppm(1ppm 为百万分之一)，安装误差为 60″，常值偏差为 0.02°/h 的中低等精度陀螺仪，当系统运动角速率超出 0.5°/s 时，便会产生虚警情况，无法检测系统故障。因此，在动态环境下，当系统运动角速率超出 0.5°/s 时，传统 GLT 故障检测方法无法检测系统中的故障。

国内外学者利用滤波和神经网络等方法对传统 GLT 故障检测方法进行改进，从而实现动态环境下的故障检测。张汉国等[76]提出偏差分离估计法，对奇偶向量中的误差部分进行估计和补偿，补偿后的系统可进行故障检测，且该方法将三轴运动状态中的误差部分逐渐补偿掉，使误差估计精度更高。然而该方法需进行两次估计，导致计算量增大，不利于故障的实时检测。魏春岭等[77]和尤敏等[78]提出神经网络方法补偿传统 GLT 故障检测方法中奇偶向量的误差项，该方法不需要考虑噪声的统计特性，但需要依赖大量样本的在线学习，且该过程有一定延迟。杨柏军等[79]提出扩展卡尔曼滤波方法补偿惯性器件中的每个误差项，该方法中估计的是实际的误差项，包含系数多，滤波方法的可观测性有待分析。

Steven 等[80]提出基于卡尔曼滤波补偿的 GLT 故障检测方法，采用 KF 方法估计并补偿奇偶向量中惯性器件的误差线性组合项，补偿后的系统可进行故障检测。由于该方法计算量小，利于在线检测，基于 KF 补偿的 GLT 故障检测方法一直沿用至今。

基于 KF 补偿的 GLT 故障检测方法能够对硬故障进行实时检测，但是对软故障的检测存在延时现象。系统发生故障时，KF 方法会抑制测量残差，但由于硬故障是突变型故障，忽略计算时间的影响，故障发生时刻，故障检测不会产生延时；软故障是渐变型故障，故障发生时刻，在滤波器作用下，必然有一部分故障信号被当作外部干扰参与到状态估计中，使故障检测函数无法准确体现软故障信息，从而引发软故障检测延时的现象，无法保证算法实时性。由此可见，滤波方法是影响软故障检测性能的关键因素。

2. 软故障检测方法研究

GLT 故障检测方法能对硬故障进行检测，然而对缓慢变化的软故障来说，当惯性器件发生故障时，并不能立刻检测到软故障，要等到故障信息积累到一定程度后，故障检测函数超出门限，系统才能报错，但此时的系统状态信息已经受到故障信息的影响。为改善软故障缓变特性对故障检测实时性的影响，需从两方面入手：一方面是降低惯性器件的测量噪声，测量噪声影响了奇偶向量的统计特性，从而影响系统正常工作以及故障情况下故障检测函数的取值范围；另一方面是合理设计故障检测门限，广义似然比故障检测门限的计算方法通过限制虚警率的原则确定故障检测门限值通常偏大。

王社伟等[81]提出用蒙特卡洛法求取故障检测的误警率、漏检率和误隔离率，并利用最大可靠性和最小错误概率的方法对故障检测的门限值进行优化，该方法建立在大量实验基础上，且软故障的检测门限不易确定。Yang 等[82]提出的平均奇偶向量(average parity vector，APV)方法能够改善软故障缓变特性导致的软故障检测延时问题，一方面利用加权平均思想降低测量噪声对故障检测的影响；另一方面提出可容性故障概念降低故障检测门限值，可提高软故障检测性能。平均奇偶向量方法设计多个平均奇偶向量故障检测与隔离函数，将检测与隔离一并进行，对于发生故障的系统来说，计算更加方便，然而对于未发生故障的系统而言，多个故障检测与隔离函数增加了计算量。与 GLT 故障检测方法相比，平均奇偶向量方法计算量相对较大，且算法未考虑惯性误差的影响，无法适用于动态环境中。

综上所述，基于 KF 补偿的 GLT 故障检测方法能够应用在动态环境下，但由于软故障缓变特性及滤波建模方式，该方法无法及时检测软故障；APV 方法能够改进软故障缓变特性导致的软故障检测实时性低的问题，但该方法计算量大且无法应用在动态环境下。由此可知，动态环境下软故障检测实时性能有待提升。

基于此，为提升动态环境下软故障检测实时性，通过多模型估计方法和 APV 方法改进基于 KF 补偿的 GLT 故障检测方法。一方面，可考虑引入多模型估计方法代替卡尔曼滤波方法，对奇偶向量方法进行估计和补偿，改善滤波方法对测量残差的抑制导致软故障检测延时的问题。其中，多模型估计方法是一种自适应估计方法，最早是由 Magill[83]于 1965 年提出，主要用于解决具有结构和参数变化或不确定的系统问题。由于交互式多模型(interactive multiple model, IMM)方法费效比高，被认为是迄今为止最有效的固定结构多模型思想方法之一。通过 IMM 方法提前设计故障模型集合，在并行滤波器的作用下完成惯性器件等效误差项的估计和补偿，即可解决卡尔曼滤波建模方式导致测量残差被抑制，从而影响软故障检测实时性的问题。另一方面，在 IMM 方法完成奇偶向量补偿后，通过 APV 方法对 GLT 故障检测方法改进，降低算法计算量的同时，改善软故障缓变特性导致的软故障检测延时问题，全面提升软故障检测性能。孙湘钰[84]研究了单故障和双软故障的隔离方法，提出基于平均降维矢量的残差卡方检验故障隔离方法隔离四陀螺仪冗余系统中的单故障，提出基于极大似然估计(maximum likelihood estimation，MLE)与降阶奇偶向量(reduced-order parity vector，RPV)的双故障隔离方法。

深度学习作为一种能够深度提取数据特征的方法，在故障诊断领域具有较大潜力。基于深度置信网络(deep belief network，DBN)的故障诊断适用于作分类器以及特征的提取与识别。文献[85]将主元分析与 DBN 结合用于航空发动机气路系统故障诊断，并利用实测数据验证该方法的准确性。文献[86]提出了一种基于改进 DBN 的故障诊断方法，摆脱了传统机器学习方法对样本特征提取的依赖，有效解决了梯度消失、局部极值等问题，能够应用于滚动轴承数据的实验中。基于卷积神经网络(convolutional neural network，CNN)的故障诊断更适合处理大型数据，从中获取与故障相关的信息。文献[87]提出了一种基于时间模态特征提取的经验模式分解变换方法，与卷积神经网络结合，应用于轴承故障诊断中。文献[88]提出了一种基于离散小波变换和卷积神经网络的滚动轴承故障诊断特征提取新方法，CNN 所提取的特征能够反映原始信号的特征，并被训练成 softmax 分类器，用于旋转机械故障诊断。与 DBN、CNN 相比，堆栈自编码器(stacked autoencoder,

SAE)能够在相对少的样本数据下，结合特征提取与分类技术实现较优的故障诊断结果[89]。文献[90]提出了一种堆栈监督自编码器来对深度网络进行预训练，并从原始输入数据中获取深度故障相关特征，提高了分类器的分类精度。

1.2.4 冗余捷联惯组信息融合研究现状

冗余捷联惯组的测量值无法直接应用于导航解算，需要将数据投影至载体坐标系正交轴后才能够计算出载体的姿态、速度、位置等信息。由于仅有惯性测量数据参与融合，该融合过程称为同质数据融合，国内外针对同质数据融合已做了大量研究。

冗余阵列作为一种正交配置方案，为减小漂移误差提供了一种新的方法。Skog 等[91]设计了一种基于极大似然估计算法的集中式迭代滤波器，用于融合陀螺仪阵列，分析了几何形状和传感器固有误差对测量精度的影响。此外，Shen 等[92]提出了一种基于松弛切比雪夫中心(relaxed Chebyshev center，RCC)的最优定界椭球(optimal bounded ellipsoid，OBE)算法，并提出了一种多模态卡尔曼滤波算法用于组合冗余阵列。Song 等[93]提出了一种在动态情况下采用泰勒公式对速率信号进行建模的冗余阵列融合方法，以提高融合精度。虚拟陀螺仪技术最早由 Bayard 和 Ploen 于 2003 年提出[94]，其结合 4 个陀螺仪与加速度计的测量值来提高精度。Tanenhaus 等[95-96]构建冗余捷联惯组，多个传感器组成测量阵列，通过最小二乘估计融合提高精度。Lucian 等[97]设计了一种姿态测量系统，其通过为每个传感器设置加权系数，从而融合多个传感器信号。Luo 等[98]设计了虚拟陀螺仪系统，包括 3 个陀螺仪和 4 个加速度计。在算法设计中，利用加速度计阵列测得比力，通过传感器几何关系求解角加速度，并设计卡尔曼滤波器，利用传感器几何关系估计最优角速度。对于非正交配置方案，Song 等[99]设计了分别由 3 个、5 个和 8 个陀螺仪组成的冗余陀螺仪系统，并设计了冗余信号融合的优化滤波方案。然后通过 KF 估计得到体坐标的三轴角速率，从而提高了 MEMS IMU 的精度。此外，Jafari 等[100]还分析了冗余捷联惯组的系统性能与配置结构之间的关系，并利用最小二乘估计得到 IMU 的角速度和加速度，同时分析三传感器和四传感器的冗余优化配置。

惯性导航系统面临误差随时间累积的问题，多套惯组冗余安装，输出数据属于同质数据，本书希望通过数据融合，一定程度上抑制误差发散。冗余捷联惯组和其他传感器组合是异质数据融合问题，卡尔曼滤波算法及其改进形式在工程应用中最为广泛。Sun 等[101]面向 GNSS/IMU 紧耦合系统研究基于遗忘因子加权平滑的自适应滤波器，降低系统的计算量与数据储存量。Vouch 等[102]研究自适应无迹粒子滤波器，通过两步级联提高模型适应性，与传统无迹粒子滤波器[103]相比，其鲁棒性得到明显改善。Wang 等[104]将双 M 容积与容积卡尔曼滤波结合，提升了非高斯噪声污染情况下的定位精度。基于滤波方法的异质数据融合在获得外部数据信息后对当前状态进行一步估计，没有外部数据时，自身进行一步预测。为保证不同传感器间的数据同步并进行实时解算，需要舍弃部分测量数据，因此无法做到对传感器数据的充分利用。为解决该问题，Indelman 等[105]采用了因子图算法，将异质且非同步的传感器数据建模为因子节点，将基于异质数据融合的状态估计模型转换为因子图的概率模型，提高了传感器信息的利用率。Forster 等[106]利用预积分算法解决惯性传感器与视觉相机数据刷新率不一致的问题，提升因子图算法的计算效率。Zeng 等[107]基于因子图的链式结构，提出了改进型因子图多传感器融合算法，降低单传感器失效后对导航系统的影响。Chiu 等[108]基于传统因子图框架建立了滑动窗口，提升算法计算速度。Zhang 等[109]提出了一种连续时间因子图优化的状态估计算法，改善 GNSS 信息在拒止环境下估计轨迹的精度与平滑性。因子图算法相较于滤波方法，能够充分利用传感器数据对状态进行高精度估计，同时对于异质数据融合能够做到即插即用，是如今多源导航系统的重要研究方向。

通过对冗余捷联惯组精度提升技术研究现状分析可知，同质数据融合能够在信号层面降低随机游走的影响，进而提升定位精度。其缺陷在于无法解决误差累积的问题，需要外部导航数据的修正。基于滤波算法的异质数据融合计算量较小，无法做到对传感器数据的充分利用。因子图算法构建模块化的异质数据融合模式，实现传感器信息的充分利用。本书开展同质数据融合与异质数据融合的冗余捷联惯组精度提升方法研究。

1.3 本书的主要内容和特色

通过对冗余捷联惯组研究现状的分析，针对目前存在的问题，本书主要开展冗余捷联惯组安装配置、冗余捷联惯组误差标定、冗余捷联惯组故障诊断和冗余捷联惯组信息融合技术研究。以冗余惯性导航技术为背景，研究器件级冗余方案的最优配置问题，推导任意数目传感器下的最优配置方案。研究最优配置方案中的斜置传感器安装误差标定问题，建立包括安装误差在内的器件误差在线标定方法。针对三通道捷联惯组故障检测中滤波器参数选择；广义似然比故障检测方法面对成套安装的冗余捷联惯组，无法检测并隔离特定轴故障；慢漂故障难以及时检测和隔离，研究了冗余捷联惯组三通道故障检测理论，提出了改进的等价空间故障检测法、改进主元分析故障检测法和基于神经网络的慢漂故障检测法。针对冗余捷联惯组精度提升问题，开展同质数据融合与异质数据融合研究。本书各章的研究内容如下：

第 1 章主要介绍了冗余捷联惯组信息处理技术的应用背景与研究意义，对安装配置、误差标定、故障诊断和信息融合的研究现状进行分析，总结现阶段冗余捷联惯组信息处理技术存在的问题，明确研究方向。

第 2 章首先定义本书常见的几种坐标系，在此基础上介绍捷联惯导系统基本工作原理，并推导姿态、速度、位置的微分方程与误差方程。最后分别阐述适用于误差标定与数据融合的卡尔曼滤波算法与因子图算法的基本原理，为后续安装配置、误差标定中的滤波器设计和信息融合方法的研究提供理论依据。

第 3 章对器件级冗余捷联惯组的安装配置进行研究。根据精度评价准则、可靠性评价准则、故障检测与隔离性能评价准则对冗余捷联惯组安装配置进行研究。基于可靠性最优准则，详细分析四传感器与六传感器不同配置方案的性能，并确定锥形配置与正十二面体配置为性能最优的配置方案。基于精度最优评价准则，详细推导任意传感器数目下的最优配置方案，确定三种基础配置方案下的最优安装角度。

第 4 章对冗余捷联惯组器件误差进行标定。建立传感器的器件误差模型，设定传感器真实坐标系与传感器理论坐标系，其中斜置传感器的安装误差模型基于两坐标系间的旋转角建立。针对器件误差存在的天地不一致性问题，建立基于扩展卡尔曼滤波(extended Kalman filter，EKF)的在线标定方法。为降低标度因数误差与安装误差的耦合作用，建立分阶段滤波模型，基于奇异值分解(SVD)对标定模型进行可观测性分析，并对可观测性矩阵进行重构优化。

第 5 章针对冗余捷联惯组量化输出脉冲增量信号的三通道故障检测理论，研究分析滤波器参数选择，通过改进的解耦矩阵计算方法，选取配置矩阵的正交投影阵行向量组的一个极大无关组并进行施密特正交化，构建一种针对成套冗余捷联惯组的改进广义似然比故障检测方法。针对传统主元分析法应用于动态故障检测中，会存在故障检测效果略差，但故障隔离效果很好的问题，提出一种基于广义似然比法的改进主元分析法，克服传统主元分析法只能检测大幅值故障的不足；针对冗余捷联惯组的慢漂故障，提出了基于神经网络的冗余捷联惯组故障检测方法。

第 6 章针对冗余捷联惯组信息融合进行研究。研究基于滤波方法的同质数据融合方法，通过构建包含系统误差与测量误差的代价函数，同时对滤波器进行重构以实现代价函数最小化。为解决冗余捷联惯组导航误差累积的问题，研究基于因子图的异质数据融合方法，设计惯性节点与 GNSS 节点，研究降低计算量的惯性数据预积分方法，以实现异质数据融合。

第2章　基本理论

2.1　引　　言

本章主要对冗余捷联惯组信息处理技术相关基本理论进行简要介绍。首先定义坐标系，概述捷联惯导系统工作原理，并介绍捷联惯导微分方程。其次推导捷联惯导姿态误差方程、速度误差方程、位置误差方程。最后介绍卡尔曼滤波算法与因子图算法的基本原理，为后续章节提供理论支撑。

2.2　常见坐标系定义

在导航系统中，坐标系通常用来描述惯性元件相对于惯性空间的安装位置，以及载体在惯性系下的运动情况。以下为捷联惯性导航系统中常用的几种坐标系的定义[110]：

1) 地心惯性坐标系

用 $ox_iy_iz_i$ 表示地心惯性坐标系，其原点位于地球几何中心，ox_i 轴和 oy_i 轴位于赤道平面内，ox_i 轴指向春分点，oz_i 轴与地球自转轴重合，正方向为北极指向。惯性元件的输出数据以该坐标系作为参考。

2) 地心地固坐标系

用 $ox_ey_ez_e$ 表示地心地固坐标系，其原点位于地球中心，oz_e 轴与地球自转轴重合，正方向为北极指向，ox_e 轴与 oy_e 轴均位于赤道平面内，ox_e 轴指向本初子午线。地球坐标系与地球固连，e 系相对于 i 系的相对转动角速度为地球自转角速率 ω_{ie}。

3) 地理坐标系

用 $ox_gy_gz_g$ 表示地理坐标系，其原点位于载体中心。地理坐标系有多种表示方法，本书采用“东-北-天”表示法，ox_g 轴、oy_g 轴、oz_g 轴分别指向东、北、天。

4) 导航坐标系

用 $ox_ny_nz_n$ 表示导航坐标系，本书所使用的导航坐标系为“东-北-天”地理坐标系。

5) 载体坐标系

用 $ox_by_bz_b$ 表示载体坐标系，其原点位于载体重心，ox_b 轴沿载体横轴向右，oy_b 轴沿载体纵轴向前，oz_b 轴垂直载体向上，ox_b、oy_b、oz_b 构成右手直角坐标系。对于普通三正交捷联惯导，惯导箱体基准面所确定的三个基准轴与载体坐标系三轴重合。

2.3 捷联惯导系统工作原理

捷联惯性导航系统的基本结构如图 2-1 所示，陀螺仪与加速度计分别用于测量载体当前时刻的角速度与加速度信息。计算机利用初始姿态信息与当前时刻的角速度信息解算得到姿态矩阵，而加速度信息通过姿态矩阵转换至导航坐标系，最后利用速度、位置初值与导航坐标系下的加速度解算出载体的速度与位置信息。

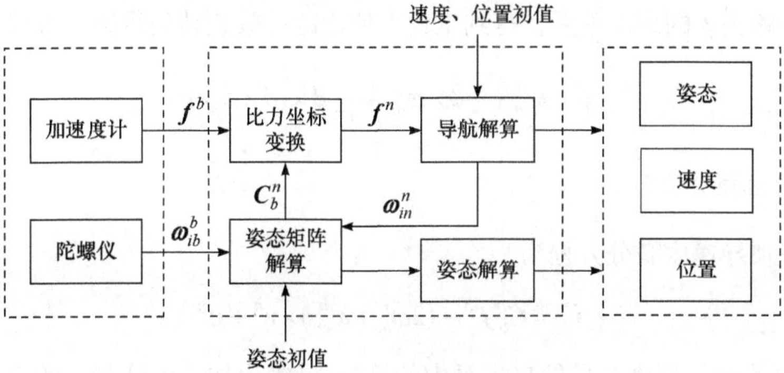

图 2-1　捷联惯性导航系统的基本结构图

2.4 捷联惯导微分方程介绍

1. 姿态矩阵微分方程

姿态矩阵微分方程为

$$\dot{C}_b^n = C_b^n(\omega_{in}^n\times) - (\omega_{ib}^b\times)C_b^n \tag{2-1}$$

式中，ω_{in}^n 表示 n 系相对于 i 系的旋转，其由地球自转引起的旋转 ω_{ie}^n 和载体飞行因地球表面弯曲而引起的旋转 ω_{en}^n 组成，即 $\omega_{in}^n = \omega_{ie}^n + \omega_{en}^n$，其中：

$$\omega_{ie}^n = \begin{bmatrix} 0 & \omega_{ie}\cos L & \omega_{ie}\sin L \end{bmatrix}^{\mathrm{T}} \tag{2-2}$$

$$\omega_{en}^n = \begin{bmatrix} -\dfrac{v_{\mathrm{N}}}{R_{\mathrm{M}}+h} & \dfrac{v_{\mathrm{E}}}{R_{\mathrm{N}}+h} & \dfrac{v_{\mathrm{E}}}{R_{\mathrm{N}}+h}\tan L \end{bmatrix}^{\mathrm{T}} \tag{2-3}$$

式中，ω_{ie} 为地球自转角速率；L 与 h 分别为地理纬度与海拔；v_{N} 与 v_{E} 分别为北向速度与东向速度；R_{M} 与 R_{N} 分别为子午圈曲率半径与卯酉圈曲率半径。

2. 姿态四元数微分方程

姿态四元数微分方程为

$$\dot{\boldsymbol{Q}} = -\frac{1}{2}\boldsymbol{\omega}_{in}^{n} \otimes \boldsymbol{Q} + \frac{1}{2}\boldsymbol{Q} \otimes \boldsymbol{\omega}_{ib}^{b} \tag{2-4}$$

式中，⊗ 表示四元数乘法。

3. 等效旋转矢量微分方程

姿态解算中一般通过等效旋转矢量 $\boldsymbol{\phi}$ 来表示姿态更新周期 $[t_{k-1}, t_k]$ 载体坐标系的旋转。由于惯性元件采样频率较高且姿态更新周期短，$\boldsymbol{\phi}$ 在姿态更新周期内为小量。略去 $\boldsymbol{\phi}$ 的高次项后，得到工程上使用的等效旋转矢量微分方程：

$$\boldsymbol{\phi} = \boldsymbol{\omega}_{ib}^{b} + \frac{1}{2}\boldsymbol{\phi} \times \boldsymbol{\omega}_{nb}^{b} + \frac{1}{12}\boldsymbol{\phi} \times (\boldsymbol{\phi} \times \boldsymbol{\omega}_{nb}^{b}) \tag{2-5}$$

4. 速度微分方程

捷联惯导速度微分方程为

$$\dot{\boldsymbol{v}}^{n} = \boldsymbol{C}_{b}^{n}\boldsymbol{f}^{b} - (2\boldsymbol{\omega}_{ie}^{n} + \boldsymbol{\omega}_{en}^{n}) \times \dot{\boldsymbol{v}}^{n} + \boldsymbol{g}^{n} \tag{2-6}$$

式中，$\boldsymbol{v}^{n}$ 为载体速度在导航坐标系中的投影；$\boldsymbol{f}^{b}$ 为加速度计测量的比力数据；$\boldsymbol{g}^{n}$ 为重力加速度在导航坐标系中的投影。

5. 位置微分方程

捷联惯导位置微分方程为

$$\begin{cases} \dot{L} = \dfrac{v_{\mathrm{N}}}{R_{\mathrm{M}} + h} \\ \dot{\lambda} = \dfrac{v_{\mathrm{E}}}{(R_{\mathrm{N}} + h)\cos L} \\ \dot{h} = v_{\mathrm{U}} \end{cases} \tag{2-7}$$

式中，λ 为地理经度；v_{E}、v_{N}、v_{U} 为速度 $\boldsymbol{v}^{n}$ 在东、北、天三个方向上的分量，即 $\boldsymbol{v}^{n} = [v_{\mathrm{E}} \quad v_{\mathrm{N}} \quad v_{\mathrm{U}}]^{\mathrm{T}}$。

2.5　捷联惯导误差方程推导

2.5.1　姿态误差方程

实际工程中，导航计算机根据角速度数据解算出的姿态矩阵 $\tilde{\boldsymbol{C}}_b^n$ 与导航坐标系到载体坐标系理想无误差条件下的捷联惯导姿态矩阵 $\boldsymbol{C}_b^n$ 存在偏差。设与 $\tilde{\boldsymbol{C}}_b^n$ 对应的导航坐标系为偏差导航坐标系，记为 n' 系，$\tilde{\boldsymbol{C}}_b^n$ 也被记为 $\boldsymbol{C}_b^{n'}$。$\boldsymbol{C}_b^n$ 与 $\boldsymbol{C}_b^{n'}$ 的偏差在于 n 系与 n' 系之间的偏差。用等效旋转矢量 $\boldsymbol{\phi}$ 描述该误差，即 $\boldsymbol{\phi}$ 为 n 系至 n' 系的等效旋转矢量，常称其为失准角误差。

假设 $\boldsymbol{\phi}$ 为小量，则等效旋转矢量与方向余弦阵的近似关系为

$$\boldsymbol{C}_n^{n'} = (\boldsymbol{C}_{n'}^n)^{\mathrm{T}} \approx [\boldsymbol{I} - (\boldsymbol{\phi}\times)] \tag{2-8}$$

因此 $\boldsymbol{C}_b^n$ 与 $\boldsymbol{C}_b^{n'}$ 的关系可表示为

$$\boldsymbol{C}_b^{n'} = [\boldsymbol{I} - (\boldsymbol{\phi}\times)]\boldsymbol{C}_b^n \tag{2-9}$$

对式(2-9)两侧求微分，有

$$(-\dot{\boldsymbol{\phi}}\times)\boldsymbol{C}_b^n + [\boldsymbol{I} - (\boldsymbol{\phi}\times)]\dot{\boldsymbol{C}}_b^n = \dot{\boldsymbol{C}}_b^{n'} \tag{2-10}$$

由式(2-1)可知，带有误差的姿态矩阵微分方程为

$$\dot{\boldsymbol{C}}_b^{n'} = \boldsymbol{C}_b^{n'}(\tilde{\boldsymbol{\omega}}_{in}^n\times) - (\tilde{\boldsymbol{\omega}}_{ib}^b\times)\boldsymbol{C}_b^{n'} \tag{2-11}$$

式中，

$$\begin{cases} \tilde{\boldsymbol{\omega}}_{in}^n = \boldsymbol{\omega}_{in}^n + \delta\boldsymbol{\omega}_{in}^n \\ \tilde{\boldsymbol{\omega}}_{ib}^b = \boldsymbol{\omega}_{ib}^b + \delta\boldsymbol{\omega}_{ib}^b \end{cases} \tag{2-12}$$

其中，$\delta\boldsymbol{\omega}_{ib}^b$ 为陀螺仪测量误差；$\delta\boldsymbol{\omega}_{in}^n$ 为导航坐标系计算误差。

将式(2-1)、式(2-11)、式(2-12)代入式(2-10)，可以得到：

$$\begin{aligned} &(-\dot{\boldsymbol{\phi}}\times)\boldsymbol{C}_b^n + [\boldsymbol{I} - (\boldsymbol{\phi}\times)][\boldsymbol{C}_b^n(\boldsymbol{\omega}_{in}^n\times) - (\boldsymbol{\omega}_{ib}^b\times)\boldsymbol{C}_b^n] \\ &= [\boldsymbol{I} - (\boldsymbol{\phi}\times)]\boldsymbol{C}_b^n[(\boldsymbol{\omega}_{ib}^b + \delta\boldsymbol{\omega}_{ib}^b)\times] - [(\boldsymbol{\omega}_{in}^n + \delta\boldsymbol{\omega}_{in}^n)\times][\boldsymbol{I} - (\boldsymbol{\phi}\times)]\boldsymbol{C}_b^n \end{aligned} \tag{2-13}$$

式(2-13)两侧右乘 $\boldsymbol{C}_n^b$，展开后并忽略误差项的高阶小量，简化为

$$\begin{aligned} (\dot{\boldsymbol{\phi}}\times) &= [(\dot{\boldsymbol{\phi}} \times \boldsymbol{\omega}_{in}^n)\times] + (\delta\boldsymbol{\omega}_{in}^n\times) - (\delta\boldsymbol{\omega}_{ib}^b\times) \\ &= [(\dot{\boldsymbol{\phi}} \times \boldsymbol{\omega}_{in}^n + \delta\boldsymbol{\omega}_{in}^n - \delta\boldsymbol{\omega}_{ib}^b)\times] \end{aligned} \tag{2-14}$$

从而有

$$\dot{\boldsymbol{\phi}} = \boldsymbol{\phi} \times \boldsymbol{\omega}_{in}^n + \delta\boldsymbol{\omega}_{in}^n - \delta\boldsymbol{\omega}_{ib}^n \tag{2-15}$$

式(2-15)为捷联惯导姿态误差方程。

2.5.2　速度误差方程

速度误差 $\delta\boldsymbol{v}^n$ 指捷联惯导系统中计算机得出的速度信息计算值 $\tilde{\boldsymbol{v}}^n$ 与理想值 $\boldsymbol{v}^n$ 间的偏差，其定义为

$$\delta\boldsymbol{v}^n=\tilde{\boldsymbol{v}}^n-\boldsymbol{v}^n \tag{2-16}$$

对式(2-16)两侧同时求微分，有

$$\delta\dot{\boldsymbol{v}}^n=\dot{\tilde{\boldsymbol{v}}}^n-\dot{\boldsymbol{v}}^n \tag{2-17}$$

结合式(2-6)，有

$$\dot{\tilde{\boldsymbol{v}}}^n=\tilde{\boldsymbol{C}}_b^n\tilde{\boldsymbol{f}}^b-(2\tilde{\boldsymbol{\omega}}_{ie}^n+\tilde{\boldsymbol{\omega}}_{en}^n)\times\dot{\tilde{\boldsymbol{v}}}^n+\tilde{\boldsymbol{g}}^n \tag{2-18}$$

式中，

$$\begin{cases}\tilde{\boldsymbol{f}}^b=\boldsymbol{f}^b+\delta\boldsymbol{f}^b\\ \tilde{\boldsymbol{\omega}}_{ie}^n=\boldsymbol{\omega}_{ie}^n+\delta\boldsymbol{\omega}_{ie}^n\\ \tilde{\boldsymbol{\omega}}_{en}^n=\boldsymbol{\omega}_{en}^n+\delta\boldsymbol{\omega}_{en}^n\\ \tilde{\boldsymbol{g}}^n=\boldsymbol{g}^n+\delta\boldsymbol{g}^n\end{cases} \tag{2-19}$$

其中，$\delta\boldsymbol{f}^b$ 为加速度计计算误差；$\delta\boldsymbol{\omega}_{ie}^n$ 为地球自转角速度计算误差；$\delta\boldsymbol{\omega}_{en}^n$ 为导航系旋转计算误差；$\delta\boldsymbol{g}^n$ 为重力误差。

式(2-18)减去式(2-6)，有

$$\begin{aligned}\delta\dot{\boldsymbol{v}}^n&=\dot{\tilde{\boldsymbol{v}}}^n-\dot{\boldsymbol{v}}^n\\&=\tilde{\boldsymbol{C}}_b^n\tilde{\boldsymbol{f}}^b-\boldsymbol{C}_b^n\boldsymbol{f}^b-[(2\tilde{\boldsymbol{\omega}}_{ie}^n+\tilde{\boldsymbol{\omega}}_{en}^n)\times\dot{\tilde{\boldsymbol{v}}}^n-(2\boldsymbol{\omega}_{ie}^n+\boldsymbol{\omega}_{en}^n)\times\dot{\boldsymbol{v}}^n]+\tilde{\boldsymbol{g}}^n-\boldsymbol{g}^n\end{aligned} \tag{2-20}$$

将式(2-9)、式(2-19)代入式(2-20)，展开并省略误差项的高阶小量，可得

$$\delta\dot{\boldsymbol{v}}^n=\boldsymbol{f}^n\times\boldsymbol{\phi}+\dot{\boldsymbol{v}}^n\times(2\delta\boldsymbol{\omega}_{ie}^n+\delta\boldsymbol{\omega}_{en}^n)-(2\delta\boldsymbol{\omega}_{ie}^n+\delta\boldsymbol{\omega}_{en}^n)\times\delta\dot{\boldsymbol{v}}^n+\delta\boldsymbol{f}^n+\delta\boldsymbol{g}^n \tag{2-21}$$

式(2-21)为捷联惯导速度误差方程，式中，$\delta\dot{\boldsymbol{v}}^n=\begin{bmatrix}\delta v_{\mathrm{E}} & \delta v_{\mathrm{N}} & \delta v_{\mathrm{U}}\end{bmatrix}^{\mathrm{T}}$。

2.5.3　位置误差方程

对式(2-7)求偏差，且假设式中 R_{M} 与 R_{N} 在短时间内变化很小，因此视其为常值，可得

$$\begin{cases}\delta\dot{L}=\dfrac{1}{R_{\mathrm{M}}+h}\delta v_{\mathrm{N}}-\dfrac{v_{\mathrm{N}}}{(R_{\mathrm{M}}+h)^2}\delta h\\ \delta\dot{\lambda}=\dfrac{\sec L}{R_{\mathrm{N}}+h}\delta v_{\mathrm{E}}+\dfrac{v_{\mathrm{E}}\sec L\tan L}{R_{\mathrm{N}}+h}\delta L-\dfrac{v_{\mathrm{E}}\sec L}{(R_{\mathrm{N}}+h)^2}\delta h\\ \delta\dot{h}=\delta v_{\mathrm{U}}\end{cases} \tag{2-22}$$

式(2-22)为捷联惯导位置误差方程，式中，δL 为纬度误差；$\delta\lambda$ 为经度误差；δh 为高度误差。

2.6　卡尔曼滤波基本原理

卡尔曼滤波算法的实时性和递推性决定了它便于在计算机上操作，因此，卡尔曼滤波得到了广泛的应用。

对于一个随机系统，其状态空间模型为

$$\begin{cases} \boldsymbol{X}_k = \boldsymbol{\Phi}_{k/k-1}\boldsymbol{X}_{k-1} + \boldsymbol{\Gamma}_{k/k-1}\boldsymbol{W}_{k-1} \\ \boldsymbol{Z}_k = \boldsymbol{H}_k\boldsymbol{X}_k + \boldsymbol{V}_k \end{cases} \tag{2-23}$$

式中，$\boldsymbol{X}_k$ 为 k 时刻的系统状态，又称状态变量；$\boldsymbol{\Phi}_{k/k-1}$ 和 $\boldsymbol{\Gamma}_{k/k-1}$ 为状态转移矩阵，用来表示状态随时间的变化规律；$\boldsymbol{Z}_k$ 为 k 时刻的测量值；$\boldsymbol{H}_k$ 为测量矩阵，表示测量向量随状态向量变化的规律；$\boldsymbol{W}_{k-1}$ 为系统噪声向量；$\boldsymbol{V}_k$ 为测量噪声向量。$\boldsymbol{W}_k$ 和 $\boldsymbol{V}_k$ 满足：

$$\begin{cases} E\left(\boldsymbol{W}_k\right) = 0, \operatorname{cov}\left(\boldsymbol{W}_k, \boldsymbol{W}_j\right) = E\left(\boldsymbol{W}_k, \boldsymbol{W}_j^{\mathrm{T}}\right) = \boldsymbol{Q}_k\delta_{kj} \\ E\left(\boldsymbol{V}_k\right) = 0, \operatorname{cov}\left(\boldsymbol{V}_k, \boldsymbol{V}_j\right) = E\left(\boldsymbol{V}_k, \boldsymbol{V}_j^{\mathrm{T}}\right) = \boldsymbol{R}_k\delta_{kj} \end{cases} \tag{2-24}$$

式中，$\boldsymbol{Q}_k$ 为系统噪声的协方差矩阵，是非负定矩阵；$\boldsymbol{R}_k$ 为测量噪声的协方差矩阵，是正定矩阵。

记 $k-1$ 时刻的状态最优估计为 $\hat{\boldsymbol{X}}_{k-1}$，其状态估计误差为 $\tilde{\boldsymbol{X}}_{k-1}$，状态估计的均方误差阵为 $\boldsymbol{P}_{k-1}$，具体表达式为

$$\tilde{\boldsymbol{X}}_{k-1} = \boldsymbol{X}_{k-1} - \hat{\boldsymbol{X}}_{k-1} \tag{2-25}$$

$$\boldsymbol{P}_{k-1} = E(\tilde{\boldsymbol{X}}_{k-1}\tilde{\boldsymbol{X}}_{k-1}^{\mathrm{T}}) = E[(\boldsymbol{X}_{k-1} - \hat{\boldsymbol{X}}_{k-1})(\boldsymbol{X}_{k-1} - \hat{\boldsymbol{X}}_{k-1})^{\mathrm{T}}] \tag{2-26}$$

(1) 计算状态一步预测。

假设已知前一时刻的状态估计 $\hat{\boldsymbol{X}}_{k-1}$ 和均方误差阵 $\boldsymbol{P}_{k-1}$，则根据 $\hat{\boldsymbol{X}}_{k-1}$ 和系统的状态方程可求出 k 时刻状态 $\boldsymbol{X}_k$ 的最优估计值，也称为状态一步预测，具体表达式为

$$\hat{\boldsymbol{X}}_{k/k-1} = \boldsymbol{\Phi}_{k/k-1}\hat{\boldsymbol{X}}_{k-1} \tag{2-27}$$

(2) 计算状态一步预测均方误差阵。

记状态一步预测误差为

$$\tilde{\boldsymbol{X}}_{k/k-1} = \boldsymbol{X}_k - \hat{\boldsymbol{X}}_{k/k-1} \tag{2-28}$$

结合式(2-23)、式(2-27)与式(2-28)，有

$$
\begin{aligned}
\tilde{\boldsymbol{X}}_{k/k-1} &= (\boldsymbol{\Phi}_{k/k-1}\boldsymbol{X}_{k-1} + \boldsymbol{\Gamma}_{k/k-1}\boldsymbol{W}_{k-1}) - \boldsymbol{\Phi}_{k/k-1}\hat{\boldsymbol{X}}_{k-1} \\
&= \boldsymbol{\Phi}_{k/k-1}(\boldsymbol{X}_{k-1} - \hat{\boldsymbol{X}}_{k-1}) + \boldsymbol{\Gamma}_{k/k-1}\boldsymbol{W}_{k-1} \\
&= \boldsymbol{\Phi}_{k/k-1}\tilde{\boldsymbol{X}}_{k-1} + \boldsymbol{\Gamma}_{k/k-1}\boldsymbol{W}_{k-1}
\end{aligned} \tag{2-29}
$$

$k-1$ 时刻的噪声向量 $\boldsymbol{W}_{k-1}$ 仅影响 k 时刻及其以后的状态；同时 $\boldsymbol{W}_{k-1}$ 与 $\hat{\boldsymbol{X}}_{k-1}$ 不相关。因此有 $\boldsymbol{E}(\tilde{\boldsymbol{X}}_{k/k-1}\boldsymbol{W}_{k-1}^{\mathrm{T}}) = \boldsymbol{0}$ 。根据式(2-29)可得出状态一步预测均方误差阵为

$$
\begin{aligned}
\boldsymbol{P}_{k/k-1} &= \boldsymbol{E}(\tilde{\boldsymbol{X}}_{k/k-1}\tilde{\boldsymbol{X}}_{k/k-1}^{\mathrm{T}}) = \boldsymbol{E}[(\boldsymbol{\Phi}_{k/k-1}\tilde{\boldsymbol{X}}_{k-1} + \boldsymbol{\Gamma}_{k/k-1}\boldsymbol{W}_{k-1})(\boldsymbol{\Phi}_{k/k-1}\tilde{\boldsymbol{X}}_{k-1} + \boldsymbol{\Gamma}_{k/k-1}\boldsymbol{W}_{k-1})^{\mathrm{T}}] \\
&= \boldsymbol{\Phi}_{k/k-1}\boldsymbol{E}(\tilde{\boldsymbol{X}}_{k-1}\tilde{\boldsymbol{X}}_{k-1}^{\mathrm{T}})\boldsymbol{\Phi}_{k/k-1}^{\mathrm{T}} + \boldsymbol{\Gamma}_{k/k-1}\boldsymbol{E}(\boldsymbol{W}_{k-1}\boldsymbol{W}_{k-1}^{\mathrm{T}})\boldsymbol{\Gamma}_{k/k-1}^{\mathrm{T}} \\
&= \boldsymbol{\Phi}_{k/k-1}\boldsymbol{P}_{k-1}\boldsymbol{\Phi}_{k/k-1}^{\mathrm{T}} + \boldsymbol{\Gamma}_{k/k-1}\boldsymbol{Q}_{k-1}\boldsymbol{\Gamma}_{k/k-1}^{\mathrm{T}}
\end{aligned} \tag{2-30}
$$

$\boldsymbol{P}_{k/k-1}$ 称为一步预测均方误差阵，可以表示状态估计的不确定度。

(3) 计算滤波增益：

$$
\boldsymbol{K}_k = \boldsymbol{P}_{k/k-1}\boldsymbol{H}_k^{\mathrm{T}}(\boldsymbol{H}_k\boldsymbol{P}_{k/k-1}\boldsymbol{H}_k^{\mathrm{T}} + \boldsymbol{R}_k)^{-1} \tag{2-31}
$$

(4) 计算状态估计：

$$
\hat{\boldsymbol{X}}_k = \hat{\boldsymbol{X}}_{k/k-1} + \boldsymbol{K}_k(\boldsymbol{Z}_k - \boldsymbol{H}_k\hat{\boldsymbol{X}}_{k/k-1}) \tag{2-32}
$$

(5) 计算状态估计均方误差阵：

$$
\boldsymbol{P}_k = (\boldsymbol{I} - \boldsymbol{K}_k\boldsymbol{H}_k)\boldsymbol{P}_{k/k-1} \tag{2-33}
$$

如果给定初值 $\boldsymbol{X}_0$ 和 $\boldsymbol{P}_0$ ，根据 k 时刻的测量值 $\boldsymbol{Z}_k$ ，就可以递推求得 k 时刻的状态估计值：$\hat{\boldsymbol{X}}_k(k=1,2,\cdots)$ 。卡尔曼滤波计算流程如图 2-2 所示。

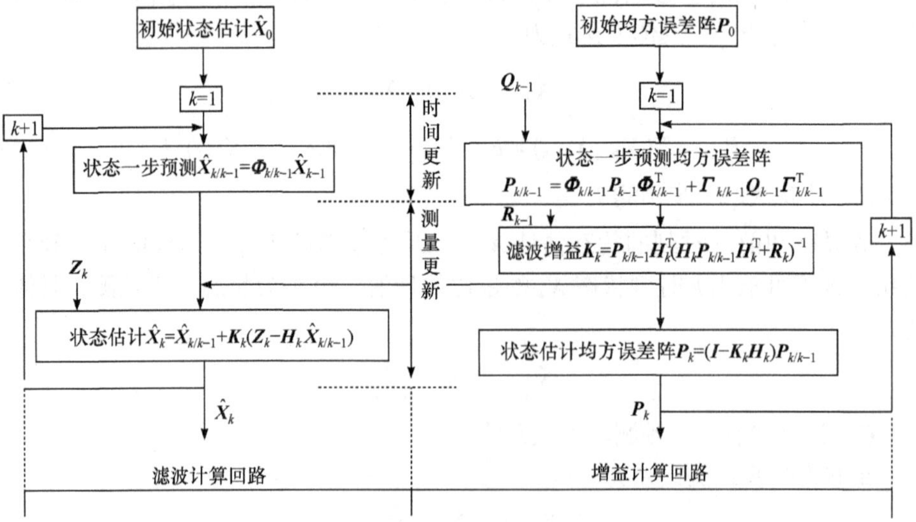

图 2-2　卡尔曼滤波计算流程

2.7 因子图算法基本原理

因子图算法主要应用于数据融合、参数优化，并将其转化为状态估计问题，根据外部传感器测量到的信息对当前状态(姿态、速度、位置等)进行估计。由于噪声的干扰，针对某参数的测量存在干扰，无法准确地反映状态变量的真实情况，但利用外部测量数据可对真实状态的概率进行推断。因此，状态估计的概率密度可表示为$p(\boldsymbol{X}|\boldsymbol{Z})$，其中，$\boldsymbol{X}$为待估计状态；$\boldsymbol{Z}$为测量值。对待估计状态$\boldsymbol{X}$的估计，采用最大后验估计方法：

$$\overline{\boldsymbol{X}} = \arg\max_{X} p(\boldsymbol{X}|\boldsymbol{Z}) \tag{2-34}$$

应用贝叶斯公式，可将后验概率密度转化为状态变量的先验概率密度$p(\boldsymbol{X})$和该状态下得到测量值的概率密度$p(\boldsymbol{Z}|\boldsymbol{X})$的乘积，并通过测量值的概率密度归一化，因此待估计状态$\boldsymbol{X}$的最大后验估计$\overline{\boldsymbol{X}}$可表示为

$$\overline{\boldsymbol{X}} = \arg\max_{X} \frac{p(\boldsymbol{Z}|\boldsymbol{X})p(\boldsymbol{X})}{p(\boldsymbol{Z})} \tag{2-35}$$

当测量值$\boldsymbol{Z}$给定时，$p(\boldsymbol{Z})$为已知量，式(2-35)可进一步转化为

$$\overline{\boldsymbol{X}} = \arg\max_{X} l(\boldsymbol{X};\boldsymbol{Z})p(\boldsymbol{X}) \tag{2-36}$$

$l(\boldsymbol{X};\boldsymbol{Z}) \propto p(\boldsymbol{Z}|\boldsymbol{X})$是对于待估计状态$\boldsymbol{X}$的似然函数。因此式(2-36)可展开为

$$p(\boldsymbol{X}|\boldsymbol{Z}) \propto p(x_1)p(x_2|\ x_1)p(x_3|\ x_2)\cdots l(x_1;z_1)l(x_2;z_2)l(x_3;z_3) \tag{2-37}$$

式(2-37)将联合概率密度表示为因式乘积的形式，乘积中的每一项表示一个因子，将这些因子以图的形式表示，即为因子图。

因子图在形式上可记为$G=(\boldsymbol{F},\boldsymbol{X})$，其由因子节点与变量节点构成。变量节点记为$x_j \in \boldsymbol{X}$，表示待估计的状态。因子节点记为$f_i \in \boldsymbol{F}$，表示变量的后验概率密度。

因子节点只与其测量模型中出现的状态变量节点连接，以对当前帧的状态变量进行约束。传感器测量数据更新后，建立该传感器测量值的因子模型，并与相关的变量节点建立连接。

$f(\boldsymbol{X})$是构成因子图的因子的乘积：

$$f(\boldsymbol{X}) = \prod_i f_i(x_i) \tag{2-38}$$

式中，x_i为与因子f_i相关的变量集合。

传感器的测量模型为$h_i(x_i)$，因子函数$f_i(x_i)$可通过测量模型$h_i(x_i)$和实际测

量值 $\tilde{z}_i$ 的代价函数定义，因子函数 $f_i(x_i)$ 可表示为

$$f_i(x_i) = \left\| h_i(x_i) - \tilde{z}_i \right\|_{\Sigma}^2 \tag{2-39}$$

式中，$\|\cdot\|_{\Sigma}^2$ 为马氏距离。

综上，因子图优化为调整变量 x_i 的取值，使式(2-39)最小化。该过程所对应的最优化问题可用式(2-40)描述：

$$\begin{aligned} \overline{\boldsymbol{X}} &= \underset{\boldsymbol{X}}{\arg\min}(-\lg(f(\boldsymbol{X}))) \\ &= \underset{\boldsymbol{X}}{\arg\min}\frac{1}{2}\sum_i \left\| h_i(x_i) - \tilde{z}_i \right\|_{\Sigma_i}^2 \end{aligned} \tag{2-40}$$

实际中，与所求状态相关的代价函数通常为非线性的，因此常通过非线性优化方法求解。

因子图基本原理如图 2-3 所示。方块表示传感器测量数据生成的因子节点，其作用为对变量节点进行约束；圆表示变量节点，为该关键帧下的被估计状态数值。因子图算法与滤波方法的区别在于，其针对各个关键帧下的状态进行估计，而非滤波方法中仅针对当前关键帧的状态进行一步预测与一步更新。

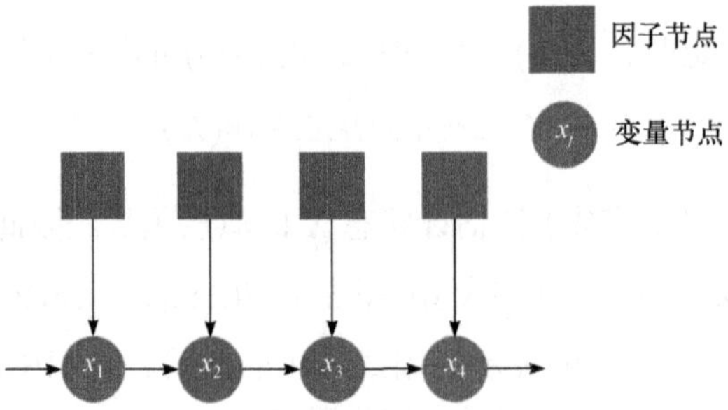

图 2-3　因子图基本原理

2.8　本 章 小 结

本章主要介绍了本书涉及的基本理论。首先介绍了惯性导航系统中常用的几种坐标系，包括地心惯性坐标系、地心地固坐标系、地理坐标系、导航坐标系和载体坐标系；其次介绍了捷联惯导系统的工作原理，以及捷联惯导微分方程具体形式，并分析推导捷联惯导姿态、速度、位置的误差方程，为误差模型的建立提供理论支撑；最后介绍了卡尔曼滤波算法和因子图算法的基本原理，为后续冗余捷联惯组在线标定和冗余捷联惯组信息融合技术提供理论依据。

第 3 章　冗余捷联惯组安装配置

3.1　引　　言

冗余捷联惯组相较于普通捷联惯组的优势在于，冗余配置的惯性系统能够获得更为精确的姿态信息，从而获得更高的导航精度。此外，冗余捷联惯组能够在单表故障的情况下保障基本的导航功能，相较于普通捷联惯组具有更高的可靠性。因此，当导航系统对精度与可靠性提出更高要求时，可通过对惯性元件进行冗余配置以提升其精度与可靠性。

考虑到惯性元件配置的空间指向任意性，以及安装数目的不确定性，冗余捷联惯组具备多种安装配置方式，不同配置对导航系统的精度与可靠性的提升不一致。导航系统的精度与可靠性和其自身的经济性相互矛盾，组成冗余捷联惯组的惯性元件越多，导航系统的精度与可靠性越高，但导航系统的经济成本与结构的复杂程度也随之上升。因此，冗余捷联惯组的配置需要考虑成本与复杂度因素，以确定最优的冗余捷联惯组的传感器数目。

本章主要对冗余捷联惯组的安装配置方法进行研究。首先对冗余捷联惯组的精度最优评价准则进行研究，建立冗余捷联惯组的测量模型，并推导精度最优评价准则；其次根据单传感器可靠度的概念建立冗余捷联惯组的可靠性评价准则，计算最优传感器数目；再次根据所推导出的精度最优评价准则与可靠性评价准则、故障检测与隔离性能评价准则充分分析最优传感器数目下的不同配置方案的优劣，选出同时满足以上最优指标的传感器构型；最后基于精度最优评价准则，详细推导传感器数目与安装角度的关系，得到任意传感器数目下的最优配置方案。

3.2　冗余捷联惯组安装配置精度评价

3.2.1　冗余捷联惯组测量模型

针对非冗余捷联惯组，惯性元件按照载体坐标系 $ox_by_bz_b$ 的三正交轴进行安装，并采集载体坐标系与惯性空间的角增量信息与速度增量信息进行导航解算。冗余捷联惯组包含 3 个以上的惯性元件，惯性元件的测量轴存在不与载体坐标系重合的情况。为实现冗余捷联惯组导航功能，需将冗余系统中的斜置测量轴数据投影至正交轴。

假设冗余捷联惯组有 n 个惯性元件，第 i 个传感器以斜置的形式安装，测量轴与其到 $x_b o y_b$ 平面的投影构成的平面与 ox_b 轴的夹角为 α_i，测量轴与 oz_b 轴的夹角为 β_i，建立冗余捷联惯组斜置轴测量模型如图 3-1 所示。

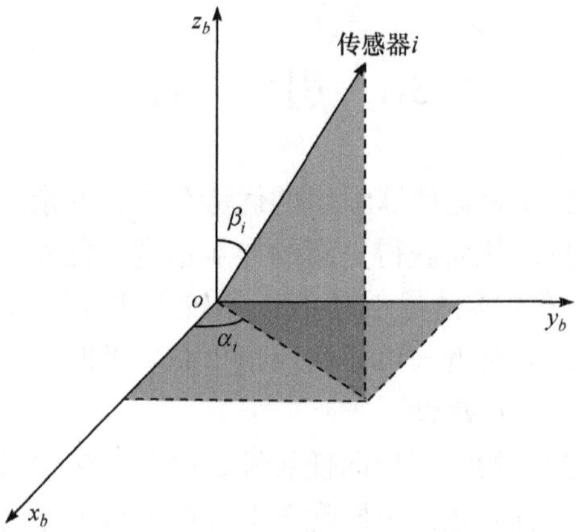

图 3-1　冗余捷联惯组斜置轴测量模型

以陀螺仪为例，斜置陀螺仪的测量输出与载体坐标系三轴关系为

$$\omega_i = \cos\alpha_i \sin\beta_i \omega_x^b + \sin\alpha_i \sin\beta_i \omega_y^b + \cos\beta_i \omega_z^b + \varepsilon_i \tag{3-1}$$

式中，ε_i 表示第 i 个陀螺仪的测量噪声。

令 $h_i^1 = \cos\alpha_i \sin\beta_i$，$h_i^2 = \sin\alpha_i \sin\beta_i$，$h_i^3 = \cos\beta_i$，有

$$\omega_i = \begin{bmatrix} h_i^1 & h_i^2 & h_i^3 \end{bmatrix} \begin{bmatrix} \omega_x^b \\ \omega_y^b \\ \omega_z^b \end{bmatrix} + \varepsilon_i \tag{3-2}$$

因此，冗余捷联惯组 n 个陀螺仪的测量方程为

$$\begin{bmatrix} \omega_1 \\ \omega_2 \\ \vdots \\ \omega_n \end{bmatrix} = \begin{bmatrix} h_1^1 & h_1^2 & h_1^3 \\ h_2^1 & h_2^2 & h_2^3 \\ \vdots & \vdots & \vdots \\ h_n^1 & h_n^2 & h_n^3 \end{bmatrix} \begin{bmatrix} \omega_x^b \\ \omega_y^b \\ \omega_z^b \end{bmatrix} + \begin{bmatrix} \varepsilon_1 \\ \varepsilon_2 \\ \vdots \\ \varepsilon_n \end{bmatrix} \tag{3-3}$$

令 $\boldsymbol{Z} = \begin{bmatrix} \omega_1 \\ \omega_2 \\ \vdots \\ \omega_n \end{bmatrix}$，$\boldsymbol{H} = \begin{bmatrix} h_1^1 & h_1^2 & h_1^3 \\ h_2^1 & h_2^2 & h_2^3 \\ \vdots & \vdots & \vdots \\ h_n^1 & h_n^2 & h_n^3 \end{bmatrix}$，$\boldsymbol{X} = \begin{bmatrix} \omega_x^b \\ \omega_y^b \\ \omega_z^b \end{bmatrix}$，$\boldsymbol{\varepsilon} = \begin{bmatrix} \varepsilon_1 \\ \varepsilon_2 \\ \vdots \\ \varepsilon_n \end{bmatrix}$，则式(3-3)可转化为

$$\boldsymbol{Z}=\boldsymbol{H}\boldsymbol{X}+\boldsymbol{\varepsilon} \tag{3-4}$$

式中，$\boldsymbol{Z}$ 为冗余捷联惯组中 n 个陀螺仪的测量量；$\boldsymbol{X}$ 为陀螺仪在载体坐标系下的测量值；$\boldsymbol{H}$ 为冗余捷联惯组的安装矩阵；$\boldsymbol{\varepsilon}$ 为测量噪声向量，假设其满足零均值高斯分布：

$$E(\boldsymbol{\varepsilon})=0,\ E(\boldsymbol{\varepsilon}\boldsymbol{\varepsilon}^{\mathrm{T}})=\boldsymbol{R} \tag{3-5}$$

式中，$\boldsymbol{R}$ 为 n 维方阵，满足：

$$\boldsymbol{R}=\sigma^2\boldsymbol{I}_n \tag{3-6}$$

式中，σ^2 为高斯白噪声方差；$\boldsymbol{I}_n$ 为 n 维单位阵。

3.2.2　精度最优评价准则

最小二乘估计作为一种数学优化技术，其通过将误差平方和最小化以构建最优化参数。利用最小二乘估计可以简便地求解未知参数，并使其满足与实际参数间误差平方和最小的条件。本书采用最小二乘估计对变量 $\boldsymbol{X}$ 进行估计，估计量为 $\hat{\boldsymbol{X}}$。

根据最小二乘估计原理，测量量 $\boldsymbol{Z}$ 与由估计量 $\hat{\boldsymbol{X}}$ 确定的测量估计 $\hat{\boldsymbol{Z}}=\boldsymbol{H}\hat{\boldsymbol{X}}$ 之间的误差平方和最小：

$$J(\hat{\boldsymbol{X}})=(\boldsymbol{Z}-\boldsymbol{H}\hat{\boldsymbol{X}})^{\mathrm{T}}(\boldsymbol{Z}-\boldsymbol{H}\hat{\boldsymbol{X}})=\min \tag{3-7}$$

对 $\hat{\boldsymbol{X}}$ 求导，有

$$\frac{\partial J(\hat{\boldsymbol{X}})}{\partial\hat{\boldsymbol{X}}}=-2\boldsymbol{H}\boldsymbol{Z}+2\boldsymbol{H}^{\mathrm{T}}\boldsymbol{H}\boldsymbol{X} \tag{3-8}$$

为使 $J(\hat{\boldsymbol{X}})$ 达到最小，令其导数等于零，可得

$$\hat{\boldsymbol{X}}=(\boldsymbol{H}^{\mathrm{T}}\boldsymbol{H})^{-1}\boldsymbol{H}^{\mathrm{T}}\boldsymbol{Z} \tag{3-9}$$

定义估计误差 $\tilde{\boldsymbol{X}}$ 为

$$\tilde{\boldsymbol{X}}=\boldsymbol{X}-\hat{\boldsymbol{X}} \tag{3-10}$$

则估计误差 $\tilde{\boldsymbol{X}}$ 的协方差为

$$\begin{aligned}E(\tilde{\boldsymbol{X}}\tilde{\boldsymbol{X}}^{\mathrm{T}})&=E[(\boldsymbol{X}-\hat{\boldsymbol{X}})(\boldsymbol{X}-\hat{\boldsymbol{X}})^{\mathrm{T}}]\\&=E[(\boldsymbol{H}^{\mathrm{T}}\boldsymbol{H})^{-1}\boldsymbol{H}^{\mathrm{T}}\boldsymbol{\varepsilon}\boldsymbol{\varepsilon}^{\mathrm{T}}\boldsymbol{H}(\boldsymbol{H}^{\mathrm{T}}\boldsymbol{H})^{-1}]\\&=(\boldsymbol{H}^{\mathrm{T}}\boldsymbol{H})^{-1}\boldsymbol{H}^{\mathrm{T}}\boldsymbol{R}\boldsymbol{H}(\boldsymbol{H}^{\mathrm{T}}\boldsymbol{H})^{-1}\\&=(\boldsymbol{H}^{\mathrm{T}}\boldsymbol{H})^{-1}\sigma^2\end{aligned} \tag{3-11}$$

估计误差的协方差越小，系统的导航性能越优秀。由式(3-11)可知，估计误差仅与安装矩阵 $\boldsymbol{H}$ 和高斯白噪声方差 σ^2 有关。在假设高斯白噪声方差不变的情

况下，通过对安装矩阵进行合理配置，能够有效降低状态量 $\boldsymbol{X}$ 的估计误差。因此定义如下精度最优评价准则：

$$J_{\mathrm{LS}} = \det(\boldsymbol{H}^{\mathrm{T}}\boldsymbol{H})^{-1} \tag{3-12}$$

当 J_{LS} 为最小值时，估计误差的协方差最小，导航性能最好。

精度最优评价准则 J_{LS} 基于最小二乘估计原理，依据估计误差的协方差衡量冗余捷联惯组导航精度。同时估计误差协方差的迹为载体坐标系三轴的估计误差的平方和，因此冗余捷联惯组的精度可用估计误差协方差的迹进行衡量，表示为 J_{trace}：

$$J_{\mathrm{trace}} = \mathrm{trace}(E(\tilde{\boldsymbol{X}}\tilde{\boldsymbol{X}}^{\mathrm{T}})) = E[(\omega_x^b - \hat{\omega}_x^b)^2] + E[(\omega_y^b - \hat{\omega}_y^b)^2] + E[(\omega_z^b - \hat{\omega}_z^b)^2] \tag{3-13}$$

显然，精度最优的必要条件为指标参数 J_{trace} 最小化。指标参数 J_{trace} 最小化的充分必要条件为安装矩阵 $\boldsymbol{H}$ 满足以下方程：

$$\boldsymbol{H}^{\mathrm{T}}\boldsymbol{H} = \frac{n}{3}\boldsymbol{I}_{3\times 3} \tag{3-14}$$

式(3-14)作为另外一种精度最优评价准则，对安装矩阵的形式进行约束，能够很好地评价不同配置方案之间的精度优劣。结合指标参数 J_{trace}，能够确定不同配置方案下的最优配置以及该方案下的最优安装角度。

3.3 冗余捷联惯组安装配置可靠性评价

3.3.1 传感器的可靠性模型

冗余捷联惯组相比于常规捷联惯组的优势之一在于其具有更高的可靠性。一个惯性元件的可靠性指在规定的条件与时间内正常工作的概率，无故障情况的持续时间越长，惯性元件的可靠性越高。用平均无故障工作时间(mean time between failure，MTBF)衡量单一惯性元件的可靠性，故引出可靠度的概念：

$$R(t) = e^{-\lambda t} \tag{3-15}$$

式中，λ 为惯性元件故障概率；t 为惯性元件工作时长。$R(t)$ 表明随着工作时长的增加，惯性元件的可靠度下降。在工程中，采用平均无故障工作时间对传感器的可靠性进行衡量：

$$\mathrm{MTBF} = \int_0^{\infty} R(t)\mathrm{d}t = \int_0^{\infty} e^{-\lambda t}\mathrm{d}t = \frac{1}{\lambda} \tag{3-16}$$

3.3.2 可靠性评价准则

冗余捷联惯组由三个以上不共面的陀螺仪与加速度计构成，假设各个传感器故障概率一致，且各个传感器故障情况互为独立事件。在保证基本导航功能的前提下，传感器数目为 n ($n \geqslant 4$) 的冗余捷联惯组可靠度 $R_n(t)$ 为

$$R_n(t) = (e^{-\lambda t})^n + C_n^{n-1}(e^{-\lambda t})^{n-1}(1-e^{-\lambda t}) + \cdots + C_n^3(e^{-\lambda t})^3(1-e^{-\lambda t})^{n-3} \tag{3-17}$$

对式(3-17)积分，可得冗余捷联惯组的平均无故障工作时间：

$$\text{MTBF}_n = \int_0^{\infty}[(e^{-\lambda t})^n + C_n^{n-1}(e^{-\lambda t})^{n-1}(1-e^{-\lambda t}) + \cdots + C_n^3(e^{-\lambda t})^3(1-e^{-\lambda t})^{n-3}]\mathrm{d}t \tag{3-18}$$

为反映冗余捷联惯组与常规捷联惯组的可靠性差异，定义相对 MTBF：

$$\sigma_n = \frac{\text{MTBF}_n}{\text{MTBF}_3} \tag{3-19}$$

式中，σ_n 为冗余捷联惯组相对于常规捷联惯导系统的相对可靠性；MTBF_3 为常规捷联惯导系统的平均无故障工作时间，有

$$\text{MTBF}_3 = \int_0^{\infty} e^{-3\lambda t}\mathrm{d}t \tag{3-20}$$

式(3-20)与式(3-18)的区别是式(3-20)没有考虑传感器故障发生事件的概率，原因在于常规惯导系统为三正交配置，任何一个传感器故障都将使系统丧失基本导航功能，因此 MTBF_3 为三轴正常运行条件下的平均无故障工作时间。

定义相对可靠性增幅 $\Delta\sigma$，有

$$\Delta\sigma = \sigma_n - \sigma_{n-1} \tag{3-21}$$

定义单传感器可靠性占比 ϑ，有

$$\vartheta = \frac{\sigma_n}{n} = \frac{\int_0^{\infty}[(e^{-\lambda t})^n + \cdots + C_n^3(e^{-\lambda t})^3(1-e^{-\lambda t})^{n-3}]\mathrm{d}t}{n\int_0^{\infty} e^{-3\lambda t}\mathrm{d}t} \tag{3-22}$$

分析不同传感器数目下的相对可靠性、相对可靠性增幅和单传感器相对可靠性占比，其变化曲线如图 3-2～图 3-4 所示。

由图 3-2 可知，冗余捷联惯组相对可靠性与传感器数目呈正相关关系，即传感器数目越多，冗余捷联惯组相对可靠性越高。

图 3-3 揭示了传感器数目与相对可靠性增幅的关系，结果显示当传感器数目为 4 时，相对可靠性增幅达到最大。随着传感器数目的增加，相对可靠性增幅下降。

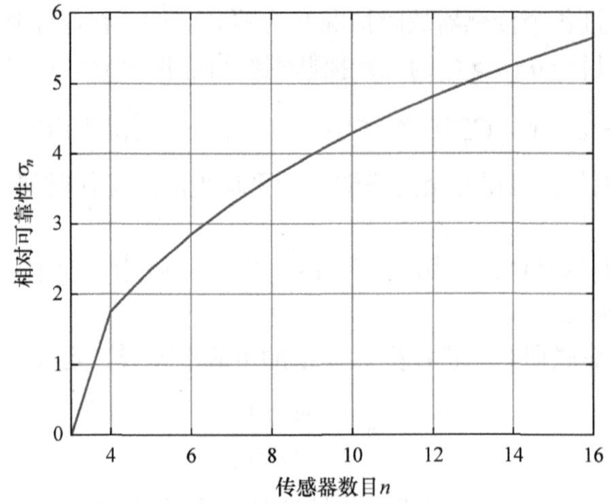

图 3-2　相对可靠性变化曲线

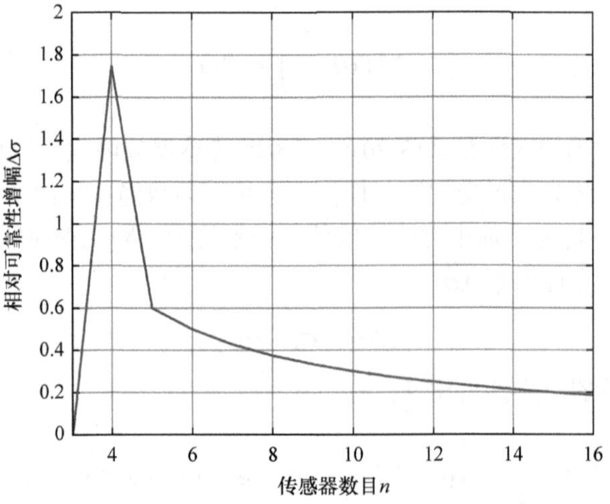

图 3-3　相对可靠性增幅变化曲线

图 3-4 揭示了传感器数目与单传感器相对可靠性占比的关系，结果显示当传感器数目为 6 时，单传感器对冗余系统相对可靠性的占比达到最大，当传感器数目大于 6 时，冗余捷联惯组的经济性与复杂度随之增加，单传感器相对可靠性占比逐渐下降。

综上所述，根据所提出的可靠性指标，确定传感器数目为 4 个与 6 个时，冗余捷联惯组分别在相对可靠性增幅与单传感器相对可靠性占比中达到最优。以下将针对这两种数目不同配置方案的冗余捷联惯组进行分析，并结合精度最优评价准则，得到同时满足精度和可靠性能的冗余捷联惯组配置方案。

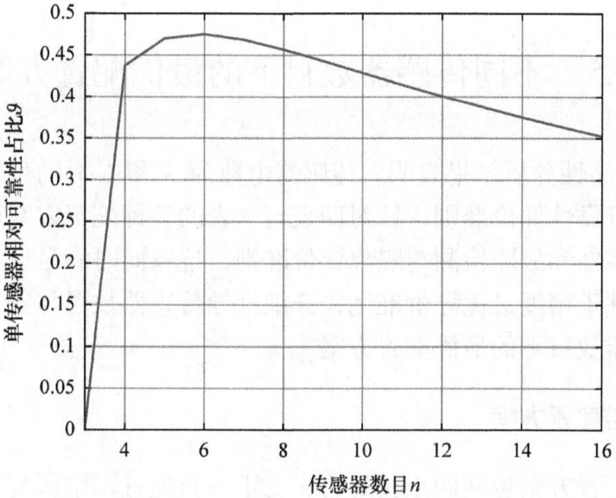

图 3-4　单传感器相对可靠性占比变化曲线

3.4　冗余捷联惯组故障检测与隔离性能评价

当传感器发生故障时，冗余捷联惯组除了能够保证正常的导航功能外，还具有故障检测与隔离性能，通过构建并分析残差数据，进而检测出故障传感器编号并隔离。大量仿真证明，冗余配置方案和故障检测与隔离性能相关。因此在评价不同冗余捷联惯组配置方案时，故障检测与隔离性能是需要考虑的指标因素。

国内外已经对冗余捷联惯组的故障检测与隔离性能进行了大量研究，得出的结论：传感器敏感轴的夹角越大，系统的故障检测与隔离性能越优异。冗余配置的安装矩阵反映出传感器敏感轴夹角信息，以 J_{FDI} 代表配置方案的故障检测与隔离性能，有

$$J_{\mathrm{FDI}} = \min \theta_{ij} \tag{3-23}$$

式中，θ_{ij} 为第 i 个与第 j 个传感器的测量向量夹角。传感器测量向量可表示为安装矩阵的行向量，设安装矩阵第 i 行的行向量为 $\boldsymbol{h}_i$，则 θ_{ij} 可用向量 $\boldsymbol{h}_i$ 与 $\boldsymbol{h}_j$ 的内积表示，因此结合式(3-23)，冗余系统故障检测与隔离指标可表示为

$$\tilde{J}_{\mathrm{FDI}} = \frac{\max\limits_{i,j(i<j)} \left|\boldsymbol{h}_i \boldsymbol{h}_j^{\mathrm{T}}\right|}{\left\|\boldsymbol{h}_i\right\| \cdot \left\|\boldsymbol{h}_j\right\|} = \max_{i,j(i<j)} \left|\boldsymbol{h}_i \boldsymbol{h}_j^{\mathrm{T}}\right| \tag{3-24}$$

式中，$\tilde{J}_{\mathrm{FDI}}$ 表示冗余惯性配置中最小安装角的余弦值。因此 $\tilde{J}_{\mathrm{FDI}}$ 越小，系统的故障检测与隔离性能越优异。

3.5　不同传感器数目下的最优配置方案

3.3 节的可靠性分析结果表明，传感器个数为 4 和 6 时的可靠性更高，因此将根据精度与可靠性评价准则，针对四表与六表的各种配置方案进行分析。综合考虑精度、可靠性和故障检测与隔离评价准则，选取同时满足三者最优的冗余配置方案。最后基于精度最优评价准则，详细推导传感器数目与安装角度的关系，得到任意传感器数目下的最优配置方案。

3.5.1　四传感器配置方案

四传感器配置方案包括四正交配置、三正一斜配置、锥形配置。以下是三种配置方案的示意图及其安装矩阵，图 3-5 为四正交配置示意图。

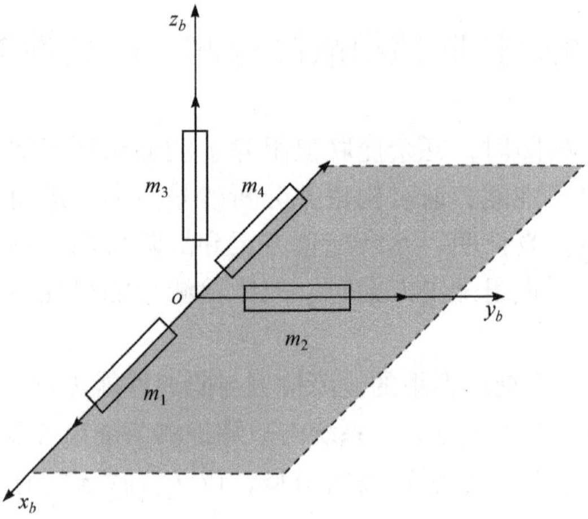

图 3-5　四正交配置示意图

如图 3-5 所示，四正交配置方案中，1 号、2 号与 3 号传感器 m_1、m_2 与 m_3 分别与载体坐标系 ox_b 轴、oy_b 轴与 oz_b 轴重合，4 号传感器 m_4 与 ox_b 轴重合且与 1 号传感器反向放置，其安装矩阵为

$$\boldsymbol{H}_{\text{orth\_4}} = \begin{bmatrix} 1 & 0 & 0 \\ 0 & 1 & 0 \\ 0 & 0 & 1 \\ -1 & 0 & 0 \end{bmatrix} \tag{3-25}$$

由式(3-25)计算得

$$\boldsymbol{H}_{\text{orth\_4}}^{\mathrm{T}}\boldsymbol{H}_{\text{orth\_4}}=\begin{bmatrix}2&0&0\\0&1&0\\0&0&1\end{bmatrix}\neq\frac{4}{3}\boldsymbol{I}_{3\times3} \tag{3-26}$$

其故障检测与隔离指标 $\tilde{J}_{\mathrm{FDI}}=1$。图 3-6 为三正一斜配置示意图。

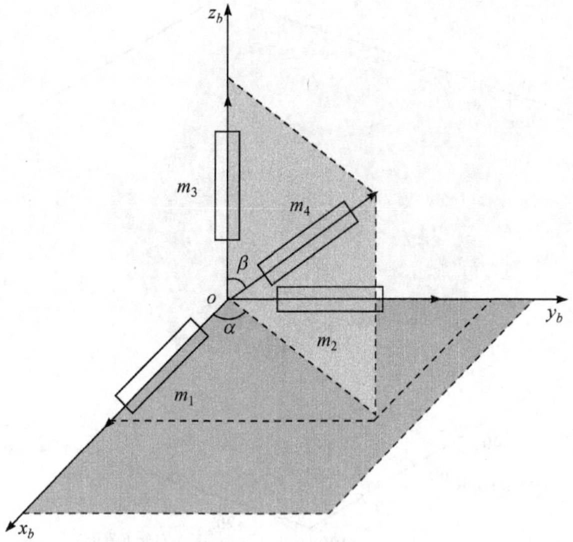

图 3-6　三正一斜配置示意图

如图 3-6 所示，三正一斜配置方案中，1 号、2 号、3 号传感器 m_1、m_2、m_3 与载体坐标系三轴重合，4 号传感器 m_4 斜置，其到 x_boy_b 平面的投影与 ox_b 轴的夹角为 α，与 oz_b 轴的夹角为 β，因此安装矩阵为

$$\boldsymbol{H}_{\text{oblique\_4}}=\begin{bmatrix}1&0&0\\0&1&0\\0&0&1\\\cos\alpha\sin\beta&\sin\alpha\sin\beta&\cos\beta\end{bmatrix} \tag{3-27}$$

式中，$0<\alpha<\frac{\pi}{2}$；$0<\beta<\frac{\pi}{2}$。

由式(3-27)计算可得

$$\boldsymbol{H}_{\text{oblique\_4}}^{\mathrm{T}}\boldsymbol{H}_{\text{oblique\_4}}=\begin{bmatrix}1+\cos^2\alpha\sin^2\beta&\sin\alpha\cos\alpha\sin^2\beta&\cos\alpha\sin\beta\cos\beta\\\sin\alpha\cos\alpha\sin^2\beta&1+\sin^2\alpha\sin^2\beta&\sin\alpha\sin\beta\cos\beta\\\cos\alpha\sin\beta\cos\beta&\sin\alpha\sin\beta\cos\beta&1+\cos^2\beta\end{bmatrix}\neq\frac{4}{3}\boldsymbol{I}_{3\times3} \tag{3-28}$$

式(3-28)表明，无论 4 号传感器处于何种安装角度下，均无法令冗余捷联惯组达到精度最优。

三正一斜配置方案的故障检测与隔离指标 $\tilde{J}_{\mathrm{FDI}}$ 与斜置传感器安装角度相关，故障检测与隔离指标关系如图 3-7。

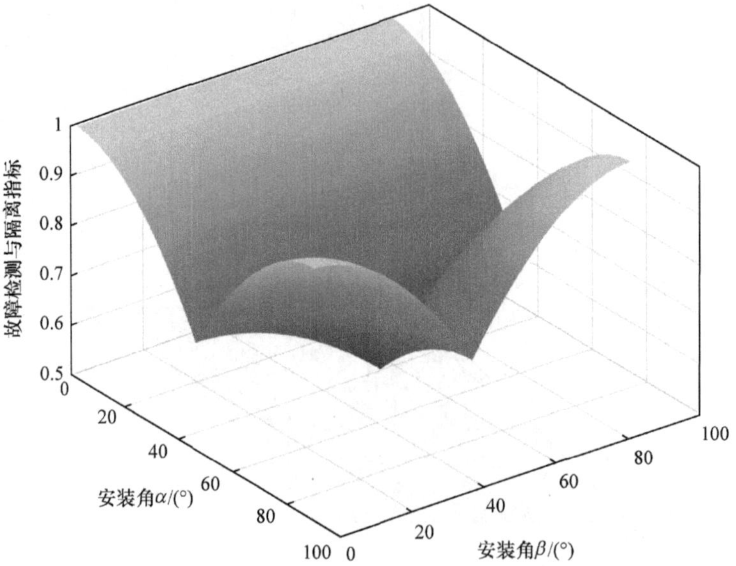

图 3-7　故障检测与隔离指标关系图

如图 3-7 所示，当 $\alpha = 45°$ ，$\beta = 54.7356°$ 时，故障检测与隔离指标 $\tilde{J}_{\mathrm{FDI}}$ 达到最小值，$\tilde{J}_{\mathrm{FDI}} = 0.5774$ 。图 3-8 为锥形配置示意图。

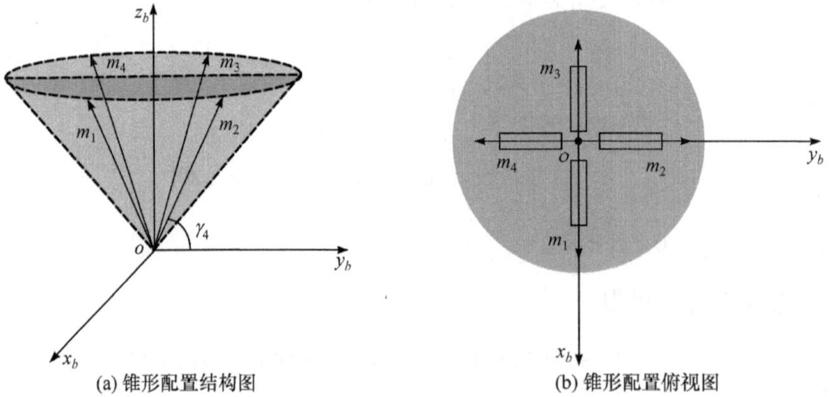

图 3-8　锥形配置示意图(四表)

如图 3-8(a)所示，锥形配置方案中，4 个传感器 m_1～m_4 均呈斜置状态，各个传感器到 $x_b o y_b$ 平面的角度相等，设为 γ_4 。锥形配置俯视图如图 3-8(b)所示，1、

2 号传感器到平面 x_boy_b 的投影与 ox_b 轴、oy_b 轴重合，3、4 号传感器到平面 x_boy_b 的投影与 ox_b 轴、oy_b 轴反向，该配置方案的安装矩阵为

$$\boldsymbol{H}_{\text{cone}\_4}=\begin{bmatrix}\sin\gamma & 0 & \cos\gamma\\ 0 & \sin\gamma & \cos\gamma\\ -\sin\gamma & 0 & \cos\gamma\\ 0 & -\sin\gamma & \cos\gamma\end{bmatrix}\tag{3-29}$$

由式(3-29)计算可得

$$\boldsymbol{H}_{\text{cone}\_4}^{\mathrm{T}}\boldsymbol{H}_{\text{cone}\_4}=\begin{bmatrix}2\sin^2\gamma & 0 & 0\\ 0 & 2\sin^2\gamma & 0\\ 0 & 0 & 4\cos^2\gamma\end{bmatrix}\tag{3-30}$$

当 $\gamma=54.7356°$ 时，$\boldsymbol{H}_{\text{cone}\_4}^{\mathrm{T}}\boldsymbol{H}_{\text{cone}\_4}=\dfrac{4}{3}\boldsymbol{I}_{3\times3}$，此时的 $\tilde{J}_{\text{FDI}}=0.3333$。

四传感器三种配置方案的精度和故障检测与隔离性能评价结果对比如表 3-1 所示。

表 3-1　四传感器三种配置方案的精度和故障检测与隔离性能评价结果对比

冗余配置方案	故障检测与隔离指标 $\tilde{J}_{\text{FDI}}$	是否满足 $\boldsymbol{H}^{\mathrm{T}}\boldsymbol{H}=\frac{n}{3}\boldsymbol{I}_{3\times3}$
四正交配置方案	1	否
三正一斜配置方案	0.5774	否
锥形配置方案	0.3333	是

由表 3-1 可知，四正交配置方案与三正一斜配置方案均不满足精度最优评价准则，锥形配置方案满足精度最优评价准则；故障检测与隔离指标 $\tilde{J}_{\text{FDI}}$ 分析结果表明，锥形配置方案相较于其他两者，具有更强的故障检测与隔离能力。同时考虑精度和故障检测与隔离能力，锥形配置方案优于其余二者，下面根据提出的可靠性准则对三种配置方案进行分析。

三正一斜配置方案与锥形配置方案由于任意三组传感器均不共面，当单一传感器存在故障时，能够保证最基本的导航功能，因此可靠度为

$$R_{\text{oblique}\_4}(t)=R_{\text{cone}\_4}(t)=e^{-4\lambda t}+C_4^3(1-e^{-\lambda t})e^{-3\lambda t}\tag{3-31}$$

根据式(3-31)计算三正一斜配置方案与锥形配置方案的平均无故障工作时间：

$$\text{MTBF}_{\text{oblique}\_4}=\text{MTBF}_{\text{cone}\_4}=\int_0^{\infty}[e^{-4\lambda t}+C_4^3(1-e^{-\lambda t})e^{-3\lambda t}]\mathrm{d}t=\frac{7}{12\lambda}\tag{3-32}$$

四正交配置方案中，1、2、4 号传感器与载体坐标系的 x_boy_b 平面共面，当 3

号传感器失效时，该冗余捷联惯组无法保证基本的导航功能。因此四正交配置方案在单表故障的情况下仅存在两种工作模式：1、2、3 号传感器正常运行，4 号传感器故障；1、2、4 号传感器正常运行，3 号传感器故障。结合以上工作模式，计算其可靠度：

$$R_{\text{orth\_4}}(t)=e^{-4\lambda t}+C_2^1(1-e^{-\lambda t})e^{-3\lambda t} \tag{3-33}$$

根据式(3-33)计算其平均无故障工作时间：

$$\text{MTBF}_{\text{orth\_4}}=\int_0^{\infty}[e^{-4\lambda t}+C_2^1(1-e^{-\lambda t})e^{-3\lambda t}]\text{d}t=\frac{5}{12\lambda} \tag{3-34}$$

三种配置方案的可靠度、平均无故障工作时间与相对可靠性指标如表 3-2 所示。

表 3-2　三种配置方案的可靠度、平均无故障工作时间与相对可靠性指标

冗余配置方案	可靠度	平均无故障工作时间 MTBF_n	相对可靠性 σ_n
四正交配置方案	$2e^{-3\lambda t}-e^{-4\lambda t}$	$\frac{5}{12\lambda}$	1.25
三正一斜配置方案	$4e^{-3\lambda t}-3e^{-4\lambda t}$	$\frac{7}{12\lambda}$	1.75
锥形配置方案	$4e^{-3\lambda t}-3e^{-4\lambda t}$	$\frac{7}{12\lambda}$	1.75

由表 3-2 可知，由于四正交配置方案中存在三传感器共面的情况，其平均无故障工作时间较其余两者最短，相对可靠性最低；三正一斜配置方案与锥形配置方案的平均无故障工作时间相同，相对可靠性相等。

综上所述，结合表 3-1 展示的各配置方案的精度和故障检测与隔离性能评价结果对比和表 3-2 的可靠度对比，锥形配置方案优于其余两者。当$\gamma=54.7356°$时，锥形配置方案满足精度最优评价准则，因此在四传感器配置方案中，采用$\gamma=54.7356°$形式安装的锥形配置方案。

3.5.2　六传感器配置方案

常见的六传感器配置方案有六正交配置、三正交三斜置配置、锥形配置、锥形圆形复合配置和正十二面体配置。以下为各配置方案的示意图及其安装矩阵。图 3-9 为六正交配置示意图。

如图 3-9 所示，六正交配置方案中，1、2 号传感器 m_1、m_2 与载体坐标系 ox_b 轴重合，3、4 号传感器 m_3、m_4 与 oy_b 轴重合，5、6 号传感器 m_5、m_6 与 oz_b 轴重合，其安装矩阵为

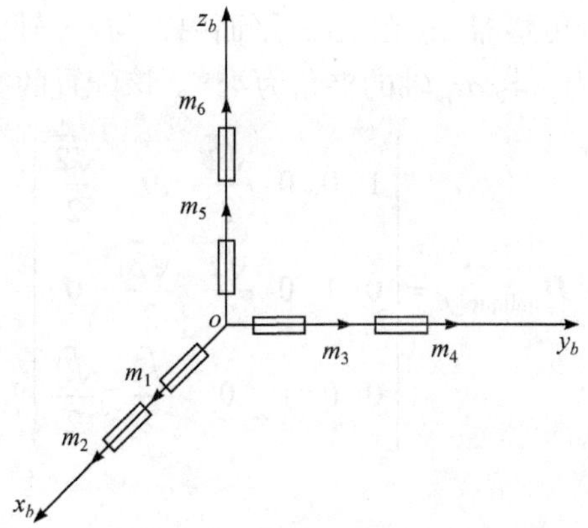

图 3-9　六正交配置示意图

$$\boldsymbol{H}_{\text{orth\_6}}=\begin{bmatrix}1 & 1 & 0 & 0 & 0 & 0\\ 0 & 0 & 1 & 1 & 0 & 0\\ 0 & 0 & 0 & 0 & 1 & 1\end{bmatrix}^{\mathrm{T}} \tag{3-35}$$

由式(3-35)计算可得

$$\boldsymbol{H}_{\text{orth\_6}}^{\mathrm{T}}\boldsymbol{H}_{\text{orth\_6}}=\begin{bmatrix}2 & 0 & 0\\ 0 & 2 & 0\\ 0 & 0 & 2\end{bmatrix}=\frac{6}{3}\boldsymbol{I}_{3\times 3} \tag{3-36}$$

结果表明，六正交配置方案满足精度最优评价准则，其故障检测与隔离指标 $\tilde{J}_{\text{FDI}}=1$。图 3-10 为三正交三斜置配置示意图。

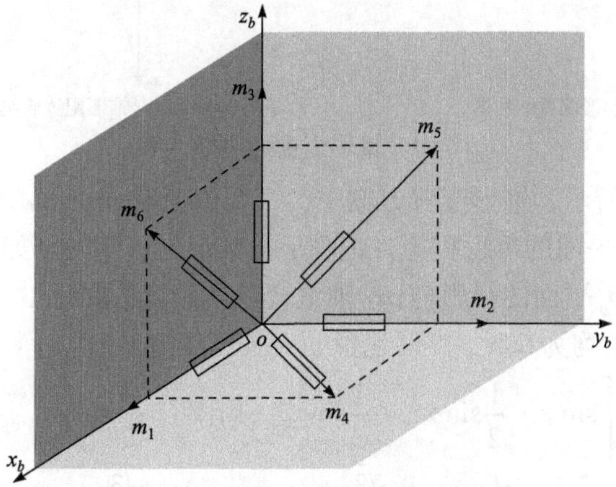

图 3-10　三正交三斜置配置示意图

如图 3-10 所示，三正交三斜置配置方案中，1、2、3 号传感器 m_1、m_2、m_3 分别与载体坐标系 ox_b、oy_b、oz_b 轴重合；4 号传感器 m_4 在 x_boy_b 平面内，与 ox_b

轴的夹角为45°；5 号传感器 m_5 在 $y_b o z_b$ 平面内，与 oy_b 轴的夹角为45°；6 号传感器 m_6 在 $x_b o z_b$ 平面内，与 oz_b 轴的夹角为45°。该配置的安装矩阵为

$$\boldsymbol{H}_{\text{oblique\_6}}=\begin{bmatrix}1&0&0&\frac{\sqrt{2}}{2}&0&\frac{\sqrt{2}}{2}\\0&1&0&\frac{\sqrt{2}}{2}&\frac{\sqrt{2}}{2}&0\\0&0&1&0&\frac{\sqrt{2}}{2}&\frac{\sqrt{2}}{2}\end{bmatrix}^{\mathrm{T}} \tag{3-37}$$

则

$$\boldsymbol{H}_{\text{oblique\_6}}^{\mathrm{T}}\boldsymbol{H}_{\text{oblique\_6}}=\begin{bmatrix}2&0.5&0.5\\0.5&2&0.5\\0.5&0.5&2\end{bmatrix}\neq\frac{6}{3}\boldsymbol{I}_{3\times3} \tag{3-38}$$

三正交三斜置配置方案不满足精度最优评价准则，其故障检测与隔离指标 $\tilde{J}_{\text{FDI}}=0.7071$。图 3-11 为锥形配置示意图。

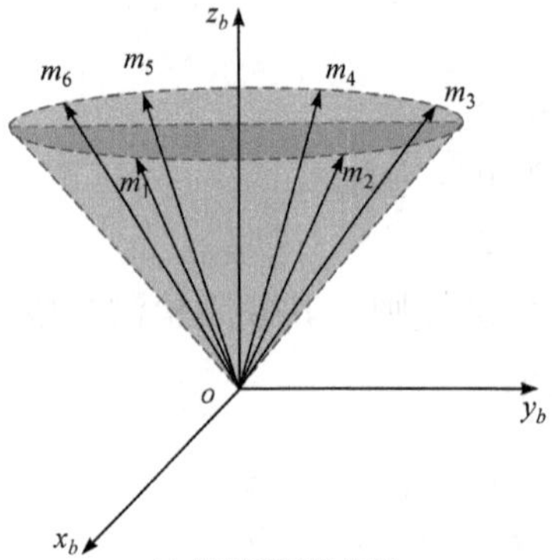

(a) 锥形配置结构图

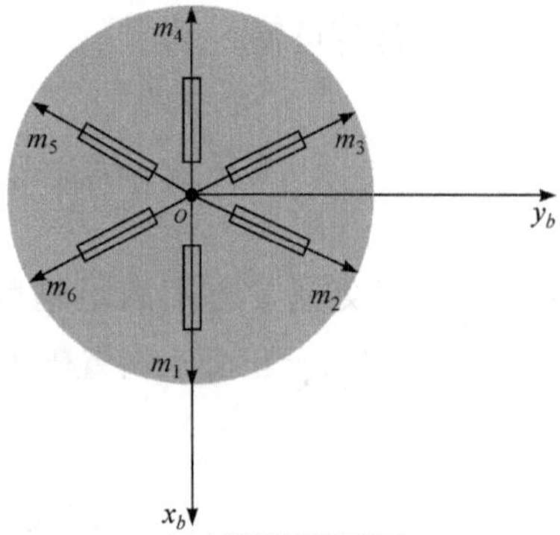

(b) 锥形配置俯视图

图 3-11 锥形配置示意图(六表)

如图 3-11(a)所示，锥形配置方案中，六个传感器 m_1～m_6 均为斜置配置，各个传感器到 $x_b o y_b$ 平面的角度相等，记为 γ。锥形配置俯视图如图 3-11(b)所示，1 号传感器到 $x_b o y_b$ 平面的投影与 ox_b 轴重合，其余传感器绕 1 号传感器逆时针放置，其投影间夹角均为60°。锥形配置的安装矩阵为

$$\boldsymbol{H}_{\text{cone\_6}}=\begin{bmatrix}\sin\gamma&\frac{1}{2}\sin\gamma&-\frac{1}{2}\sin\gamma&-\sin\gamma&-\frac{1}{2}\sin\gamma&\frac{1}{2}\sin\gamma\\0&\frac{\sqrt{3}}{2}\sin\gamma&\frac{\sqrt{3}}{2}\sin\gamma&0&-\frac{\sqrt{3}}{2}\sin\gamma&-\frac{\sqrt{3}}{2}\sin\gamma\\\cos\gamma&\cos\gamma&\cos\gamma&\cos\gamma&\cos\gamma&\cos\gamma\end{bmatrix} \tag{3-39}$$

在满足精度最优评价准则 $\boldsymbol{H}_{\text{cone\_6}}^{\text{T}}\boldsymbol{H}_{\text{cone\_6}}=\dfrac{n}{3}\boldsymbol{I}_{3\times3}$ 的条件下，$\gamma=54.7356°$，此时 $\tilde{J}_{\text{FDI}}=0.6667$。

图 3-12 为锥形圆形复合配置示意图。

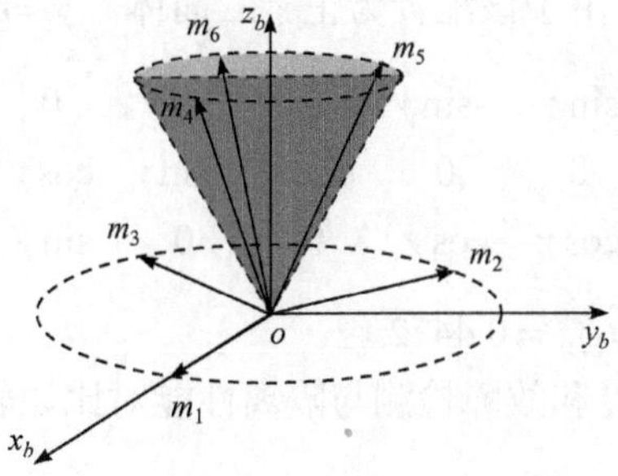

图 3-12　锥形圆形复合配置示意图

如图 3-12 所示，1、2、3 号传感器 m_1、m_2、m_3 组成圆形结构，1 号传感器与 ox_b 轴重合，传感器间夹角均为120°；4、5、6 号传感器 m_4、m_5、m_6 组成锥形结构，其到 $x_b oy_b$ 平面的投影分别与 1、2、3 号传感器测量轴重合。该配置的安装矩阵为

$$\boldsymbol{H}_{\text{circ\_cone}}=\begin{bmatrix}1 & -\dfrac{1}{2} & -\dfrac{1}{2} & \sin\gamma & -\dfrac{1}{2}\sin\gamma & -\dfrac{1}{2}\sin\gamma \\ 0 & \dfrac{\sqrt{3}}{2} & -\dfrac{\sqrt{3}}{2} & 0 & \dfrac{\sqrt{3}}{2}\sin\gamma & -\dfrac{\sqrt{3}}{2}\sin\gamma \\ 0 & 0 & 0 & \cos\gamma & \cos\gamma & \cos\gamma\end{bmatrix}^{\text{T}} \tag{3-40}$$

在满足精度最优评价准则 $\boldsymbol{H}_{\text{circ\_cone}}^{\text{T}}\boldsymbol{H}_{\text{circ\_cone}}=\dfrac{n}{3}\boldsymbol{I}_{3\times3}$ 的条件下，$\gamma=35.2644°$，此时 $\tilde{J}_{\text{FDI}}=0.5774$。

图 3-13 为正十二面体配置示意图。

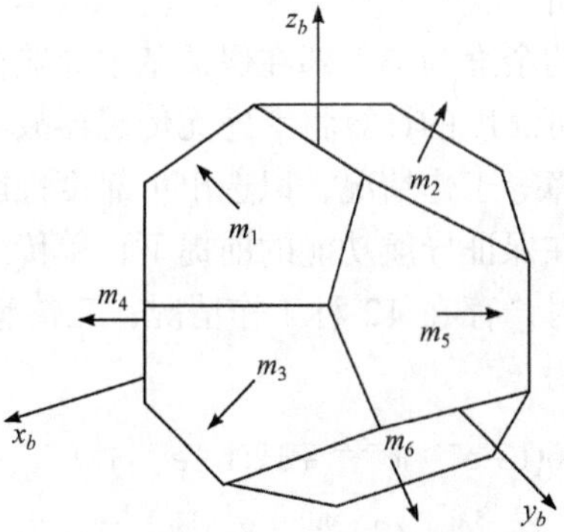

图 3-13　正十二面体配置示意图

如图 3-13 所示，正十二面体配置方案中，6 个传感器分别放置于正十二面体各个侧面的几何中心上且与侧面保持垂直。1、2 号传感器 m_1、m_2 与平面 $x_b o z_b$ 共面，其测量轴与 oz_b 轴的夹角为 γ；3、4 号传感器 m_3、m_4 与平面 $x_b o y_b$ 共面，其测量轴与 ox_b 轴的夹角为 γ；5、6 号传感器 m_5、m_6 与平面 $y_b o z_b$ 共面，其测量轴与 oy_b 轴的夹角为 γ。由于该配置为正十二面体，$\gamma = 31.72°$，安装矩阵为

$$\boldsymbol{H}_{\text{dode}} = \begin{bmatrix} \sin\gamma & -\sin\gamma & \cos\gamma & \cos\gamma & 0 & 0 \\ 0 & 0 & \sin\gamma & -\sin\gamma & \cos\gamma & \cos\gamma \\ \cos\gamma & \cos\gamma & 0 & 0 & \sin\gamma & -\sin\gamma \end{bmatrix}^{\mathrm{T}} \tag{3-41}$$

其故障检测与隔离指标 $\tilde{J}_{\text{FDI}} = 0.4472$。

以上配置方案的精度和故障检测与隔离性能对比如表 3-3 所示：

表 3-3　配置方案的精度和故障检测与隔离性能对比

冗余配置方案	故障检测与隔离指标 $\tilde{J}_{\text{FDI}}$	是否满足 $\boldsymbol{H}^{\mathrm{T}}\boldsymbol{H} = \frac{n}{3}\boldsymbol{I}_{3\times 3}$
六正交配置方案	1	是
三正交三斜置配置方案	0.7071	否
锥形配置方案	0.6667	是
锥形圆形复合配置方案	0.5774	是
正十二面体配置方案	0.4472	是

由表 3-3 可知，除三正交三斜置配置方案外，其余配置方案都满足精度最优评价准则；故障检测与隔离指标 $\tilde{J}_{\text{FDI}}$ 分析结果表明，正十二面体配置方案相较于其余方案，具有更强的故障检测与隔离能力。同时考虑精度和故障检测与隔离能力，正十二面体配置方案优于其余冗余配置方案，下面根据提出的可靠性准则对以上配置方案进行分析。

六传感器配置方案的余度为 3，即在保证基本导航性能的前提下，最多允许三个传感器发生故障。可靠度的计算将考虑无传感器故障、单传感器故障、双传感器故障与三传感器故障等工作情况，以选出可靠度性能最优的配置方案。

对于六正交配置，在保证导航功能的前提下，单传感器故障时，存在 6 种工作情况；双传感器故障时，存在 12 种工作情况；三传感器故障时，存在 8 种工作情况，因此其可靠度为

$$\begin{aligned} R_{\text{orth\_6}} &= e^{-6\lambda t} + 6(1-e^{-\lambda t})e^{-5\lambda t} + 12(1-e^{-\lambda t})^2 e^{-4\lambda t} + 8(1-e^{-\lambda t})^3 e^{-3\lambda t} \\ &= -e^{-6\lambda t} + 6e^{-5\lambda t} - 12e^{-4\lambda t} + 8e^{-3\lambda t} \end{aligned} \tag{3-42}$$

对可靠度进行积分，得到平均无故障工作时间：

$$\mathrm{MTBF}_{\mathrm{orth\_6}}=\int_0^{\infty}(-e^{-6\lambda t}+6e^{-5\lambda t}-12e^{-4\lambda t}+8e^{-3\lambda t})\mathrm{d}t=\frac{7}{10\lambda} \tag{3-43}$$

对于三正交三斜置配置，在保证导航功能的前提下，单传感器故障时，存在 6 种工作情况；双传感器故障时，存在 15 种工作情况；三传感器故障时，存在 17 种工作情况，因此三正交三斜置配置的可靠度为

$$\begin{aligned}R_{\mathrm{oblique\_6}}&=e^{-6\lambda t}+6(1-e^{-\lambda t})e^{-5\lambda t}+15(1-e^{-\lambda t})^2e^{-4\lambda t}+17(1-e^{-\lambda t})^3e^{-3\lambda t}\\&=-7e^{-6\lambda t}+27e^{-5\lambda t}-36e^{-4\lambda t}+17e^{-3\lambda t}\end{aligned} \tag{3-44}$$

其平均无故障工作时间为

$$\mathrm{MTBF}_{\mathrm{oblique\_6}}=\int_0^{\infty}(-7e^{-6\lambda t}+27e^{-5\lambda t}-36e^{-4\lambda t}+17e^{-3\lambda t})\mathrm{d}t=\frac{9}{10\lambda} \tag{3-45}$$

对于锥形配置、锥形圆形复合配置与正十二面体配置，任意三个传感器敏感轴均不共面，因此任意三个传感器发生故障均能够保证基本导航功能。单传感器故障时，存在 6 种工作情况；双传感器故障时，存在 15 种工作情况；三传感器故障时，存在 20 种工作情况，因此锥形配置、锥形圆形复合配置与正十二面体配置的可靠度为

$$\begin{aligned}R_{\mathrm{cone\_6}}&=R_{\mathrm{circ\_cone}}=R_{\mathrm{dode}}\\&=e^{-6\lambda t}+6(1-e^{-\lambda t})e^{-5\lambda t}+15(1-e^{-\lambda t})^2e^{-4\lambda t}+20(1-e^{-\lambda t})^3e^{-3\lambda t}\\&=-10e^{-6\lambda t}+36e^{-5\lambda t}-45e^{-4\lambda t}+20e^{-3\lambda t}\end{aligned} \tag{3-46}$$

其平均无故障工作时间为

$$\begin{aligned}\mathrm{MTBF}_{\mathrm{cone\_6}}&=\mathrm{MTBF}_{\mathrm{circ\_cone}}=\mathrm{MTBF}_{\mathrm{dode}}\\&=\int_0^{\infty}(-10e^{-6\lambda t}+36e^{-5\lambda t}-45e^{-4\lambda t}+20e^{-3\lambda t})\mathrm{d}t=\frac{19}{20\lambda}\end{aligned} \tag{3-47}$$

以上配置方案的可靠度、平均无故障工作时间与相对可靠性指标如表 3-4 所示。

表 3-4　配置方案的可靠度、平均无故障工作时间与相对可靠性指标

冗余配置方案	可靠度	平均无故障工作时间 MTBF_n	相对可靠性 σ_n
六正交配置方案	$-e^{-6\lambda t}+6e^{-5\lambda t}-12e^{-4\lambda t}+8e^{-3\lambda t}$	$\frac{7}{10\lambda}$	1
三正交三斜置配置方案	$-7e^{-6\lambda t}+27e^{-5\lambda t}-36e^{-4\lambda t}+17e^{-3\lambda t}$	$\frac{9}{10\lambda}$	1.28

续表

冗余配置方案	可靠度	平均无故障工作时间 $MTBF_n$	相对可靠性 σ_n
锥形配置方案	$-10e^{-6\lambda t}+36e^{-5\lambda t}-45e^{-4\lambda t}+20e^{-3\lambda t}$	$\frac{19}{20\lambda}$	1.35
锥形圆形复合配置方案	$-10e^{-6\lambda t}+36e^{-5\lambda t}-45e^{-4\lambda t}+20e^{-3\lambda t}$	$\frac{19}{20\lambda}$	1.35
正十二面体配置方案	$-10e^{-6\lambda t}+36e^{-5\lambda t}-45e^{-4\lambda t}+20e^{-3\lambda t}$	$\frac{19}{20\lambda}$	1.35

由表 3-4 可知，由于六正交配置中存在多组三传感器共面的情况，其平均无故障工作时间最短，相对可靠性最低，三正交三斜置配置同理；锥形配置、锥形圆形复合配置和正十二面体配置的任意三传感器敏感轴均不共面，因此相对可靠性最高。

综上所述，结合表 3-3 展示的各配置方案的精度和故障检测与隔离性能对比和表 3-4 的相对可靠性对比，正十二面体配置方案优于其余配置方案。因此在六传感器配置方案中，采用正十二面体安装的配置方案。

3.5.3 任意数目传感器配置方案

四传感器和六传感器为可靠性增幅与单传感器可靠性占比分别达到最高时的传感器配置方案，相较于其余数目的配置方案，有较高的研究价值，然而现实情况下的惯性器件安装数目有可能不同且高于两者。精度最优评价准则仅用来判断所提出构型是否为最优解，并未解决任意传感器数目下如何确定满足精度最优评价准则的配置方案问题。因此，将总结出任意数目传感器满足精度最优评价准则的确定方法。

传感器数目为 n 的锥形配置方案的矩阵为

$$\boldsymbol{H}_{\text{cone}\_n}=\begin{bmatrix}\cos\frac{0\cdot 2\pi}{n}\sin\gamma & \cos\frac{1\cdot 2\pi}{n}\sin\gamma & \cdots & \cos\frac{i\cdot 2\pi}{n}\sin\gamma & \cdots & \cos\frac{(n-1)\cdot 2\pi}{n}\sin\gamma \\ \sin\frac{0\cdot 2\pi}{n}\sin\gamma & \sin\frac{1\cdot 2\pi}{n}\sin\gamma & \cdots & \sin\frac{i\cdot 2\pi}{n}\sin\gamma & \cdots & \sin\frac{(n-1)\cdot 2\pi}{n}\sin\gamma \\ \cos\gamma & \cos\gamma & \cdots & \cos\gamma & \cdots & \cos\gamma\end{bmatrix}^{\mathrm{T}} \tag{3-48}$$

则

$$\boldsymbol{H}_{\text{cone}\_n}\boldsymbol{H}_{\text{cone}\_n}^{\mathrm{T}}=\begin{bmatrix}a_n\sin^2\gamma & 0 & 0 \\ 0 & b_n\sin^2\gamma & 0 \\ 0 & 0 & n\cos^2\gamma\end{bmatrix} \tag{3-49}$$

式中，参数 a_n 与 b_n 的具体形式为

$$\begin{cases} a_n = \cos^2\dfrac{0\cdot 2\pi}{n} + \cos^2\dfrac{1\cdot 2\pi}{n} + \cdots + \cos^2\dfrac{(n-1)\cdot 2\pi}{n} \\ b_n = \sin^2\dfrac{0\cdot 2\pi}{n} + \sin^2\dfrac{1\cdot 2\pi}{n} + \cdots + \sin^2\dfrac{(n-1)\cdot 2\pi}{n} \end{cases} \tag{3-50}$$

若锥形配置满足精度最优评价准则，有

$$\boldsymbol{H}_{\text{cone}\_n}\boldsymbol{H}_{\text{cone}\_n}^{\text{T}} = \begin{bmatrix} a_n\sin^2\gamma & 0 & 0 \\ 0 & b_n\sin^2\gamma & 0 \\ 0 & 0 & n\cos^2\gamma \end{bmatrix} = \frac{n}{3}\boldsymbol{I}_{3\times 3} \tag{3-51}$$

计算可知，参数 a_n 与 b_n 需满足以下条件，锥形配置才能满足精度最优评价准则：

$$\begin{cases} a_n = \cos^2\dfrac{0\cdot 2\pi}{n} + \cos^2\dfrac{1\cdot 2\pi}{n} + \cdots + \cos^2\dfrac{(n-1)\cdot 2\pi}{n} = \dfrac{n}{2} \\ b_n = \sin^2\dfrac{0\cdot 2\pi}{n} + \sin^2\dfrac{1\cdot 2\pi}{n} + \cdots + \sin^2\dfrac{(n-1)\cdot 2\pi}{n} = \dfrac{n}{2} \end{cases} \tag{3-52}$$

显然式(3-52)恒成立，因此锥形配置在 $\gamma = 54.7356°$ 时满足精度最优评价准则。

锥形配置与正交配置的组合配置方案中，与正交轴重合的传感器数目为 1 时的安装矩阵为

$$\boldsymbol{H}_{\text{oblique}\_1} = \begin{bmatrix} 0 & \\ 0 & \boldsymbol{H}_{\text{stella}}^{n-1} \\ 1 & \end{bmatrix} \tag{3-53}$$

则

$$\boldsymbol{H}_{\text{oblique}\_1}\boldsymbol{H}_{\text{oblique}\_1}^{\text{T}} = \begin{bmatrix} a_{n-1}\sin^2\gamma & 0 & 0 \\ 0 & b_{n-1}\sin^2\gamma & 0 \\ 0 & 0 & 1+(n-1)\cos^2\gamma \end{bmatrix} \tag{3-54}$$

若该类型配置满足精度最优评价准则，则

$$\begin{cases} \cos^2\gamma = \dfrac{n-3}{3(n-1)} \\ \sin^2\gamma = \dfrac{2n}{3(n-1)} \end{cases} \tag{3-55}$$

$$a_{n-1} = b_{n-1} = \frac{n-1}{2} \tag{3-56}$$

可知式(3-56)恒成立，因此当γ满足式(3-55)的约束条件时，该配置类型为精度最优。

与正交轴重合的传感器数目为 2 时的安装矩阵为

$$\boldsymbol{H}_{\text{oblique\_2}}=\begin{bmatrix}1 & 0 & \\ 0 & 1 & \boldsymbol{H}_{\text{stella}}^{n-2} \\ 0 & 0 & \end{bmatrix} \tag{3-57}$$

则

$$\boldsymbol{H}_{\text{oblique\_2}}\boldsymbol{H}_{\text{oblique\_2}}^{\mathrm{T}}=\begin{bmatrix}1+a_{n-2}\sin^2\gamma & 0 & 0 \\ 0 & 1+b_{n-2}\sin^2\gamma & 0 \\ 0 & 0 & (n-2)\cos^2\gamma\end{bmatrix} \tag{3-58}$$

若该类型配置满足精度最优评价准则，则

$$\begin{cases}\cos^2\gamma=\dfrac{n}{3n-6} \\ \sin^2\gamma=\dfrac{2n-6}{3n-6}\end{cases} \tag{3-59}$$

$$a_{n-2}=b_{n-2}=\frac{n-2}{2} \tag{3-60}$$

式(3-60)恒成立，因此当γ满足式(3-59)的约束条件时，该配置类型为精度最优。

根据分块矩阵的性质，假设某配置方案的安装矩阵$\boldsymbol{C}$的具体形式为

$$\boldsymbol{C}=\begin{bmatrix}\boldsymbol{A} & \boldsymbol{B}\end{bmatrix} \tag{3-61}$$

当矩阵$\boldsymbol{A}$与$\boldsymbol{B}$均满足精度最优评价准则时，有

$$\boldsymbol{C}\boldsymbol{C}^{\mathrm{T}}=\begin{bmatrix}\boldsymbol{A} & \boldsymbol{B}\end{bmatrix}\begin{bmatrix}\boldsymbol{A} & \boldsymbol{B}\end{bmatrix}^{\mathrm{T}}=\boldsymbol{A}\boldsymbol{A}^{\mathrm{T}}+\boldsymbol{B}\boldsymbol{B}^{\mathrm{T}}=\frac{2n}{3}\boldsymbol{I}_{3\times 3} \tag{3-62}$$

可知矩阵$\boldsymbol{C}$满足精度最优评价准则，因此可将满足精度最优评价准则的配置方案进行组合，得到的新的配置方案依旧满足该准则。

与正交轴重合的传感器数目为 3 时，组合配置方案可看作锥形配置与三正交配置的组合配置，根据上述理论可知，其依旧满足精度最优评价准则。

综合上述分析，n传感器配置方案中，存在三种基础配置方案，分别为锥形配置方案、锥形+1 正交配置方案、锥形+2 正交配置方案。同时对以上基础配置方案进行组合依旧可得到满足精度最优评价准则的配置方案。需要注意的是，在 10 个传感器构成的冗余配置方案中，存在正二十面体构型，该方案作为特例满足精度最优评价准则。n传感器的基础配置方案及其满足精度最优指标条件如表 3-5 所示。

表 3-5　*n* 传感器的基础配置方案及其满足精度最优指标条件

配置方案	满足精度最优指标条件
锥形配置方案	$\gamma = 54.7356°$
锥形+1 正交配置方案	$\cos^2\gamma = \dfrac{n-3}{3(n-1)}$；$\sin^2\gamma = \dfrac{2n}{3(n-1)}$
锥形+2 正交配置方案	$\cos^2\gamma = \dfrac{n}{3n-6}$；$\sin^2\gamma = \dfrac{2n-6}{3n-6}$
正二十面体配置方案	$n = 10$

根据以上理论，可以快速选择出满足精度最优评价准则的冗余配置方案，对满足条件的构型进行故障检测与隔离能力评估，即可选出该传感器数目下的最优配置方案。

3.6　本 章 小 结

本章从冗余捷联惯组的精度与可靠性出发，充分考虑冗余捷联惯组在单表故障条件下的故障检测与隔离性能，进一步推导精度最优评价准则与可靠性评价准则。同时从系统的经济性与复杂度角度出发，研究可靠性增幅与单传感器可靠性占比的概念，并根据该概念，确定传感器数目为 4 和 6 时，其可靠性增幅与单传感器可靠性占比达到最大。基于精度最优评价准则与可靠性评价准则，针对四表与六表中的不同配置方案进行对比分析，确定锥形配置方案与正十二面体配置方案分别为四表与六表中的最优配置方案。分析传感器个数为 n 时满足精度最优评价准则的三种基础配置方案及其安装角度条件，从精度最优的角度为任意传感器的最优配置方案提供理论依据。

第 4 章 冗余捷联惯组误差标定

4.1 引　　言

为了提升冗余捷联惯组导航定位结果的精度，需要对传感器的器件误差进行标定。地面标定结果与飞行条件不一致时，存在天地不一致现象。根据第 3 章的分析结果，锥形配置方案与正十二面体配置方案分别为四表与六表中的最优配置方案，以上两种配置方案均存在斜置安装惯性元件。斜置安装惯性元件的冗余捷联惯组与正交型捷联惯组的区别在于，非正交系统的安装误差无法采用常规的十二位置标定法进行标定，需要开展非正交冗余捷联惯组器件误差在线标定方法进行研究。

滤波器实现正确估计的前提是所设计的系统满足可观测性条件，滤波器的可观测性一定程度上反映了估计结果是否收敛。设计的在线标定滤波器利用载体机动对待估计的器件误差参数进行激励，以实现高精度标定。针对该时变系统，研究分段定常系统分析方法，建立可观测性矩阵，通过对可观测性矩阵进行奇异值分解，验证斜置传感器的器件误差在线标定滤波系统的可观测性。

惯组的器件误差主要包含零偏误差、标度因数误差和安装误差，因此本章将研究包含以上三种器件误差的在线标定卡尔曼滤波方程。为实现对器件误差的高精度估计并提升滤波系统的可观测性，构建包含载体姿态、速度、位置测量信息的测量方程。标度因数误差与安装误差存在耦合作用，传统的针对线性系统的卡尔曼滤波器无法完成此类耦合情况下的标定工作，且针对相互耦合的状态量 EKF 的解耦作用不明显，因此提出基于分段标定解耦的传感器斜置轴器件误差的标定方法[111-112]，设计在线标定滤波器，降低耦合对标定的影响。

4.2 冗余捷联惯组误差模型

4.2.1 零偏误差模型

零偏是指惯性器件在输入为零时的输出值。零偏误差包含零次项为随机常数的常值偏置和一阶高斯马尔可夫的随机偏置两种形式。零次项常值偏置指惯性器件输入为零时输出的均值；零次项随机偏置指陀螺仪零偏中非确定性的且随时间

变化的分量。只考虑零次项常值偏置，对于由 n 个惯性传感器构成的冗余捷联惯组，传感器零偏误差模型为

$$\boldsymbol{b}=\begin{bmatrix} b_1 \\ b_2 \\ b_3 \\ \vdots \\ b_n \end{bmatrix} \tag{4-1}$$

式中，b_i 由惯性器件参数决定。

4.2.2　标度因数误差模型

标度因数误差指惯性元件输出值变化与输入值变化比值的误差。陀螺仪标度因数误差引起的输出误差与关于敏感轴的角速度成比例，加速度计标度因数误差引起的输出误差与沿敏感轴的加速度成比例。

标度因数误差阵 $\boldsymbol{s}$ 采用对角阵的方式给出，对角元素对应于相应传感器的标度因数误差模型为

$$\boldsymbol{s}=\begin{bmatrix} s_1 & & & & \\ & s_2 & & & \\ & & s_3 & & \\ & & & \ddots & \\ & & & & s_n \end{bmatrix} \tag{4-2}$$

式中，$s_i\ (i=1,2,\cdots,n)$ 是第 i 个传感器的标度因数误差。

4.2.3　安装误差模型

捷联式惯性导航系统中的加速度计与陀螺仪直接固连在载体上，则惯性传感器的测量轴应和载体坐标系的坐标轴完全一致。但实际安装存在安装误差，因此惯性传感器构成的坐标系就是非正交坐标系。

首先定义以下坐标系。

(1) 载体坐标系(b 系)：载体坐标系的定义同 2.2 节。

(2) 传感器真实坐标系(s 系)：

坐标原点 o 位于传感器中心，oz_s 为传感器敏感轴，此轴表示传感器测量值的方向，ox_s 表示传感器旋转轴，oy_s 轴与 ox_s 、oz_s 两轴互相正交，其满足右手定则。

(3) 传感器理论坐标系(ts 系)：

坐标原点 o 位于传感器中心，ts 系与 s 系的区别在于，其不存在安装误差，是理论模型。

三个坐标系的示意图如图 4-1 所示。

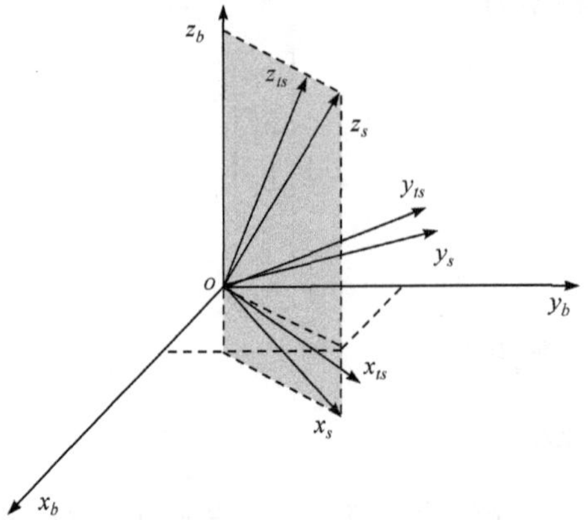

图 4-1　三个坐标系的示意图

根据图 4-1 所示，先以 oy_s 轴为旋转轴，转动 θ_y 角度，以令平面 $y_s oz_s$ 与 $y_{ts}oz_{ts}$ 重合，再以 ox_s 轴为旋转轴，转动 θ_x 角度，以令 s 系和 ts 系两个坐标系重合。因此可通过计算 θ_x 与 θ_y 数值，进而标定安装误差。由于 θ_x 与 θ_y 为小量，因此可近似得到：

$$\begin{bmatrix} x_{ts} \\ y_{ts} \\ z_{ts} \end{bmatrix} = \begin{bmatrix} 1 & 0 & \theta_y \\ 0 & 1 & \theta_x \\ -\theta_y & -\theta_x & 1 \end{bmatrix} \begin{bmatrix} x_s \\ y_s \\ z_s \end{bmatrix} \tag{4-3}$$

在传感器真实坐标系中，陀螺仪的测量量可表示为

$$\boldsymbol{\omega} = \begin{bmatrix} \omega_{xs} & \omega_{ys} & \omega_{zs} \end{bmatrix}^{\mathrm{T}} \tag{4-4}$$

结合式(4-3)，建立安装误差模型为

$$\bar{\omega} = \omega_{zs} - \theta_y \omega_{xs} - \theta_x \omega_{ys} \tag{4-5}$$

已知载体坐标系与传感器真实坐标系的转换关系为

$$\begin{bmatrix} x_s \\ y_s \\ z_s \end{bmatrix} = \begin{bmatrix} \boldsymbol{w}_1 \\ \boldsymbol{w}_2 \\ \boldsymbol{w}_3 \end{bmatrix} \begin{bmatrix} x_b \\ y_b \\ z_b \end{bmatrix} \tag{4-6}$$

式中，

$$\boldsymbol{w}_1 = \begin{bmatrix} \cos\beta\sin(\alpha+90^\circ) \\ \sin\beta\sin(\alpha+90^\circ) \\ \cos(\alpha+90^\circ) \end{bmatrix}^{\mathrm{T}}, \quad \boldsymbol{w}_2 = \begin{bmatrix} \cos(\beta+90^\circ) \\ \sin(\beta+90^\circ) \\ 0 \end{bmatrix}^{\mathrm{T}}, \quad \boldsymbol{w}_3 = \begin{bmatrix} \cos\beta\sin\alpha \\ \sin\beta\sin\alpha \\ \cos\alpha \end{bmatrix}^{\mathrm{T}}$$

结合式(4-5)，可得

$$\bar{\omega} = \boldsymbol{w}_3\boldsymbol{\omega}^b - \theta_y \boldsymbol{w}_1\boldsymbol{\omega}^b - \theta_x \boldsymbol{w}_2\boldsymbol{\omega}^b \tag{4-7}$$

式(4-7)为含有安装误差的斜置传感器测量结果，其中 $\boldsymbol{\omega}^b$ 为载体坐标系三轴的角速度测量结果。

4.2.4　随机噪声误差模型

随机噪声误差 η_g 指陀螺仪和加速度计的输出噪声，可认为是白噪声，其积分表示随机游走，满足以下公式：

$$\begin{cases} E\eta_g = 0 \\ D\eta_g = \delta^2 \end{cases} \tag{4-8}$$

式中，δ^2 表示惯性传感器的随机噪声误差。

4.2.5　冗余捷联惯组误差标定模型

以陀螺仪为例，建立包含标度因数误差、安装误差、零偏与随机噪声的斜置传感器误差模型。假设冗余捷联惯组存在 n 个惯性传感器，i 为待标定的斜置传感器，其标度因数误差为 s_i；安装误差为 θ_x 与 θ_y；零偏为 b_i，随机噪声为 ε_i。结合式(4-7)，可得

$$\bar{\omega}_i^s = (1 - s_i)(\omega_{i\_z}^s - \theta_y \boldsymbol{w}_{i\_1}\boldsymbol{\omega}^b - \theta_x \boldsymbol{w}_{i\_2}\boldsymbol{\omega}^b) + b_i + \varepsilon_i \tag{4-9}$$

式中，$\bar{\omega}_i^s$ 为斜置陀螺仪实际输出值；$\omega_{i\_z}^s$ 为斜置陀螺仪理论测量值；$\boldsymbol{w}_{i\_1}$ 为载体坐标系三轴到传感器真实坐标系 ox_s 轴的投影向量；$\boldsymbol{w}_{i\_2}$ 为载体坐标系三轴到传感器真实坐标系 oy_s 轴的投影向量；$\boldsymbol{\omega}^b$ 为载体坐标系三轴的角速度信息。

假设第 i 个传感器的安装角 α_i 与 β_i 的含义如图 3-1 所示，则载体坐标系与传感器真实坐标系敏感轴的转换矩阵可表示为

$$\boldsymbol{\omega}^s = \boldsymbol{H}\boldsymbol{\omega}^b \tag{4-10}$$

式中，$\boldsymbol{\omega}^s = \begin{bmatrix} \omega_{z\_1}^s & \omega_{z\_2}^s & \cdots & \omega_{z\_n}^s \end{bmatrix}^{\mathrm{T}}$；$\boldsymbol{\omega}^b = \begin{bmatrix} \omega_x^b & \omega_y^b & \omega_z^b \end{bmatrix}^{\mathrm{T}}$；$\boldsymbol{H}$ 为冗余捷联惯组安装矩阵，此处给出其具体形式：

$$\boldsymbol{H} = \begin{bmatrix} \cos\alpha_1 \sin\beta_1 & \sin\alpha_1 \sin\beta_1 & \cos\beta_1 \\ \cos\alpha_2 \sin\beta_2 & \sin\alpha_2 \sin\beta_2 & \cos\beta_2 \\ \vdots & \vdots & \vdots \\ \cos\alpha_n \sin\beta_n & \sin\alpha_n \sin\beta_n & \cos\beta_n \end{bmatrix} \tag{4-11}$$

安装矩阵 $\boldsymbol{H}$ 反映了冗余捷联惯组向载体坐标系的投影情况，在冗余捷联惯组能够满足基本导航功能的前提下，其在载体坐标系三轴上均存在投影，该特性还原至安装矩阵 $\boldsymbol{H}$ 中表现为列满秩。因此安装矩阵 $\boldsymbol{H}$ 必然存在唯一的左逆矩

阵，记该矩阵为 $\boldsymbol{H}^{+}$，有

$$\boldsymbol{H}=\boldsymbol{H}\boldsymbol{H}^{+}\boldsymbol{H} \tag{4-12}$$

结合式(4-12)，式(4-10)可改写为

$$\boldsymbol{\omega}^{b}=\boldsymbol{H}^{+}\boldsymbol{\omega}^{s} \tag{4-13}$$

对于 n 组传感器的冗余捷联惯组，式(4-9)可扩维为

$$\bar{\boldsymbol{\omega}}^{s}=\begin{bmatrix}\omega_{1\_z}^{s}-\theta_{1\_y}\boldsymbol{w}_{1\_1}\boldsymbol{\omega}^{b}-\theta_{1\_x}\boldsymbol{w}_{1\_2}\boldsymbol{\omega}^{b}\\ \omega_{2\_z}^{s}-\theta_{1\_y}\boldsymbol{w}_{2\_1}\boldsymbol{\omega}^{b}-\theta_{2\_x}\boldsymbol{w}_{2\_2}\boldsymbol{\omega}^{b}\\ \vdots\\ \omega_{n\_z}^{s}-\theta_{1\_y}\boldsymbol{w}_{n\_1}\boldsymbol{\omega}^{b}-\theta_{n\_x}\boldsymbol{w}_{n\_2}\boldsymbol{\omega}^{b}\end{bmatrix}-\begin{bmatrix}s_{1}(\omega_{1\_z}^{s}-\theta_{1\_y}\boldsymbol{w}_{1\_1}\boldsymbol{\omega}^{b}-\theta_{1\_x}\boldsymbol{w}_{1\_2}\boldsymbol{\omega}^{b})\\ s_{2}(\omega_{2\_z}^{s}-\theta_{1\_y}\boldsymbol{w}_{2\_1}\boldsymbol{\omega}^{b}-\theta_{2\_x}\boldsymbol{w}_{2\_2}\boldsymbol{\omega}^{b})\\ \vdots\\ s_{n}(\omega_{n\_z}^{s}-\theta_{1\_y}\boldsymbol{w}_{n\_1}\boldsymbol{\omega}^{b}-\theta_{n\_x}\boldsymbol{w}_{n\_2}\boldsymbol{\omega}^{b})\end{bmatrix} \tag{4-14}$$

$\delta\boldsymbol{\omega}_{ib}^{b}$ 为陀螺仪测量误差，为便于表述，本小节用 $\delta\boldsymbol{\omega}^{b}$ 代替。陀螺仪测量误差包含器件误差，其表达式为

$$\delta\boldsymbol{\omega}^{b}=\boldsymbol{H}^{+}\boldsymbol{\omega}^{s}-\boldsymbol{H}^{+}\bar{\boldsymbol{\omega}}^{s} \tag{4-15}$$

将式(4-14)代入式(4-15)，可得

$$\begin{aligned}\delta\boldsymbol{\omega}^{b}&=\boldsymbol{H}^{+}\boldsymbol{\omega}^{s}-\boldsymbol{H}^{+}\bar{\boldsymbol{\omega}}^{s}\\
&=\boldsymbol{H}^{+}\begin{bmatrix}s_{1_\text{gyro}}(\omega_{1_z}^{s})\\ s_{2_\text{gyro}}(\omega_{2_z}^{s})\\ \vdots\\ s_{n_\text{gyro}}(\omega_{n_z}^{s})\end{bmatrix}-\boldsymbol{H}^{+}\begin{bmatrix}s_{1_\text{gyro}}\theta_{1_y_\text{gyro}}\boldsymbol{w}_{1_1}\boldsymbol{\omega}^{b}\\ s_{2_\text{gyro}}\theta_{2_y_\text{gyro}}\boldsymbol{w}_{2_1}\boldsymbol{\omega}^{b}\\ \vdots\\ s_{n_\text{gyro}}\theta_{n_y_\text{gyro}}\boldsymbol{w}_{n_1}\boldsymbol{\omega}^{b}\end{bmatrix}\\
&\quad-\boldsymbol{H}^{+}\begin{bmatrix}s_{1_\text{gyro}}\theta_{1_x_\text{gyro}}\boldsymbol{w}_{1_2}\boldsymbol{\omega}^{b}\\ s_{2_\text{gyro}}\theta_{2_x_\text{gyro}}\boldsymbol{w}_{2_2}\boldsymbol{\omega}^{b}\\ \vdots\\ s_{n_\text{gyro}}\theta_{n_x_\text{gyro}}\boldsymbol{w}_{n_2}\boldsymbol{\omega}^{b}\end{bmatrix}+\boldsymbol{H}^{+}\begin{bmatrix}\theta_{1_y_\text{gyro}}\boldsymbol{w}_{1_1}\boldsymbol{\omega}^{b}\\ \theta_{2_y_\text{gyro}}\boldsymbol{w}_{2_1}\boldsymbol{\omega}^{b}\\ \vdots\\ \theta_{n_y_\text{gyro}}\boldsymbol{w}_{n_1}\boldsymbol{\omega}^{b}\end{bmatrix}\\
&\quad+\boldsymbol{H}^{+}\begin{bmatrix}\theta_{1_x_\text{gyro}}\boldsymbol{w}_{1_2}\boldsymbol{\omega}^{b}\\ \theta_{2_x_\text{gyro}}\boldsymbol{w}_{2_2}\boldsymbol{\omega}^{b}\\ \vdots\\ \theta_{n_x_\text{gyro}}\boldsymbol{w}_{n_2}\boldsymbol{\omega}^{b}\end{bmatrix}+\boldsymbol{H}^{+}\boldsymbol{b}_{\text{gyro}}+\boldsymbol{H}^{+}\boldsymbol{\varepsilon}\end{aligned} \tag{4-16}$$

同理，加速度计在斜置状态下的误差模型为

$$\bar{f}_i^s=(1-s_i)(f_{i\_z}^s-\theta_y \boldsymbol{w}_{i\_1}\boldsymbol{f}^b-\theta_x \boldsymbol{w}_{i\_2}\boldsymbol{f}^b)+b_i+\eta_i \tag{4-17}$$

式中，$\bar{f}_i^s$ 为斜置加速度计实际输出值；$f_{i\_z}^s$ 为斜置加速度计理论测量值；$\boldsymbol{f}^b$ 为载体坐标系三轴的加速度信息。

根据上述推导过程，$\delta\boldsymbol{f}^b$ 可表示为

$$\begin{aligned}
\delta\boldsymbol{f}^b &= \boldsymbol{H}^+\boldsymbol{f}^s-\boldsymbol{H}^+\bar{\boldsymbol{f}}^s \\
&=\boldsymbol{H}^+\begin{bmatrix} s_{1_\text{accel}}(f_{1_z}^s) \\ s_{2_\text{accel}}(f_{2_z}^s) \\ \vdots \\ s_{n_\text{accel}}(f_{n_z}^s) \end{bmatrix}-\boldsymbol{H}^+\begin{bmatrix} s_{1_\text{accel}}\theta_{1_y_\text{accel}}\boldsymbol{w}_{1_1}\boldsymbol{f}^b \\ s_{2_\text{accel}}\theta_{2_y_\text{accel}}\boldsymbol{w}_{2_1}\boldsymbol{f}^b \\ \vdots \\ s_{n_\text{accel}}\theta_{n_y_\text{accel}}\boldsymbol{w}_{n_1}\boldsymbol{f}^b \end{bmatrix} \\
&\quad-\boldsymbol{H}^+\begin{bmatrix} s_{1_\text{accel}}\theta_{1_x_\text{accel}}\boldsymbol{w}_{1_2}\boldsymbol{f}^b \\ s_{2_\text{accel}}\theta_{2_x_\text{accel}}\boldsymbol{w}_{2_2}\boldsymbol{f}^b \\ \vdots \\ s_{n_\text{accel}}\theta_{n_x_\text{accel}}\boldsymbol{w}_{n_2}\boldsymbol{f}^b \end{bmatrix}+\boldsymbol{H}^+\begin{bmatrix} \theta_{1_y_\text{accel}}\boldsymbol{w}_{1_1}\boldsymbol{f}^b \\ \theta_{2_y_\text{accel}}\boldsymbol{w}_{2_1}\boldsymbol{f}^b \\ \vdots \\ \theta_{n_y_\text{accel}}\boldsymbol{w}_{n_1}\boldsymbol{f}^b \end{bmatrix} \\
&\quad+\boldsymbol{H}^+\begin{bmatrix} \theta_{1_x_\text{accel}}\boldsymbol{w}_{1_2}\boldsymbol{f}^b \\ \theta_{2_x_\text{accel}}\boldsymbol{w}_{2_2}\boldsymbol{f}^b \\ \vdots \\ \theta_{n_x_\text{accel}}\boldsymbol{w}_{n_2}\boldsymbol{f}^b \end{bmatrix}+\boldsymbol{H}^+\boldsymbol{b}_{\text{accel}}+\boldsymbol{H}^+\boldsymbol{\eta}
\end{aligned} \tag{4-18}$$

4.3　冗余捷联惯组标定模型可观测性

4.3.1　基于 SVD 分解的可观测性指标

可观测性是卡尔曼滤波器的重要指标，其中冗余捷联惯组的器件误差在不同机动状态下的可观测性能够具有一定的实际意义，揭示出在何种机动状态下器件误差能够被激励。因此本小节将针对所提出的器件误差标定的滤波系统的各个参数的可观测性进行分析。

针对器件误差标定的 EKF 方法，其状态转移矩阵包含陀螺仪输出 $\boldsymbol{\omega}^s$ 与加速度计输出 $\boldsymbol{f}^s$，因此包含载体的机动信息。当载体的运动模式发生改变时，状态转移矩阵随之改变，其可观测性也将发生变化。

针对以上非定常时变系统，常规格拉姆判据与秩判据均无法对其进行稳定性分析。因此，采用分段线性定常系统(piece-wise constant system，PWCS)对状态

转移矩阵进行处理，将系统拆分为多个时段，每个时段视为一个线性定常系统，以此构建可观测性矩阵。

针对冗余捷联惯组状态方程和测量方程所建立的非线性时变系统，离散化后将其分为 r 个时间段，第 j 个时间段的系统模型为[113]

$$\begin{cases} \boldsymbol{X}(k+1)=\boldsymbol{F}_j(k)\boldsymbol{X}(k) \\ \boldsymbol{Z}_j(k)=\boldsymbol{H}_j\boldsymbol{X}(k) \end{cases} \tag{4-19}$$

定义总可观测性矩阵(total observability matrix，TOM) $\boldsymbol{Q}(r)$，有

$$\boldsymbol{Q}(r)=\begin{bmatrix} \boldsymbol{Q}_1 \\ \boldsymbol{Q}_2\boldsymbol{F}_1^{n-1} \\ \vdots \\ \boldsymbol{Q}_r\boldsymbol{F}_{r-1}^{n-1}\boldsymbol{F}_{r-2}^{n-1}\cdots\boldsymbol{F}_1^{n-1} \end{bmatrix} \tag{4-20}$$

式中，$\boldsymbol{Q}_j, j\in[1,r]$ 的具体形式为

$$\boldsymbol{Q}_j=\left[(\boldsymbol{H}_j)^{\mathrm{T}} \quad (\boldsymbol{H}_j\boldsymbol{F}_j)^{\mathrm{T}} \quad \cdots \quad (\boldsymbol{H}_j\boldsymbol{F}_j^{n-1})^{\mathrm{T}}\right]^{\mathrm{T}} \tag{4-21}$$

由式(4-19)可得

$$\begin{cases} \boldsymbol{Z}_j(0)=\boldsymbol{H}_j\boldsymbol{F}(0) \\ \boldsymbol{Z}_j(1)=\boldsymbol{H}_j\boldsymbol{F}(0)\boldsymbol{X}(0) \\ \quad\vdots \\ \boldsymbol{Z}_j(k)=\boldsymbol{H}_j\prod\limits_{j=0}^{k-1}\boldsymbol{F}(j)\boldsymbol{X}(0) \end{cases} \tag{4-22}$$

令 $\boldsymbol{Z}=\left[\boldsymbol{Z}_1(0) \quad \boldsymbol{Z}_1(1) \quad \cdots \quad \boldsymbol{Z}_1(k) \quad \cdots \quad \boldsymbol{Z}_r(kr)\right]$，联立式(4-20)和式(4-22)，可得

$$\boldsymbol{Q}_r\boldsymbol{X}(0)=\boldsymbol{Z} \tag{4-23}$$

初始状态 $\boldsymbol{X}(0)$ 估计的优劣程度取决于矩阵 $\boldsymbol{Q}_j$ 的特性。对 $\boldsymbol{Q}_j$ 进行奇异值分解：

$$\boldsymbol{Q}_j=\boldsymbol{U\Sigma V}^{\mathrm{T}} \tag{4-24}$$

式中，$\boldsymbol{U}=\left[u_1 \quad u_2 \quad \cdots \quad u_m\right]$；$\boldsymbol{V}=\left[v_1 \quad v_2 \quad \cdots \quad v_n\right]$；$\boldsymbol{\Sigma}=\begin{bmatrix} \boldsymbol{s}_{r\times r} & \boldsymbol{O}_{r\times(n-r)} \\ \boldsymbol{O}_{(m-r)\times r} & \boldsymbol{O}_{(m-r)\times(n-r)} \end{bmatrix}_{m\times n}$，$\boldsymbol{s}=\mathrm{diag}(\sigma_1,\sigma_2,\cdots,\sigma_r),\sigma_1\geqslant\sigma_2\geqslant\cdots\geqslant\sigma_r$。

若 $r=\min(m,n)$，则 $\boldsymbol{X}(0)=(\boldsymbol{U\Sigma V}^{\mathrm{T}})^{-1}\boldsymbol{Z}=\sum\limits_{i=1}^{r}\left(\dfrac{u_i^{\mathrm{T}}\boldsymbol{Z}}{\sigma_i}\right)v_i$，$\boldsymbol{X}(0)$ 有唯一解；

若 $r<\min(m,n)$，则 $\boldsymbol{X}(0)=(\boldsymbol{U\Sigma V}^{\mathrm{T}})^{-1}\boldsymbol{Z}=\sum\limits_{i=1}^{r}\left(\dfrac{u_i^{\mathrm{T}}\boldsymbol{Z}}{\sigma_i}\right)v_i+\sum\limits_{j=r+1}^{n}\alpha_j v_j$，$\boldsymbol{X}(0)$ 有无数解，α_j 为任意常数。

当外部测量值 $\boldsymbol{Z}$ 具有常值范数时，初始状态 $\boldsymbol{X}(0)$ 形成一个椭球，其方程为

$$\sum_{i=1}^{r}\left(\frac{\boldsymbol{v}_i^{\mathrm{T}}\boldsymbol{X}(0)u_i}{1/\sigma_i}\right)^2=|\boldsymbol{Z}|^2 \tag{4-25}$$

式中，$\dfrac{1}{\sigma_i}$ 为椭球的主轴长度。

$|\boldsymbol{X}(0)|$ 的可行域为

$$|\boldsymbol{X}(0)|\leqslant\frac{|\boldsymbol{Z}|}{\sigma_i} \tag{4-26}$$

椭球体积与奇异值大小成反比，即 σ_i 越大，椭球体积越小，$|\boldsymbol{X}(0)|$ 的可行域越小，对 $\boldsymbol{X}(0)$ 的估计就越精准，因此对矩阵 $\boldsymbol{Q}_r$ 进行奇异值分解能够定量分析所设计系统的可观测性。奇异值越大，系统可观测性越高，系统状态的估计精度越高。

4.3.2　冗余捷联惯组标定模型可观测性矩阵重构优化

为简化计算量，以选择性可观测性矩阵(selective observability matrix，SOM) $\boldsymbol{Q}_s(r)$ 代替总可观测性矩阵，其表达式为

$$\boldsymbol{Q}_s(r)=\begin{bmatrix}\boldsymbol{Q}_1 & \boldsymbol{Q}_2 & \cdots & \boldsymbol{Q}_r\end{bmatrix}^{\mathrm{T}} \tag{4-27}$$

根据文献[114]的结论，仅当满足以下引理时，选择性可观测矩阵才能够代替总可观测性矩阵。

引理：若 $\mathrm{NULL}(\boldsymbol{Q}_j)\subset\mathrm{NULL}(\boldsymbol{F}_j)$，$1\leqslant j\leqslant l$，则 $\mathrm{NULL}(\boldsymbol{Q}(r))\subset\mathrm{NULL}(\boldsymbol{Q}_s(r))$。

证明：选取任意向量 $\boldsymbol{x}$，其满足式 $\boldsymbol{x}\in\mathrm{NULL}(\boldsymbol{Q}_j^{\mathrm{T}})$，根据矩阵零空间的性质，其满足 $\boldsymbol{Q}_j^{\mathrm{T}}\boldsymbol{x}=0$，因此对于 $\boldsymbol{Q}_j$ 的任意子矩阵，依旧满足此关系式，则可得关系式 $\boldsymbol{H}_j\boldsymbol{F}_j\boldsymbol{x}=0$，而根据 $\boldsymbol{F}_j$ 与 $\boldsymbol{H}_j$ 的关系能够得到如下关系式：

$$\boldsymbol{H}_j\boldsymbol{F}_j=\begin{bmatrix}\boldsymbol{F}_j(1,:) & \boldsymbol{F}_j(2,:) & \boldsymbol{F}_j(3,:)\end{bmatrix}^{\mathrm{T}} \tag{4-28}$$

式中，$\boldsymbol{F}_j(k,:)$ 为 $\boldsymbol{F}_j$ 的第 k 行。根据关系式 $\boldsymbol{H}_j\boldsymbol{F}_j\boldsymbol{x}=0$ 可以分解得到 $\boldsymbol{F}_j(1,:)\boldsymbol{x}=0$、$\boldsymbol{F}_j(2,:)\boldsymbol{x}=0$、$\boldsymbol{F}_j(3,:)\boldsymbol{x}=0$，进而可以得出 $\boldsymbol{F}_j\boldsymbol{x}=0$，即 $\mathrm{NULL}(\boldsymbol{Q}_j)\subset\mathrm{NULL}(\boldsymbol{F}_j)$，完成证明。

通过对上述的证明过程进行分析可以得出，针对冗余捷联惯组器件误差标定的滤波方法，可以采用选择性可观测性矩阵 $\boldsymbol{Q}_s(r)$ 替代总可观测性矩阵 $\boldsymbol{Q}(r)$。重复利用某一机动状态下某时间段内的 $\boldsymbol{Q}_j$ 并不会影响系统整体的可观测性，因此为增加计算效率，并非需要分析全部时间内的选择性可观测性矩阵 $\boldsymbol{Q}_j$。在进行冗余捷联惯组器件误差标定的可观测性分析时，仅需构建式(4-27)的选择性可观

测性矩阵进行分析。

4.3.3 冗余捷联惯组标定模型可观测性分析

针对所提出的状态方程与测量方程，构建选择性可观测性矩阵。由于状态转移矩阵 $\boldsymbol{F}$ 包含加速度与角速度信息，载体的不同阶段机动状态将会影响矩阵 $\boldsymbol{Q}_s(r)$ 的奇异值大小，因此针对载体的不同阶段机动状态对器件误差参数的可观测性进行分析。

以下为设定的不同阶段机动状态及其具体参数，载体不同阶段机动状态下的角速度与加速度如图 4-2 所示。

状态 1：0～1s，静止；

状态 2：1～2s，匀加速运动；

状态 3：2～12s，匀速直线运动；

状态 4：12～23s，旋转运动。

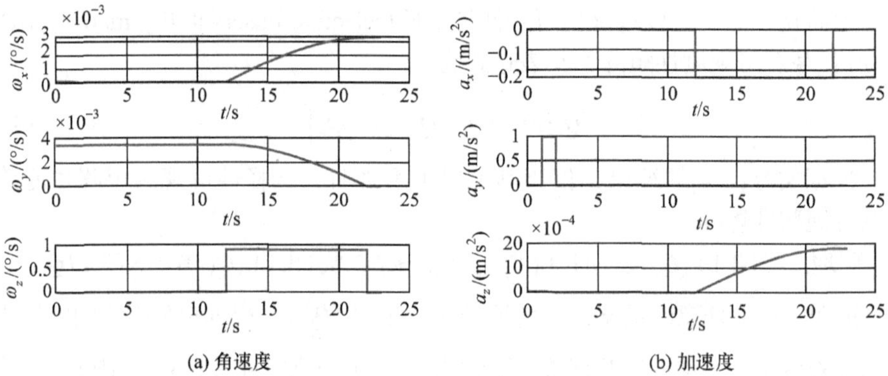

图 4-2　载体不同阶段机动状态下的角速度与加速度

不同状态下的器件误差选择性可观测性矩阵的 SVD 分解结果如表 4-1 所示。

表 4-1　不同状态下的器件误差选择性可观测性矩阵的 SVD 分解结果

器件误差	状态 1 下的奇异值	状态 2 下的奇异值	状态 3 下的奇异值	状态 4 下的奇异值
s_{gyro}	34.1636	34.2794	182.3966	104.0797
s_{accel}	18.4558	18.4407	54.7814	56.2268
θ_{x_gyro}	18.0689	18.0904	34.1706	54.7814
θ_{y_gyro}	15.9080	15.9100	19.9290	15.2344
θ_{x_accel}	7.2673	6.9102	13.5176	14.2894
θ_{y_accel}	5.7607	6.0161	11.5023	13.1118

根据表 4-1 所展示的计算结果，静止与匀速直线运动状态下的器件误差可观测性弱于旋转运动与匀加速运动状态下的可观测性，原因为静止与匀速直线运动状态下有 $\boldsymbol{\omega}^s = 0$ 与 $\boldsymbol{f}^s = 0$，该条件下由含有器件误差的状态方程以及线性化后的雅可比矩阵可知，器件误差前向系数为零，因此其无法被正常激励。同理，当载体存在机动时，器件误差前向系数不为零，因此能够被正常激励。需要注意的是，高可观测性仅为器件误差能够被正常激励的必要条件，表 4-1 的分析结果只能证明机动状态更适合激励误差。为保证器件误差能够被正常标定，需要以不同参数的机动方式进行激励。

为研究不同的安装角度对器件误差可观测性的影响，分析不同安装角度下的器件误差奇异值，设计载体机动的轨迹数据如图 4-3 所示。

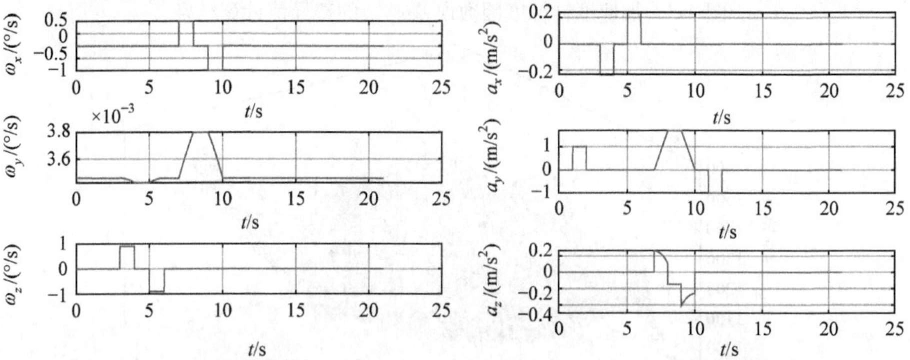

(a) 角速度　　(b) 加速度

图 4-3　载体机动的轨迹数据

最终器件误差的奇异值在不同安装角度 α 与 β 下的计算结果如图 4-4～图 4-9 所示。

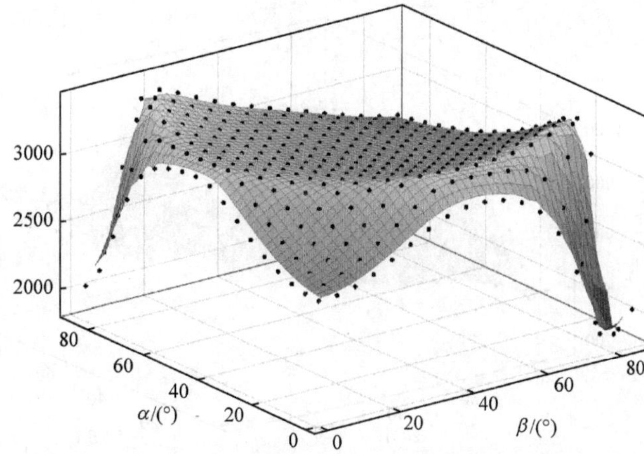

图 4-4　陀螺仪标度因数误差 s_{gyro} 的奇异值计算结果

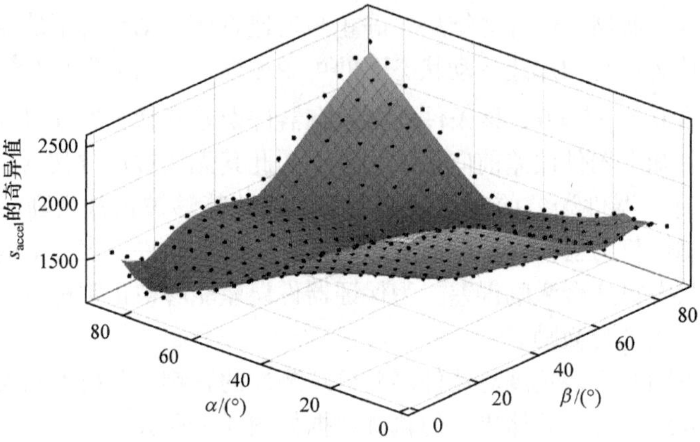

图 4-5　加速度计标度因数误差 s_{accel} 的奇异值计算结果

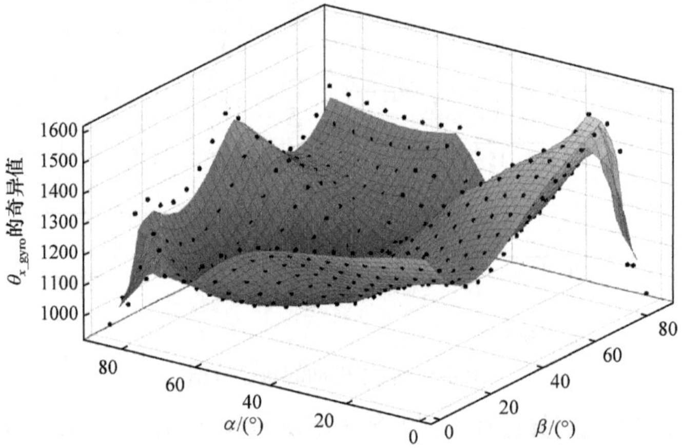

图 4-6　陀螺仪安装误差 θ_{x_gyro} 的奇异值计算结果

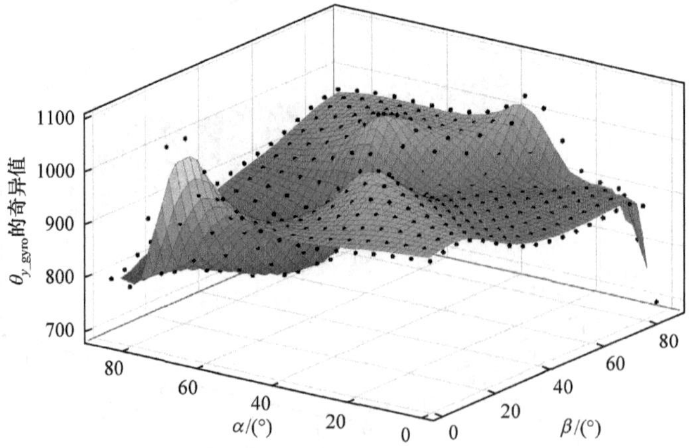

图 4-7　陀螺仪安装误差 θ_{y_gyro} 的奇异值计算结果

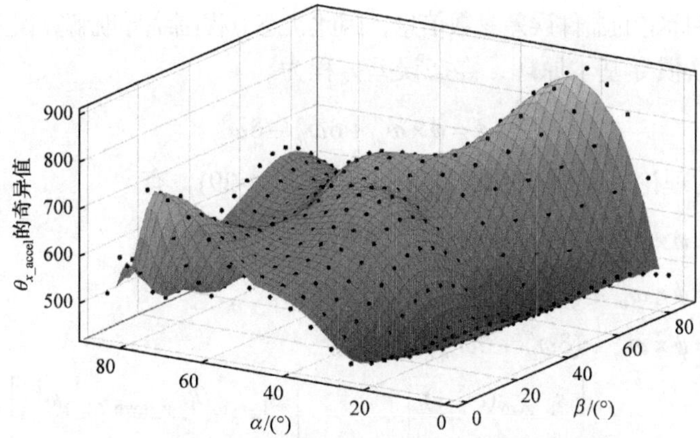

图 4-8　加速度计安装误差 θ_{x_accel} 的奇异值计算结果

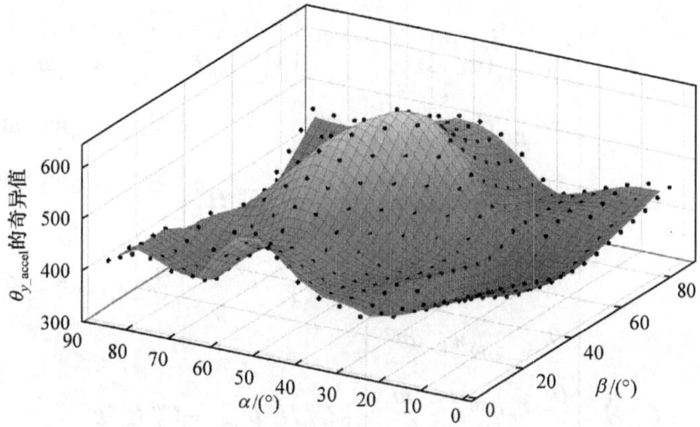

图 4-9　加速度计安装误差 θ_{y_accel} 的奇异值计算结果

由图 4-4～图 4-9 可知，分阶段滤波系统中的陀螺仪标度因数误差的奇异值在不同安装角度下均保持在 1000 以上，安装误差的奇异值在 800 以上；加速度计标度因数误差的奇异值在不同安装角度下均保持在 1500 以上，安装误差的奇异值在 400 以上。根据文献[115]的结论：奇异值越大，状态量的可观测性越高，且若奇异值大于 10，则认为状态量可观测。因此可得出结论，在如图 4-3 所示的机动条件下，冗余捷联惯组斜置传感器的器件误差均具有良好的可观测性，且标度因数误差的可观测性优于安装误差。

4.4　冗余捷联惯组在线标定

4.4.1　在线标定方法

1. 斜置传感器在线标定状态方程

由于带有器件误差的冗余捷联惯组的导航结果与外部高精度导航结果存在偏差，

该偏差包含待标定的器件误差参数信息，因此状态方程围绕导航解算误差来建立。

根据捷联惯导基本原理，姿态误差方程为

$$\dot{\boldsymbol{\phi}} = \boldsymbol{\phi} \times \boldsymbol{\omega}_{in}^{n} + \delta\boldsymbol{\omega}_{in}^{n} - \delta\boldsymbol{\omega}_{ib}^{n} \tag{4-29}$$

结合 4.2 节的理论推导结果，将式(4-16)代入式(4-29)，有

$$\begin{aligned}
\dot{\boldsymbol{\phi}} &= \boldsymbol{\phi} \times \boldsymbol{\omega}_{in}^{n} + \delta\boldsymbol{\omega}_{in}^{n} - \delta\boldsymbol{\omega}^{n} \\
&= \boldsymbol{\phi} \times \boldsymbol{\omega}_{in}^{n} + (\delta\boldsymbol{\omega}_{ie}^{n} + \delta\boldsymbol{\omega}_{en}^{n}) - \boldsymbol{C}_b^n \delta\boldsymbol{\omega}^{b} \\
&= \boldsymbol{\phi} \times \boldsymbol{\omega}_{in}^{n} + (\delta\boldsymbol{\omega}_{ie}^{n} + \delta\boldsymbol{\omega}_{en}^{n}) \\
&\quad - \boldsymbol{C}_b^n \boldsymbol{H}^{+} \begin{bmatrix} s_{1_\mathrm{gyro}}(\omega_{1_z}^{s}) \\ s_{2_\mathrm{gyro}}(\omega_{2_z}^{s}) \\ \vdots \\ s_{n_\mathrm{gyro}}(\omega_{n_z}^{s}) \end{bmatrix} - \boldsymbol{C}_b^n \boldsymbol{H}^{+} \begin{bmatrix} s_{1_\mathrm{gyro}}\theta_{1_y_\mathrm{gyro}}\boldsymbol{w}_{1_1}\boldsymbol{\omega}^{b} \\ s_{2_\mathrm{gyro}}\theta_{2_y_\mathrm{gyro}}\boldsymbol{w}_{2_1}\boldsymbol{\omega}^{b} \\ \vdots \\ s_{n_\mathrm{gyro}}\theta_{n_y_\mathrm{gyro}}\boldsymbol{w}_{n_1}\boldsymbol{\omega}^{b} \end{bmatrix} \\
&\quad - \boldsymbol{C}_b^n \boldsymbol{H}^{+} \begin{bmatrix} s_{1_\mathrm{gyro}}\theta_{1_x_\mathrm{gyro}}\boldsymbol{w}_{1_2}\boldsymbol{\omega}^{b} \\ s_{2_\mathrm{gyro}}\theta_{2_x_\mathrm{gyro}}\boldsymbol{w}_{2_2}\boldsymbol{\omega}^{b} \\ \vdots \\ s_{n_\mathrm{gyro}}\theta_{n_x_\mathrm{gyro}}\boldsymbol{w}_{n_2}\boldsymbol{\omega}^{b} \end{bmatrix} + \boldsymbol{C}_b^n \boldsymbol{H}^{+} \begin{bmatrix} \theta_{1_y_\mathrm{gyro}}\boldsymbol{w}_{1_1}\boldsymbol{\omega}^{b} \\ \theta_{2_y_\mathrm{gyro}}\boldsymbol{w}_{2_1}\boldsymbol{\omega}^{b} \\ \vdots \\ \theta_{n_y_\mathrm{gyro}}\boldsymbol{w}_{n_1}\boldsymbol{\omega}^{b} \end{bmatrix} \\
&\quad + \boldsymbol{C}_b^n \boldsymbol{H}^{+} \begin{bmatrix} \theta_{1_x_\mathrm{gyro}}\boldsymbol{w}_{1_2}\boldsymbol{\omega}^{b} \\ \theta_{2_x_\mathrm{gyro}}\boldsymbol{w}_{2_2}\boldsymbol{\omega}^{b} \\ \vdots \\ \theta_{n_x_\mathrm{gyro}}\boldsymbol{w}_{n_2}\boldsymbol{\omega}^{b} \end{bmatrix} + \boldsymbol{C}_b^n \boldsymbol{H}^{+} \boldsymbol{b}_{\mathrm{gyro}} + \boldsymbol{C}_b^n \boldsymbol{H}^{+} \boldsymbol{\varepsilon}
\end{aligned} \tag{4-30}$$

式(4-30)为带有器件误差的冗余捷联惯组的姿态误差方程，其反映了器件误差对姿态解算的影响，同时揭示出器件误差标定依赖载体坐标系的三轴数据，即 $\boldsymbol{\omega}^{b}$ 与 $\boldsymbol{f}^{b}$。对于冗余捷联惯组，在线状态下无法直接得出 $\boldsymbol{\omega}^{b}$ 与 $\boldsymbol{f}^{b}$，因此需要进行最小二乘估计融合。为避免引入待标定传感器的器件误差，最小二乘估计融合算法修正为

$$\boldsymbol{\omega}^{b} = (\tilde{\boldsymbol{H}}_i^{\mathrm{T}} \tilde{\boldsymbol{H}}_i)^{-1} \tilde{\boldsymbol{H}}_i^{\mathrm{T}} \tilde{\boldsymbol{\omega}}_i^{f} \tag{4-31}$$

式中，$\tilde{\boldsymbol{H}}_i$ 为剔除安装矩阵 $\boldsymbol{H}$ 第 i 行向量的配置矩阵；$\tilde{\boldsymbol{\omega}}_i^{f}$ 为剔除第 i 个陀螺仪数据的冗余捷联惯组测量向量。同理，对于 $\boldsymbol{f}^{b}$ 有

$$\boldsymbol{f}^{b} = (\tilde{\boldsymbol{H}}_i^{\mathrm{T}} \tilde{\boldsymbol{H}}_i)^{-1} \tilde{\boldsymbol{H}}_i^{\mathrm{T}} \tilde{\boldsymbol{f}}_i^{f} \tag{4-32}$$

式中，$\tilde{\boldsymbol{f}}_i^{f}$ 为剔除第 i 个加速度计数据的冗余捷联惯组测量向量。

将式(4-31)代入式(4-30)，可得带有器件误差的冗余捷联惯组姿态误差方程：

$$
\begin{aligned}
\dot{\boldsymbol{\phi}} &= \boldsymbol{\phi}\times\boldsymbol{\omega}_{in}^{n}+\delta\boldsymbol{\omega}_{in}^{n}-\delta\boldsymbol{\omega}^{n}\\
&= \boldsymbol{\phi}\times\boldsymbol{\omega}_{in}^{n}+(\delta\boldsymbol{\omega}_{ie}^{n}+\delta\boldsymbol{\omega}_{en}^{n})-\boldsymbol{C}_{b}^{n}\delta\boldsymbol{\omega}^{b}\\
&= \boldsymbol{\phi}\times\boldsymbol{\omega}_{in}^{n}+(\delta\boldsymbol{\omega}_{ie}^{n}+\delta\boldsymbol{\omega}_{en}^{n})\\
&\quad -\boldsymbol{C}_{b}^{n}\boldsymbol{H}^{+}\begin{bmatrix} s_{1\_\text{gyro}}(\omega_{1\_z}^{s})\\ s_{2\_\text{gyro}}(\omega_{2\_z}^{s})\\ \vdots\\ s_{n\_\text{gyro}}(\omega_{n\_z}^{s})\end{bmatrix}-\boldsymbol{C}_{b}^{n}\boldsymbol{H}^{+}\begin{bmatrix} s_{1\_\text{gyro}}\theta_{1\_y\_\text{gyro}}\boldsymbol{w}_{1\_1}(\tilde{\boldsymbol{H}}_{1}^{\mathrm{T}}\tilde{\boldsymbol{H}}_{1})^{-1}\tilde{\boldsymbol{H}}_{1}^{\mathrm{T}}\tilde{\boldsymbol{\omega}}_{1}^{f}\\ s_{2\_\text{gyro}}\theta_{2\_y\_\text{gyro}}\boldsymbol{w}_{2\_1}(\tilde{\boldsymbol{H}}_{2}^{\mathrm{T}}\tilde{\boldsymbol{H}}_{2})^{-1}\tilde{\boldsymbol{H}}_{2}^{\mathrm{T}}\tilde{\boldsymbol{\omega}}_{2}^{f}\\ \vdots\\ s_{n\_\text{gyro}}\theta_{n\_y\_\text{gyro}}\boldsymbol{w}_{n\_1}(\tilde{\boldsymbol{H}}_{n}^{\mathrm{T}}\tilde{\boldsymbol{H}}_{n})^{-1}\tilde{\boldsymbol{H}}_{n}^{\mathrm{T}}\tilde{\boldsymbol{\omega}}_{n}^{f}\end{bmatrix}\\
&\quad -\boldsymbol{C}_{b}^{n}\boldsymbol{H}^{+}\begin{bmatrix} s_{1\_\text{gyro}}\theta_{1\_x\_\text{gyro}}\boldsymbol{w}_{1\_2}(\tilde{\boldsymbol{H}}_{1}^{\mathrm{T}}\tilde{\boldsymbol{H}}_{1})^{-1}\tilde{\boldsymbol{H}}_{1}^{\mathrm{T}}\tilde{\boldsymbol{\omega}}_{1}^{f}\\ s_{2\_\text{gyro}}\theta_{2\_x\_\text{gyro}}\boldsymbol{w}_{2\_2}(\tilde{\boldsymbol{H}}_{2}^{\mathrm{T}}\tilde{\boldsymbol{H}}_{2})^{-1}\tilde{\boldsymbol{H}}_{2}^{\mathrm{T}}\tilde{\boldsymbol{\omega}}_{2}^{f}\\ \vdots\\ s_{n\_\text{gyro}}\theta_{n\_x\_\text{gyro}}\boldsymbol{w}_{n\_2}(\tilde{\boldsymbol{H}}_{n}^{\mathrm{T}}\tilde{\boldsymbol{H}}_{n})^{-1}\tilde{\boldsymbol{H}}_{n}^{\mathrm{T}}\tilde{\boldsymbol{\omega}}_{n}^{f}\end{bmatrix}\\
&\quad +\boldsymbol{C}_{b}^{n}\boldsymbol{H}^{+}\begin{bmatrix} \theta_{1\_y\_\text{gyro}}\boldsymbol{w}_{1\_1}(\tilde{\boldsymbol{H}}_{1}^{\mathrm{T}}\tilde{\boldsymbol{H}}_{1})^{-1}\tilde{\boldsymbol{H}}_{1}^{\mathrm{T}}\tilde{\boldsymbol{\omega}}_{1}^{f}\\ \theta_{2\_y\_\text{gyro}}\boldsymbol{w}_{2\_1}(\tilde{\boldsymbol{H}}_{2}^{\mathrm{T}}\tilde{\boldsymbol{H}}_{2})^{-1}\tilde{\boldsymbol{H}}_{2}^{\mathrm{T}}\tilde{\boldsymbol{\omega}}_{2}^{f}\\ \vdots\\ \theta_{n\_y\_\text{gyro}}\boldsymbol{w}_{n\_1}(\tilde{\boldsymbol{H}}_{n}^{\mathrm{T}}\tilde{\boldsymbol{H}}_{n})^{-1}\tilde{\boldsymbol{H}}_{n}^{\mathrm{T}}\tilde{\boldsymbol{\omega}}_{n}^{f}\end{bmatrix}\\
&\quad +\boldsymbol{C}_{b}^{n}\boldsymbol{H}^{+}\begin{bmatrix} \theta_{1\_x\_\text{gyro}}\boldsymbol{w}_{1\_2}(\tilde{\boldsymbol{H}}_{1}^{\mathrm{T}}\tilde{\boldsymbol{H}}_{1})^{-1}\tilde{\boldsymbol{H}}_{1}^{\mathrm{T}}\tilde{\boldsymbol{\omega}}_{1}^{f}\\ \theta_{2\_x\_\text{gyro}}\boldsymbol{w}_{2\_2}(\tilde{\boldsymbol{H}}_{2}^{\mathrm{T}}\tilde{\boldsymbol{H}}_{2})^{-1}\tilde{\boldsymbol{H}}_{2}^{\mathrm{T}}\tilde{\boldsymbol{\omega}}_{2}^{f}\\ \vdots\\ \theta_{n\_x\_\text{gyro}}\boldsymbol{w}_{n\_2}(\tilde{\boldsymbol{H}}_{n}^{\mathrm{T}}\tilde{\boldsymbol{H}}_{n})^{-1}\tilde{\boldsymbol{H}}_{n}^{\mathrm{T}}\tilde{\boldsymbol{\omega}}_{n}^{f}\end{bmatrix}+\boldsymbol{C}_{b}^{n}\boldsymbol{H}^{+}\boldsymbol{b}_{\text{gyro}}+\boldsymbol{C}_{b}^{n}\boldsymbol{H}^{+}\boldsymbol{\varepsilon}
\end{aligned}
\tag{4-33}
$$

根据捷联惯导基本原理，速度误差方程为

$$
\begin{aligned}
\delta\dot{\boldsymbol{v}}^{n} &= \boldsymbol{f}^{n}\times\boldsymbol{\phi}+\boldsymbol{v}^{n}\times(2\delta\boldsymbol{\omega}_{ie}^{n}+\delta\boldsymbol{\omega}_{en}^{n})-(2\delta\boldsymbol{\omega}_{ie}^{n}+\delta\boldsymbol{\omega}_{en}^{n})\times\delta\boldsymbol{v}^{n}+\delta\boldsymbol{f}^{n}+\delta\boldsymbol{g}^{n}\\
&= \boldsymbol{f}^{n}\times\boldsymbol{\phi}+\boldsymbol{v}^{n}\times(2\delta\boldsymbol{\omega}_{ie}^{n}+\delta\boldsymbol{\omega}_{en}^{n})-(2\delta\boldsymbol{\omega}_{ie}^{n}+\delta\boldsymbol{\omega}_{en}^{n})\times\delta\boldsymbol{v}^{n}+C_{b}^{n}\delta\boldsymbol{f}^{b}+\delta\boldsymbol{g}^{n}
\end{aligned}
\tag{4-34}
$$

将式(4-18)、式(4-32)代入式(4-34)，可得到带有器件误差的冗余捷联惯组速度误差方程：

$$
\begin{aligned}
\delta\dot{\boldsymbol{v}}^{n} &= \boldsymbol{f}^{n}\times\boldsymbol{\phi}+\boldsymbol{v}^{n}\times(2\delta\boldsymbol{\omega}_{ie}^{n}+\delta\boldsymbol{\omega}_{en}^{n})-(2\delta\boldsymbol{\omega}_{ie}^{n}+\delta\boldsymbol{\omega}_{en}^{n})\times\delta\boldsymbol{v}^{n}+\delta\boldsymbol{g}^{n}\\
&\quad +\boldsymbol{C}_{b}^{n}\boldsymbol{H}^{+}\begin{bmatrix} s_{1\_\text{accel}}(f_{1\_z}^{s})\\ s_{2\_\text{accel}}(f_{2\_z}^{s})\\ \vdots\\ s_{n\_\text{accel}}(f_{n\_z}^{s})\end{bmatrix}-\boldsymbol{C}_{b}^{n}\boldsymbol{H}^{+}\begin{bmatrix} s_{1\_\text{accel}}\theta_{1\_y\_\text{accel}}\boldsymbol{w}_{1\_1}(\tilde{\boldsymbol{H}}_{1}^{\mathrm{T}}\tilde{\boldsymbol{H}}_{1})^{-1}\tilde{\boldsymbol{H}}_{1}^{\mathrm{T}}\tilde{\boldsymbol{f}}_{1}^{f}\\ s_{2\_\text{accel}}\theta_{2\_y\_\text{accel}}\boldsymbol{w}_{2\_1}(\tilde{\boldsymbol{H}}_{2}^{\mathrm{T}}\tilde{\boldsymbol{H}}_{2})^{-1}\tilde{\boldsymbol{H}}_{2}^{\mathrm{T}}\tilde{\boldsymbol{f}}_{2}^{f}\\ \vdots\\ s_{n\_\text{accel}}\theta_{n\_y\_\text{accel}}\boldsymbol{w}_{n\_1}(\tilde{\boldsymbol{H}}_{n}^{\mathrm{T}}\tilde{\boldsymbol{H}}_{n})^{-1}\tilde{\boldsymbol{H}}_{n}^{\mathrm{T}}\tilde{\boldsymbol{f}}_{n}^{f}\end{bmatrix}
\end{aligned}
$$

$$
-C_b^n H^+ \begin{bmatrix} s_{1\_\mathrm{accel}}\theta_{1\_x\_\mathrm{accel}} w_{1\_2}(\tilde{H}_1^{\mathrm{T}}\tilde{H}_1)^{-1}\tilde{H}_1^{\mathrm{T}}\tilde{f}_1^f \\ s_{2\_\mathrm{accel}}\theta_{2\_x\_\mathrm{accel}} w_{2\_2}(\tilde{H}_2^{\mathrm{T}}\tilde{H}_2)^{-1}\tilde{H}_2^{\mathrm{T}}\tilde{f}_2^f \\ \vdots \\ s_{n\_\mathrm{accel}}\theta_{n\_x\_\mathrm{accel}} w_{n\_2}(\tilde{H}_n^{\mathrm{T}}\tilde{H}_n)^{-1}\tilde{H}_n^{\mathrm{T}}\tilde{f}_n^f \end{bmatrix}
+C_b^n H^+ \begin{bmatrix} \theta_{1\_y\_\mathrm{accel}} w_{1\_1}(\tilde{H}_1^{\mathrm{T}}\tilde{H}_1)^{-1}\tilde{H}_1^{\mathrm{T}}\tilde{f}_1^f \\ \theta_{2\_y\_\mathrm{accel}} w_{2\_1}(\tilde{H}_2^{\mathrm{T}}\tilde{H}_2)^{-1}\tilde{H}_2^{\mathrm{T}}\tilde{f}_2^f \\ \vdots \\ \theta_{n\_y\_\mathrm{accel}} w_{n\_1}(\tilde{H}_n^{\mathrm{T}}\tilde{H}_n)^{-1}\tilde{H}_n^{\mathrm{T}}\tilde{f}_n^f \end{bmatrix}
+C_b^n H^+ \begin{bmatrix} \theta_{1\_x\_\mathrm{accel}} w_{1\_2}(\tilde{H}_1^{\mathrm{T}}\tilde{H}_1)^{-1}\tilde{H}_1^{\mathrm{T}}\tilde{f}_1^f \\ \theta_{2\_x\_\mathrm{accel}} w_{2\_2}(\tilde{H}_2^{\mathrm{T}}\tilde{H}_2)^{-1}\tilde{H}_2^{\mathrm{T}}\tilde{f}_2^f \\ \vdots \\ \theta_{n\_x\_\mathrm{accel}} w_{n\_2}(\tilde{H}_n^{\mathrm{T}}\tilde{H}_n)^{-1}\tilde{H}_n^{\mathrm{T}}\tilde{f}_n^f \end{bmatrix} + C_b^n H^+ b_{\mathrm{accel}} + C_b^n H^+ \eta \tag{4-35}
$$

根据捷联惯导基本原理，位置误差方程为

$$
\begin{cases} \delta\dot{L} = \dfrac{1}{R_{\mathrm{M}}+h}\delta v_{\mathrm{N}} - \dfrac{v_{\mathrm{N}}}{(R_{\mathrm{M}}+h)^2}\delta h \\ \delta\dot{\lambda} = \dfrac{\sec L}{R_{\mathrm{N}}+h}\delta v_{\mathrm{E}} + \dfrac{v_{\mathrm{E}}\sec L\tan L}{R_{\mathrm{N}}+h}\delta L - \dfrac{v_{\mathrm{E}}\sec L}{(R_{\mathrm{N}}+h)^2}\delta h \\ \delta\dot{h} = \delta v_{\mathrm{U}} \end{cases} \tag{4-36}
$$

根据推导出的包含器件误差的冗余捷联惯组的姿态误差方程、速度误差方程、位置误差方程构建状态方程，状态量为

$$
\begin{aligned} X = \big[& \phi_{1\times3} \quad (\delta v^n)_{1\times3} \quad (\delta p)_{1\times3} \quad (s_{\mathrm{gyro}})_{1\times n} \quad (s_{\mathrm{accel}})_{1\times n} \\ & (\theta_{x\_\mathrm{gyro}})_{1\times n} \quad (\theta_{y\_\mathrm{gyro}})_{1\times n} \quad (\theta_{x\_\mathrm{accel}})_{1\times n} \\ & (\theta_{y\_\mathrm{accel}})_{1\times n} \quad (b_{\mathrm{gyro}})_{1\times n} \quad (b_{\mathrm{accel}})_{1\times n} \big]^{\mathrm{T}} \end{aligned} \tag{4-37}
$$

式中，δp 为惯组位置误差，有 $\delta p = [\delta L \quad \delta\lambda \quad \delta h]^{\mathrm{T}}$；$s_{\mathrm{gyro}}$ 为陀螺仪标度因数向量，有 $s_{\mathrm{gyro}} = [s_{\mathrm{gyro}\_1} \quad s_{\mathrm{gyro}\_2} \quad \cdots \quad s_{\mathrm{gyro}\_n}]^{\mathrm{T}}$；$s_{\mathrm{accel}}$ 为加速度计标度因数向量，有 $s_{\mathrm{accel}} = [s_{\mathrm{accel}\_1} \quad s_{\mathrm{accel}\_2} \quad \cdots \quad s_{\mathrm{accel}\_n}]^{\mathrm{T}}$；$\theta_{x\_\mathrm{gyro}}$、$\theta_{y\_\mathrm{gyro}}$ 为陀螺仪安装误差向量，有 $\theta_{x\_\mathrm{gyro}} = [\theta_{x\_\mathrm{gyro}\_1} \quad \theta_{x\_\mathrm{gyro}\_2} \quad \cdots \quad \theta_{x\_\mathrm{gyro}\_n}]^{\mathrm{T}}$、$\theta_{y\_\mathrm{gyro}} = [\theta_{y\_\mathrm{gyro}\_1} \quad \theta_{y\_\mathrm{gyro}\_2} \quad \cdots \quad \theta_{y\_\mathrm{gyro}\_n}]^{\mathrm{T}}$；$\theta_{x\_\mathrm{accel}}$、$\theta_{y\_\mathrm{accel}}$ 为加速度计安装误差向量，有 $\theta_{x\_\mathrm{accel}} =$

$\left[\theta_{x\_\mathrm{accel}\_1} \;\; \theta_{x\_\mathrm{accel}\_2} \;\; \cdots \;\; \theta_{x\_\mathrm{accel}\_n}\right]^{\mathrm{T}}$、$\boldsymbol{\theta}_{y\_\mathrm{accel}}=\left[\theta_{y\_\mathrm{accel}\_1} \;\; \theta_{y\_\mathrm{accel}\_2} \;\; \cdots \theta_{y\_\mathrm{accel}\_n}\right]^{\mathrm{T}}$；$\boldsymbol{b}_{\mathrm{gyro}}$ 为陀螺仪零偏向量，有 $\boldsymbol{b}_{\mathrm{gyro}}=\left[b_{\mathrm{gyro}\_1} \;\; b_{\mathrm{gyro}\_2} \;\; \cdots \;\; b_{\mathrm{gyro}\_n}\right]^{\mathrm{T}}$；$\boldsymbol{b}_{\mathrm{accel}}$ 为加速度计零偏向量，有 $\boldsymbol{b}_{\mathrm{accel}}=\left[b_{\mathrm{accel}\_1} \;\; b_{\mathrm{accel}\_2} \cdots \;\; b_{\mathrm{accel}\_n}\right]^{\mathrm{T}}$。

为便捷描述状态方程，设定以下符号对误差微分方程进行表述：

$$\boldsymbol{M}_1=\begin{bmatrix} 0 & 0 & 0 \\ -\omega_{ie}\sin L & 0 & 0 \\ \omega_{ie}\cos L & 0 & 0 \end{bmatrix},\quad \boldsymbol{M}_2=\begin{bmatrix} 0 & 0 & \dfrac{v_{\mathrm{N}}}{(R_{\mathrm{M}}+h)^2} \\ 0 & 0 & -\dfrac{v_{\mathrm{E}}}{(R_{\mathrm{N}}+h)^2} \\ \dfrac{v_{\mathrm{E}}\sec^2 L}{R_{\mathrm{N}}+h} & 0 & \dfrac{-v_{\mathrm{E}}\tan L}{(R_{\mathrm{N}}+h)^2} \end{bmatrix} \tag{4-38}$$

$$\boldsymbol{M}_{\mathrm{aa}}=-(\boldsymbol{\omega}_{in}^{n}\times) \tag{4-39}$$

$$\boldsymbol{M}_{\mathrm{av}}=\begin{bmatrix} 0 & -\dfrac{1}{R_{\mathrm{M}}+h} & 0 \\ \dfrac{1}{R_{\mathrm{N}}+h} & 0 & 0 \\ \dfrac{\tan L}{R_{\mathrm{N}}+h} & 0 & 0 \end{bmatrix} \tag{4-40}$$

$$\boldsymbol{M}_{\mathrm{ap}}=\boldsymbol{M}_1+\boldsymbol{M}_2 \tag{4-41}$$

$$\boldsymbol{M}_{\mathrm{va}}=(\boldsymbol{f}_{\mathrm{sf}}^{n}\times) \tag{4-42}$$

$$\boldsymbol{M}_{\mathrm{vv}}=(\boldsymbol{v}^{n}\times)\boldsymbol{M}_{\mathrm{av}}-[(2\boldsymbol{\omega}_{ie}^{n}+\boldsymbol{\omega}_{en}^{n})\times] \tag{4-43}$$

$$\boldsymbol{M}_{\mathrm{vp}}=(\boldsymbol{v}^{n}\times)(2\boldsymbol{M}_1+\boldsymbol{M}_2) \tag{4-44}$$

$$\boldsymbol{M}_{\mathrm{pv}}=\begin{bmatrix} 0 & \dfrac{1}{R_{\mathrm{M}}+h} & 0 \\ \dfrac{\sec L}{R_{\mathrm{N}}+h} & 0 & 0 \\ 0 & 0 & 1 \end{bmatrix} \tag{4-45}$$

$$\boldsymbol{M}_{\mathrm{pp}}=\begin{bmatrix} 0 & 0 & -\dfrac{v_{\mathrm{N}}}{(R_{\mathrm{M}}+h)^2} \\ \dfrac{v_{\mathrm{E}}\sec L\tan L}{R_{\mathrm{N}}+h} & 0 & -\dfrac{v_{\mathrm{E}}\sec L}{(R_{\mathrm{N}}+h)^2} \\ 0 & 0 & 0 \end{bmatrix} \tag{4-46}$$

从式(4-33)与式(4-35)可以得出，标度因数误差与安装误差存在耦合，因此需要构建扩展卡尔曼滤波模型，对耦合项进行一阶泰勒展开以实现状态方程层面的解耦。耦合项解耦后，在状态转移矩阵中的表现形式为雅可比矩阵。令

$$\begin{cases} m_{\text{as\_gyro\_}i}^{1} = H^{+}(1,i)(\omega_{i\_z}^{s} - \theta_{i\_y\_\text{gyro}} \boldsymbol{w}_{i\_1}(\tilde{\boldsymbol{H}}_i^{\mathrm{T}} \tilde{\boldsymbol{H}}_i)^{-1} \tilde{\boldsymbol{H}}_i^{\mathrm{T}} \tilde{\boldsymbol{\omega}}_i^{f} - \theta_{i\_x\_\text{gyro}} \boldsymbol{w}_{i\_2}(\tilde{\boldsymbol{H}}_i^{\mathrm{T}} \tilde{\boldsymbol{H}}_i)^{-1} \tilde{\boldsymbol{H}}_i^{\mathrm{T}} \tilde{\boldsymbol{\omega}}_i^{f}) \\ m_{\text{as\_gyro\_}i}^{2} = H^{+}(2,i)(\omega_{i\_z}^{s} - \theta_{i\_y\_\text{gyro}} \boldsymbol{w}_{i\_1}(\tilde{\boldsymbol{H}}_i^{\mathrm{T}} \tilde{\boldsymbol{H}}_i)^{-1} \tilde{\boldsymbol{H}}_i^{\mathrm{T}} \tilde{\boldsymbol{\omega}}_i^{f} - \theta_{i\_x\_\text{gyro}} \boldsymbol{w}_{i\_2}(\tilde{\boldsymbol{H}}_i^{\mathrm{T}} \tilde{\boldsymbol{H}}_i)^{-1} \tilde{\boldsymbol{H}}_i^{\mathrm{T}} \tilde{\boldsymbol{\omega}}_i^{f}) \\ m_{\text{as\_gyro\_}i}^{3} = H^{+}(3,i)(\omega_{i\_z}^{s} - \theta_{i\_y\_\text{gyro}} \boldsymbol{w}_{i\_1}(\tilde{\boldsymbol{H}}_i^{\mathrm{T}} \tilde{\boldsymbol{H}}_i)^{-1} \tilde{\boldsymbol{H}}_i^{\mathrm{T}} \tilde{\boldsymbol{\omega}}_i^{f} - \theta_{i\_x\_\text{gyro}} \boldsymbol{w}_{i\_2}(\tilde{\boldsymbol{H}}_i^{\mathrm{T}} \tilde{\boldsymbol{H}}_i)^{-1} \tilde{\boldsymbol{H}}_i^{\mathrm{T}} \tilde{\boldsymbol{\omega}}_i^{f}) \end{cases} \tag{4-47}$$

则

$$\boldsymbol{M}_{\text{as\_gyro}} = -\boldsymbol{C}_b^n \begin{bmatrix} m_{\text{as\_gyro\_1}}^{1} & \cdots & m_{\text{as\_gyro\_}i}^{1} & \cdots & m_{\text{as\_gyro\_}n}^{1} \\ m_{\text{as\_gyro\_1}}^{2} & \cdots & m_{\text{as\_gyro\_}i}^{2} & \cdots & m_{\text{as\_gyro\_}n}^{2} \\ m_{\text{as\_gyro\_1}}^{3} & \cdots & m_{\text{as\_gyro\_}i}^{3} & \cdots & m_{\text{as\_gyro\_}n}^{3} \end{bmatrix} \tag{4-48}$$

同理，令

$$\begin{cases} m_{a\theta x\_\text{gyro\_}i}^{1} = \boldsymbol{H}^{+}(1,i)(1 - s_{i\_\text{gyro}})(\boldsymbol{w}_{i\_2}(\tilde{\boldsymbol{H}}_i^{\mathrm{T}} \tilde{\boldsymbol{H}}_i)^{-1} \tilde{\boldsymbol{H}}_i^{\mathrm{T}} \tilde{\boldsymbol{\omega}}_i^{f}) \\ m_{a\theta x\_\text{gyro\_}i}^{2} = \boldsymbol{H}^{+}(2,i)(1 - s_{i\_\text{gyro}})(\boldsymbol{w}_{i\_2}(\tilde{\boldsymbol{H}}_i^{\mathrm{T}} \tilde{\boldsymbol{H}}_i)^{-1} \tilde{\boldsymbol{H}}_i^{\mathrm{T}} \tilde{\boldsymbol{\omega}}_i^{f}) \\ m_{a\theta x\_\text{gyro\_}i}^{3} = \boldsymbol{H}^{+}(3,i)(1 - s_{i\_\text{gyro}})(\boldsymbol{w}_{i\_2}(\tilde{\boldsymbol{H}}_i^{\mathrm{T}} \tilde{\boldsymbol{H}}_i)^{-1} \tilde{\boldsymbol{H}}_i^{\mathrm{T}} \tilde{\boldsymbol{\omega}}_i^{f}) \end{cases} \tag{4-49}$$

$$\begin{cases} m_{a\theta y\_\text{gyro\_}i}^{1} = H^{-1}(1,i)(1 - s_{i\_\text{gyro}})(\boldsymbol{w}_{i\_1}\boldsymbol{\omega}^{b}) \\ m_{a\theta y\_\text{gyro\_}i}^{2} = H^{-1}(2,i)(1 - s_{i\_\text{gyro}})(\boldsymbol{w}_{i\_2}\boldsymbol{\omega}^{b}) \\ m_{a\theta y\_\text{gyro\_}i}^{3} = H^{-1}(3,i)(1 - s_{i\_\text{gyro}})(\boldsymbol{w}_{i\_3}\boldsymbol{\omega}^{b}) \end{cases} \tag{4-50}$$

$$\begin{cases} m_{\text{vs\_accel\_}i}^{1} = H^{-1}(1,i)(f_{i\_z}^{s} - \theta_{i\_y\_\text{accel}} \boldsymbol{w}_{i\_1}\boldsymbol{f}^{b} - \theta_{i\_x\_\text{accel}} \boldsymbol{w}_{i\_2}\boldsymbol{f}^{b}) \\ m_{\text{vs\_accel\_}i}^{2} = H^{-1}(2,i)(f_{i\_z}^{s} - \theta_{i\_y\_\text{accel}} \boldsymbol{w}_{i\_1}\boldsymbol{f}^{b} - \theta_{i\_x\_\text{accel}} \boldsymbol{w}_{i\_2}\boldsymbol{f}^{b}) \\ m_{\text{vs\_accel\_}i}^{3} = H^{-1}(3,i)(f_{i\_z}^{s} - \theta_{i\_y\_\text{accel}} \boldsymbol{w}_{i\_1}\boldsymbol{f}^{b} - \theta_{i\_x\_\text{accel}} \boldsymbol{w}_{i\_2}\boldsymbol{f}^{b}) \end{cases} \tag{4-51}$$

$$\begin{cases} m_{a\theta x\_\text{accel\_}i}^{1} = H^{-1}(1,i)(1 - s_{i\_\text{accel}})(\boldsymbol{w}_{i\_2}(\tilde{\boldsymbol{H}}_i^{\mathrm{T}} \tilde{\boldsymbol{H}}_i)^{-1} \tilde{\boldsymbol{H}}_i^{\mathrm{T}} \tilde{\boldsymbol{f}}_i^{f}) \\ m_{a\theta x\_\text{accel\_}i}^{2} = H^{-1}(2,i)(1 - s_{i\_\text{accel}})(\boldsymbol{w}_{i\_2}(\tilde{\boldsymbol{H}}_i^{\mathrm{T}} \tilde{\boldsymbol{H}}_i)^{-1} \tilde{\boldsymbol{H}}_i^{\mathrm{T}} \tilde{\boldsymbol{f}}_i^{f}) \\ m_{a\theta x\_\text{accel\_}i}^{3} = H^{-1}(3,i)(1 - s_{i\_\text{accel}})(\boldsymbol{w}_{i\_2}(\tilde{\boldsymbol{H}}_i^{\mathrm{T}} \tilde{\boldsymbol{H}}_i)^{-1} \tilde{\boldsymbol{H}}_i^{\mathrm{T}} \tilde{\boldsymbol{f}}_i^{f}) \end{cases} \tag{4-52}$$

$$\begin{cases} m_{a\theta y\_\text{accel\_}i}^{1} = H^{+}(1,i)(1 - s_{i\_\text{accel}})(\boldsymbol{w}_{i\_1}(\tilde{\boldsymbol{H}}_i^{\mathrm{T}} \tilde{\boldsymbol{H}}_i)^{-1} \tilde{\boldsymbol{H}}_i^{\mathrm{T}} \tilde{\boldsymbol{f}}_i^{f}) \\ m_{a\theta y\_\text{accel\_}i}^{2} = H^{+}(2,i)(1 - s_{i\_\text{accel}})(\boldsymbol{w}_{i\_1}(\tilde{\boldsymbol{H}}_i^{\mathrm{T}} \tilde{\boldsymbol{H}}_i)^{-1} \tilde{\boldsymbol{H}}_i^{\mathrm{T}} \tilde{\boldsymbol{f}}_i^{f}) \\ m_{a\theta y\_\text{accel\_}i}^{3} = H^{+}(3,i)(1 - s_{i\_\text{accel}})(\boldsymbol{w}_{i\_1}(\tilde{\boldsymbol{H}}_i^{\mathrm{T}} \tilde{\boldsymbol{H}}_i)^{-1} \tilde{\boldsymbol{H}}_i^{\mathrm{T}} \tilde{\boldsymbol{f}}_i^{f}) \end{cases} \tag{4-53}$$

则

$$\boldsymbol{M}_{a\theta x\_\text{gyro}} = -\boldsymbol{C}_b^n \begin{bmatrix} m^1_{a\theta x\_\text{gyro}\_1} & \cdots & m^1_{a\theta x\_\text{gyro}\_i} & \cdots & m^1_{a\theta x\_\text{gyro}\_n} \\ m^2_{a\theta x\_\text{gyro}\_1} & \cdots & m^2_{a\theta x\_\text{gyro}\_i} & \cdots & m^2_{a\theta x\_\text{gyro}\_n} \\ m^3_{a\theta x\_\text{gyro}\_1} & \cdots & m^3_{a\theta x\_\text{gyro}\_i} & \cdots & m^3_{a\theta x\_\text{gyro}\_n} \end{bmatrix} \tag{4-54}$$

$$\boldsymbol{M}_{a\theta y\_\text{gyro}} = -\boldsymbol{C}_b^n \begin{bmatrix} m^1_{a\theta y\_\text{gyro}\_1} & \cdots & m^1_{a\theta y\_\text{gyro}\_i} & \cdots & m^1_{a\theta y\_\text{gyro}\_n} \\ m^2_{a\theta y\_\text{gyro}\_1} & \cdots & m^2_{a\theta y\_\text{gyro}\_i} & \cdots & m^2_{a\theta y\_\text{gyro}\_n} \\ m^3_{a\theta y\_\text{gyro}\_1} & \cdots & m^3_{a\theta y\_\text{gyro}\_i} & \cdots & m^3_{a\theta y\_\text{gyro}\_n} \end{bmatrix} \tag{4-55}$$

$$\boldsymbol{M}_{\text{vs}\_\text{accel}} = \boldsymbol{C}_b^n \begin{bmatrix} m^1_{\text{vs}\_\text{accel}\_1} & \cdots & m^1_{\text{vs}\_\text{accel}\_i} & \cdots & m^1_{\text{vs}\_\text{accel}\_n} \\ m^2_{\text{vs}\_\text{accel}\_1} & \cdots & m^2_{\text{vs}\_\text{accel}\_i} & \cdots & m^2_{\text{vs}\_\text{accel}\_n} \\ m^3_{\text{vs}\_\text{accel}\_1} & \cdots & m^3_{\text{vs}\_\text{accel}\_i} & \cdots & m^3_{\text{vs}\_\text{accel}\_n} \end{bmatrix} \tag{4-56}$$

$$\boldsymbol{M}_{a\theta x\_\text{accel}} = \boldsymbol{C}_b^n \begin{bmatrix} m^1_{a\theta x\_\text{accel}\_1} & \cdots & m^1_{a\theta x\_\text{accel}\_i} & \cdots & m^1_{a\theta x\_\text{accel}\_n} \\ m^2_{a\theta x\_\text{accel}\_1} & \cdots & m^2_{a\theta x\_\text{accel}\_i} & \cdots & m^2_{a\theta x\_\text{accel}\_n} \\ m^3_{a\theta x\_\text{accel}\_1} & \cdots & m^3_{a\theta x\_\text{accel}\_i} & \cdots & m^3_{a\theta x\_\text{accel}\_n} \end{bmatrix} \tag{4-57}$$

$$\boldsymbol{M}_{a\theta y\_\text{accel}} = \boldsymbol{C}_b^n \begin{bmatrix} m^1_{a\theta y\_\text{accel}\_1} & \cdots & m^1_{a\theta y\_\text{accel}\_i} & \cdots & m^1_{a\theta y\_\text{accel}\_n} \\ m^2_{a\theta y\_\text{accel}\_1} & \cdots & m^2_{a\theta y\_\text{accel}\_i} & \cdots & m^2_{a\theta y\_\text{accel}\_n} \\ m^3_{a\theta y\_\text{accel}\_1} & \cdots & m^3_{a\theta y\_\text{accel}\_i} & \cdots & m^3_{a\theta y\_\text{accel}\_n} \end{bmatrix} \tag{4-58}$$

构建冗余捷联惯组的状态方程为

$$\dot{\boldsymbol{X}} = \boldsymbol{F}\boldsymbol{X} + \boldsymbol{W} \tag{4-59}$$

式中，$\boldsymbol{W}$ 为系统噪声向量；$\boldsymbol{F}$ 为状态转移矩阵，其具体形式为

$$\boldsymbol{F} = \begin{bmatrix} \boldsymbol{M}_{\text{aa}} & \boldsymbol{M}_{\text{av}} & \boldsymbol{M}_{\text{ap}} & \boldsymbol{M}_{\text{as}\_\text{gyro}} & \boldsymbol{0}_{3\times n} & \boldsymbol{M}_{a\theta x\_\text{gyro}} & \boldsymbol{M}_{a\theta y\_\text{gyro}} & \boldsymbol{0}_{3\times n} & \boldsymbol{0}_{3\times n} & -\boldsymbol{C}_b^n\boldsymbol{H}^+ & \boldsymbol{0}_{3\times n} \\ \boldsymbol{M}_{\text{va}} & \boldsymbol{M}_{\text{vv}} & \boldsymbol{M}_{\text{vp}} & \boldsymbol{0}_{3\times n} & \boldsymbol{M}_{\text{vs}\_\text{accel}} & \boldsymbol{0}_{3\times n} & \boldsymbol{0}_{3\times n} & \boldsymbol{M}_{v\theta x\_\text{accel}} & \boldsymbol{M}_{v\theta y\_\text{accel}} & \boldsymbol{0}_{3\times n} & \boldsymbol{C}_b^n\boldsymbol{H}^+ \\ \boldsymbol{0}_{3\times 3} & \boldsymbol{M}_{\text{pv}} & \boldsymbol{M}_{\text{pp}} & \boldsymbol{0}_{3\times n} & \boldsymbol{0}_{3\times n} & \boldsymbol{0}_{3\times n} & \boldsymbol{0}_{3\times n} & \boldsymbol{0}_{3\times n} & \boldsymbol{0}_{3\times n} & \boldsymbol{0}_{3\times n} & \boldsymbol{0}_{3\times n} \\ \boldsymbol{0}_{8n\times 3} & \boldsymbol{0}_{8n\times 3} & \boldsymbol{0}_{8n\times 3} & \boldsymbol{0}_{8n\times 3} & \boldsymbol{0}_{8n\times 3} & \boldsymbol{0}_{8n\times 3} & \boldsymbol{0}_{8n\times 3} & \boldsymbol{0}_{8n\times 3} & \boldsymbol{0}_{8n\times 3} & \boldsymbol{0}_{8n\times 3} & \boldsymbol{0}_{8n\times 3} \end{bmatrix} \tag{4-60}$$

2. 斜置传感器在线标定测量方程

为实现对器件误差的高精度估计并提升滤波系统的可观测性，构建包含载体的姿态、速度、位置测量信息的测量方程。其中载体的速度、位置测量信息通过卫星导航获取，姿态信息通过星敏感器或磁力计获得。测量方程中的测量量为外部高精度姿态、速度、位置与惯性系统自身解算的残差，可得

$$\boldsymbol{Z}=\begin{bmatrix}\phi_{\mathrm{MAG}}-\phi_{\mathrm{IMU}}\\ v_{\mathrm{GNSS}}-v_{\mathrm{IMU}}\\ p_{\mathrm{GNSS}}-p_{\mathrm{IMU}}\end{bmatrix}\tag{4-61}$$

建立包含姿态、速度、位置残差的测量方程，有

$$\boldsymbol{Z}=\boldsymbol{HX}+\boldsymbol{V}\tag{4-62}$$

式中，$\boldsymbol{H}$ 为测量矩阵；$\boldsymbol{V}$ 为传感器的测量噪声，其表达式分别为

$$\boldsymbol{H}=\begin{bmatrix}\boldsymbol{I}_{3\times3} & \boldsymbol{0}_{3\times3} & \boldsymbol{0}_{3\times3} & \boldsymbol{0}_{3\times8n}\\ \boldsymbol{0}_{3\times3} & \boldsymbol{I}_{3\times3} & \boldsymbol{0}_{3\times3} & \boldsymbol{0}_{3\times8n}\\ \boldsymbol{0}_{3\times3} & \boldsymbol{0}_{3\times3} & \boldsymbol{I}_{3\times3} & \boldsymbol{0}_{3\times8n}\end{bmatrix}\tag{4-63}$$

$$\boldsymbol{V}=\begin{bmatrix}\boldsymbol{V}_{\phi}\\ \boldsymbol{V}_{v}\\ \boldsymbol{V}_{p}\end{bmatrix}\tag{4-64}$$

式中，$\boldsymbol{V}_{\phi}$、$\boldsymbol{V}_{v}$、$\boldsymbol{V}_{p}$ 分别为姿态、速度、位置的测量噪声。

3. 基于分阶段 EKF 的冗余捷联惯组安装误差在线标定方法

根据 4.3.1 小节与 4.3.2 小节构建的器件误差在线标定的状态方程与测量方程，构建 EKF 滤波器。EKF 通过对非线性部分进行一阶泰勒展开，对非线性展开式的高阶项进行线性截断，以实现系统的线性化。

针对冗余捷联惯组在线标定的 EKF 算法，因为惯性元件的数据采集频率远高于外部高精度数据采集频率，所以存在仅有惯性数据被输入至滤波流程中的情况。因此，EKF 算法被设计为当仅有惯性信息时，对状态量进行一步预测[111-112]：

$$\hat{\boldsymbol{X}}_{k/k-1}=\boldsymbol{F}_{k/k-1}\hat{\boldsymbol{X}}_{k-1}\tag{4-65}$$

状态一步预测均方误差阵为

$$\boldsymbol{P}_{k/k-1}=\boldsymbol{F}_{k/k-1}\boldsymbol{P}_{k-1}\boldsymbol{F}_{k/k-1}^{\mathrm{T}}+\boldsymbol{\Gamma}_{k-1}\boldsymbol{Q}_{k-1}\boldsymbol{\Gamma}_{k-1}^{\mathrm{T}}\tag{4-66}$$

滤波增益为

$$\boldsymbol{K}_k = \boldsymbol{P}_{k/k-1}\boldsymbol{H}_k^{\mathrm{T}}(\boldsymbol{H}_k\boldsymbol{P}_{k/k-1}\boldsymbol{H}_k^{\mathrm{T}} + \boldsymbol{R}_k)^{-1} \tag{4-67}$$

当外部高精度导航数据输入滤波系统时，利用测量量对状态进行估计：

$$\hat{\boldsymbol{X}}_k = \hat{\boldsymbol{X}}_{k/k-1} + \boldsymbol{K}_k(\boldsymbol{Z}_k - \boldsymbol{H}_k\hat{\boldsymbol{X}}_{k/k-1}) \tag{4-68}$$

状态估计均方误差阵为

$$\boldsymbol{P}_k = (\boldsymbol{I} - \boldsymbol{K}_k\boldsymbol{H}_k)\boldsymbol{P}_{k/k-1} \tag{4-69}$$

以上为 EKF 算法在冗余捷联惯组器件误差标定流程的具体实施步骤，根据测量值 $\boldsymbol{Z}$ ，就能通过式(4-65)～式(4-69)，递推求取状态量中的器件误差参数的最优估计。

基于 EKF 算法的标定方法能够对非线性的状态方程进行线性化处理，但对于待估计状态变量的耦合问题，EKF 算法无法准确求出耦合状态的最速下降方向，因此需要对耦合项进行解耦，以提高估计精度。从式(4-33)与式(4-35)可看出标度因数误差与安装误差存在耦合关系，以陀螺仪为例，其耦合项为

$$\begin{aligned}&\boldsymbol{C}_b^n\boldsymbol{H}^+\begin{bmatrix} s_{1\_\mathrm{gyro}}\theta_{1\_y\_\mathrm{gyro}}\boldsymbol{w}_{1\_1}(\tilde{\boldsymbol{H}}_1^{\mathrm{T}}\tilde{\boldsymbol{H}}_1)^{-1}\tilde{\boldsymbol{H}}_1^{\mathrm{T}}\tilde{\boldsymbol{\omega}}_1^f \\ s_{2\_\mathrm{gyro}}\theta_{2\_y\_\mathrm{gyro}}\boldsymbol{w}_{2\_1}(\tilde{\boldsymbol{H}}_2^{\mathrm{T}}\tilde{\boldsymbol{H}}_2)^{-1}\tilde{\boldsymbol{H}}_2^{\mathrm{T}}\tilde{\boldsymbol{\omega}}_2^f \\ \vdots \\ s_{n\_\mathrm{gyro}}\theta_{n\_y\_\mathrm{gyro}}\boldsymbol{w}_{n\_1}(\tilde{\boldsymbol{H}}_n^{\mathrm{T}}\tilde{\boldsymbol{H}}_n)^{-1}\tilde{\boldsymbol{H}}_n^{\mathrm{T}}\tilde{\boldsymbol{\omega}}_n^f \end{bmatrix} \\ &-\boldsymbol{C}_b^n\boldsymbol{H}^+\begin{bmatrix} s_{1\_\mathrm{gyro}}\theta_{1\_x\_\mathrm{gyro}}\boldsymbol{w}_{1\_2}(\tilde{\boldsymbol{H}}_1^{\mathrm{T}}\tilde{\boldsymbol{H}}_1)^{-1}\tilde{\boldsymbol{H}}_1^{\mathrm{T}}\tilde{\boldsymbol{\omega}}_1^f \\ s_{2\_\mathrm{gyro}}\theta_{2\_x\_\mathrm{gyro}}\boldsymbol{w}_{2\_2}(\tilde{\boldsymbol{H}}_2^{\mathrm{T}}\tilde{\boldsymbol{H}}_2)^{-1}\tilde{\boldsymbol{H}}_2^{\mathrm{T}}\tilde{\boldsymbol{\omega}}_2^f \\ \vdots \\ s_{n\_\mathrm{gyro}}\theta_{n\_x\_\mathrm{gyro}}\boldsymbol{w}_{n\_2}(\tilde{\boldsymbol{H}}_n^{\mathrm{T}}\tilde{\boldsymbol{H}}_n)^{-1}\tilde{\boldsymbol{H}}_n^{\mathrm{T}}\tilde{\boldsymbol{\omega}}_n^f \end{bmatrix}\end{aligned} \tag{4-70}$$

式中，s_{i_gyro}、$\theta_{i\_x\_\mathrm{gyro}}$、$\theta_{i\_y\_\mathrm{gyro}}$ 均为待估计参数。其中标度因数误差分别与两个安装误差存在耦合，在不解耦的情况下，利用 EKF 算法进行标定将导致标定结果精度下降，因此本小节将针对器件误差参数的耦合问题进行解耦研究。

应用中，被标定参数的初始值为零，即代表器件误差的状态变量初始值为零。因此在滤波开始的阶段，外部导航数据与带有器件误差的冗余捷联惯组导航数据的残差 $\boldsymbol{Z}_k - \boldsymbol{H}_k\hat{\boldsymbol{X}}_{k/k-1}$ 能够对状态量 $\hat{\boldsymbol{X}}_k$ 进行大幅度估计。当被估计的器件误差接近理论值时，残差 $\boldsymbol{Z}_k - \boldsymbol{H}_k\hat{\boldsymbol{X}}_{k/k-1}$ 接近于零，其对状态量的约束减弱。在非耦合滤波系统中，待估计参数的最速下降方向确定，当残差为零时，即表

示滤波结果收敛。然而对于耦合滤波系统，待估计参数的最速下降方向与其耦合项相关，对耦合项的估计将影响自身的估计结果，因此二者的估计精度都会降低。

采用分阶段滤波的方式对耦合作用进行削弱，以实现对标度因数误差和安装误差的高精度估计。分阶段滤波流程如图 4-10 所示。

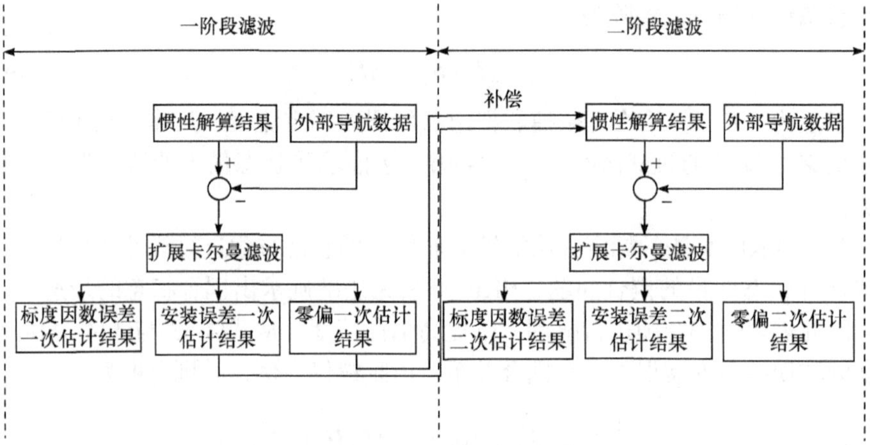

图 4-10　分阶段滤波流程

如图 4-10 所示，首先针对所提出的器件误差模型进行一阶段滤波。由于传感器零偏不与标度因数误差和安装误差耦合，因此其能够较快收敛。根据式(4-47)～式(4-58)所列的标度因数误差和安装误差的雅可比矩阵可知，二者泰勒展开后的一阶导系数不一致，由此导致其对耦合项的敏感程度不一致。仿真过程中发现，安装误差的估计结果受标度因数误差影响较弱，而标度因数误差的标定结果较易受到安装误差的影响，如图 4-11 所示。

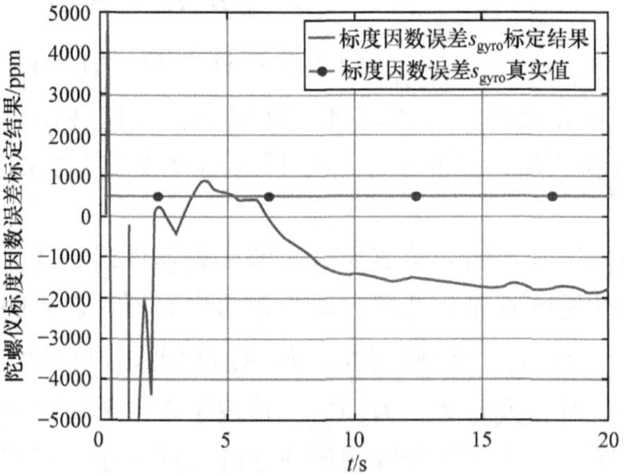

(a) 陀螺仪标度因数误差标定结果

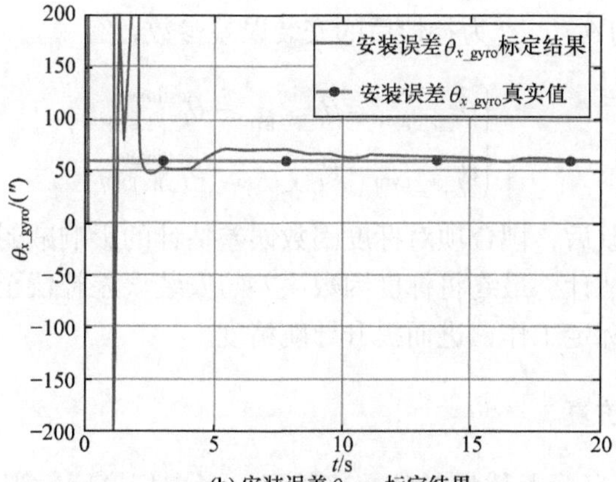

(b) 安装误差θ_{x_gyro}标定结果

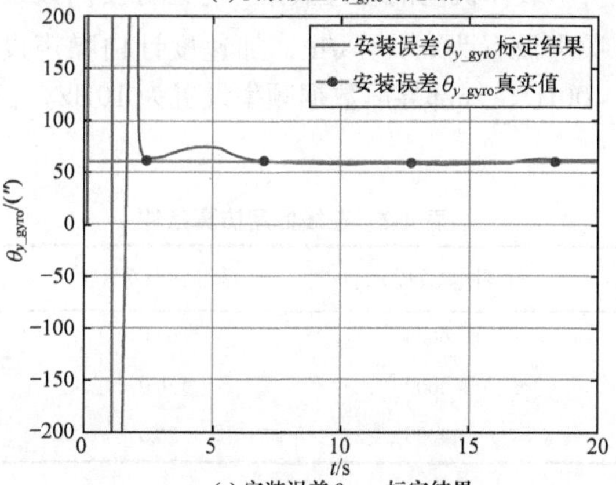

(c) 安装误差θ_{y_gyro}标定结果

图 4-11　器件误差标定结果

由图 4-11 可知，安装误差对标度因数误差的敏感程度较弱，因此可在一阶段滤波中对安装误差进行补偿，将一阶段滤波的安装误差估计结果$\theta_{i_x_gyro}^{\text{estimate}}$与$\theta_{i_y_gyro}^{\text{estimate}}$补偿至原始数据中，随后进行二阶段滤波。补偿后的耦合项表示为

$$\boldsymbol{C}_b^n\boldsymbol{H}^+\begin{bmatrix} s_{1\_\text{gyro}}\hat{\theta}_{1\_y\_\text{gyro}}\boldsymbol{w}_{1\_1}(\tilde{\boldsymbol{H}}_1^{\text{T}}\tilde{\boldsymbol{H}}_1)^{-1}\tilde{\boldsymbol{H}}_1^{\text{T}}\tilde{\boldsymbol{\omega}}_1^f \\ s_{2\_\text{gyro}}\hat{\theta}_{2\_y\_\text{gyro}}\boldsymbol{w}_{2\_1}(\tilde{\boldsymbol{H}}_2^{\text{T}}\tilde{\boldsymbol{H}}_2)^{-1}\tilde{\boldsymbol{H}}_2^{\text{T}}\tilde{\boldsymbol{\omega}}_2^f \\ \vdots \\ s_{n\_\text{gyro}}\hat{\theta}_{n\_y\_\text{gyro}}\boldsymbol{w}_{n\_1}(\tilde{\boldsymbol{H}}_n^{\text{T}}\tilde{\boldsymbol{H}}_n)^{-1}\tilde{\boldsymbol{H}}_n^{\text{T}}\tilde{\boldsymbol{\omega}}_n^f \end{bmatrix} -\boldsymbol{C}_b^n\boldsymbol{H}^+\begin{bmatrix} s_{1\_\text{gyro}}\hat{\theta}_{1\_x\_\text{gyro}}\boldsymbol{w}_{1\_2}(\tilde{\boldsymbol{H}}_1^{\text{T}}\tilde{\boldsymbol{H}}_1)^{-1}\tilde{\boldsymbol{H}}_1^{\text{T}}\tilde{\boldsymbol{\omega}}_1^f \\ s_{2\_\text{gyro}}\hat{\theta}_{2\_x\_\text{gyro}}\boldsymbol{w}_{2\_2}(\tilde{\boldsymbol{H}}_2^{\text{T}}\tilde{\boldsymbol{H}}_2)^{-1}\tilde{\boldsymbol{H}}_2^{\text{T}}\tilde{\boldsymbol{\omega}}_2^f \\ \vdots \\ s_{n\_\text{gyro}}\hat{\theta}_{n\_x\_\text{gyro}}\boldsymbol{w}_{n\_2}(\tilde{\boldsymbol{H}}_n^{\text{T}}\tilde{\boldsymbol{H}}_n)^{-1}\tilde{\boldsymbol{H}}_n^{\text{T}}\tilde{\boldsymbol{\omega}}_n^f \end{bmatrix} \tag{4-71}$$

式中，$\hat{\theta}_{i\_x\_\mathrm{gyro}}$ 与 $\hat{\theta}_{i\_y\_\mathrm{gyro}}$ 为补偿后的安装误差参数，有

$$\begin{cases} \hat{\theta}_{i\_x\_\mathrm{gyro}} = \theta_{i\_x\_\mathrm{gyro}} - \theta_{i\_x\_\mathrm{gyro}}^{\mathrm{estimate}} \\ \hat{\theta}_{i\_y\_\mathrm{gyro}} = \theta_{i\_y\_\mathrm{gyro}} - \theta_{i\_y\_\mathrm{gyro}}^{\mathrm{estimate}} \end{cases} \tag{4-72}$$

补偿安装误差后，耦合项对标度因数误差估计的影响减弱，以实现对标度因数误差的高精度估计。最终将标度因数误差与安装误差补偿至原始数据中，以完成对器件误差的标定工作，进而提升导航精度。

4.4.2　在线标定仿真

使用图 4-3 所示载体机动的轨迹数据，考虑标度因数误差、安装误差与白噪声，陀螺仪白噪声设置为 $0.01°/\sqrt{\mathrm{h}}$，加速度计白噪声设置为 $10\mu\mathrm{g}/\sqrt{\mathrm{Hz}}$，IMU 频率设置为 100Hz，外部导航数据频率设置为 10Hz。表 4-2 为在线标定仿真条件。

表 4-2　在线标定仿真条件

条件	标度因数误差 s/ppm	安装误差 θ_x/(″)	安装误差 θ_y/(″)
1	6000	60.0	60.0
2	5000	30.0	30.0
3	4000	20.0	20.0

以冗余捷联惯组中的单斜置传感器为例，根据建立的模型与条件进行仿真，图 4-12 是条件 1 原始算法标定结果。

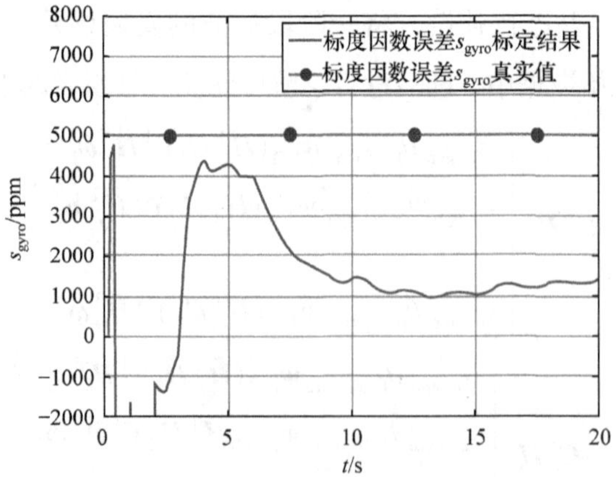

(a) 陀螺仪标度因数误差s_{gyro}标定结果

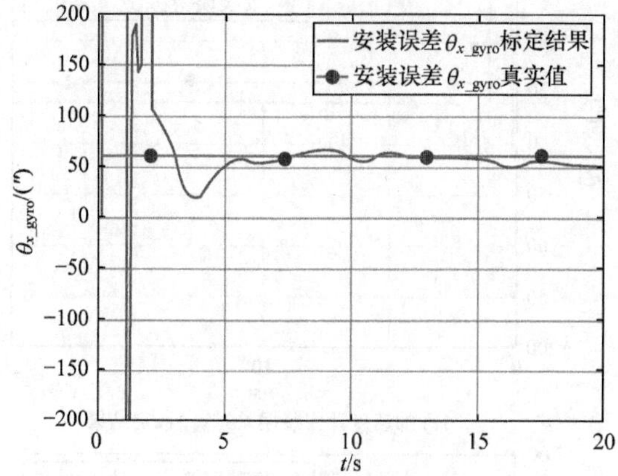

(b) 陀螺仪安装误差θ_{x_gyro}标定结果

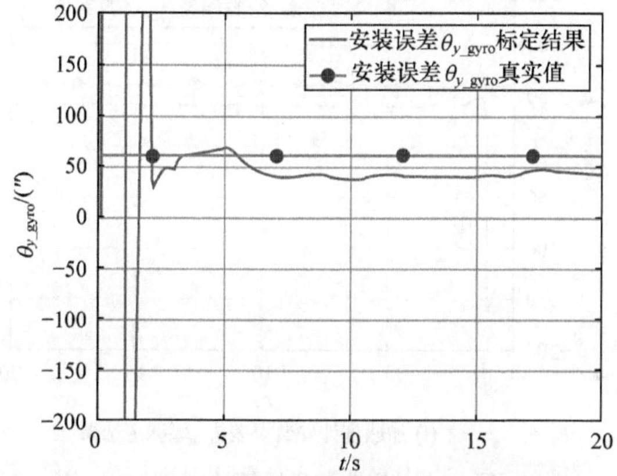

(c) 陀螺仪安装误差θ_{y_gyro}标定结果

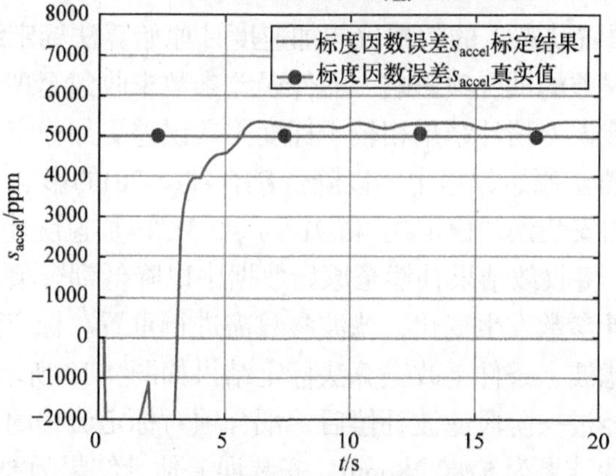

(d) 加速度计标度因数误差s_{accel}标定结果

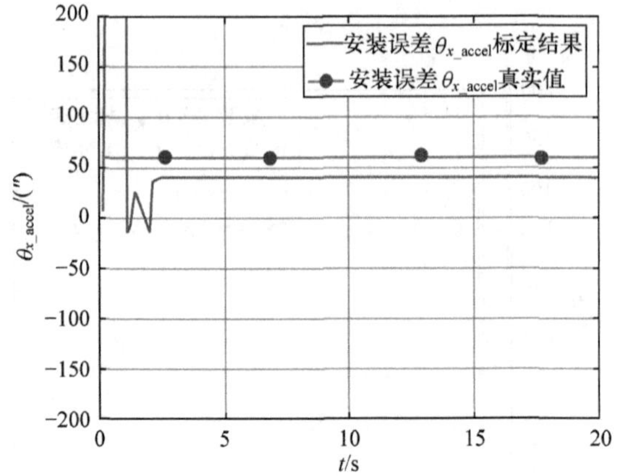

(e) 加速度计安装误差θ_{x_accel}标定结果

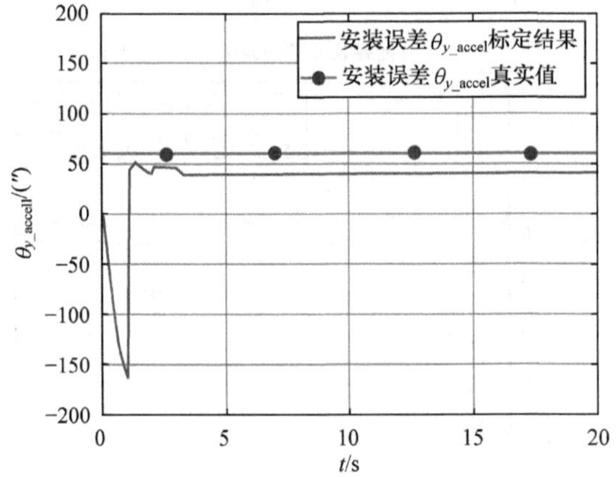

(f) 加速度计安装误差θ_{y_accel}标定结果

图 4-12　条件 1 原始算法标定结果

图 4-12 为斜置状态下的陀螺仪与加速度计原始算法标定结果。由于受标度因数误差与安装误差的耦合项影响，器件误差参数未收敛至理论值附近。陀螺仪与加速度计的安装误差估计结果相较于标度因数误差更加稳定，因此将一阶段滤波的估计结果补偿至原始数据中，以降低耦合项(4-70)的影响。在一阶段滤波的流程中，陀螺仪的安装误差稳定在 46.91″与 42.38″，加速度计的安装误差稳定在 39.87″与 41.13″，将收敛结果补偿至原始数据中以降低耦合项对标定的影响。由于补偿后的待估计参数发生变化，滤波参数需进行重置。标定流程降低耦合项影响后进入二阶段滤波，条件 1 改进算法标定结果如图 4-13 所示。

可以看出在经过一阶段滤波补偿后，耦合项对标定流程的影响减弱。陀螺仪标度因数误差估计结果为 5780.28ppm，安装误差估计结果为 59.37″与 59.39″；加速度计标度因数误差估计结果为 5959.06ppm，安装误差估计结果为 57.72″与 57.70″。相较于一阶段滤波，标定精度显著提升。

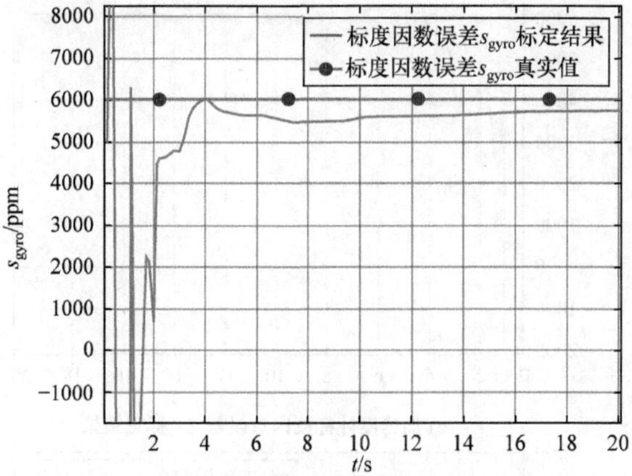

(a) 陀螺仪标度因数误差s_{gyro}标定结果

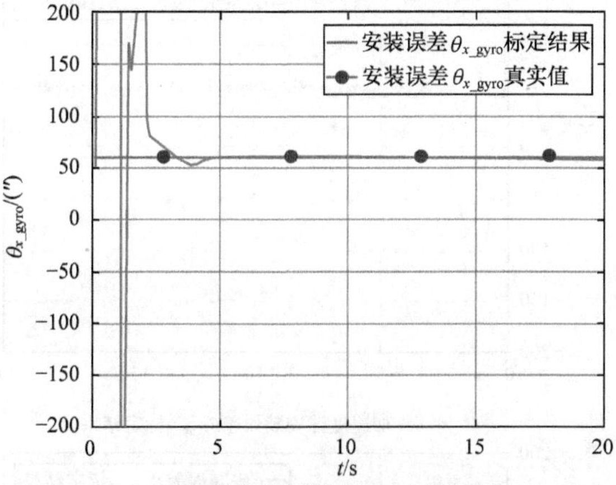

(b) 陀螺仪安装误差θ_{x_gyro}标定结果

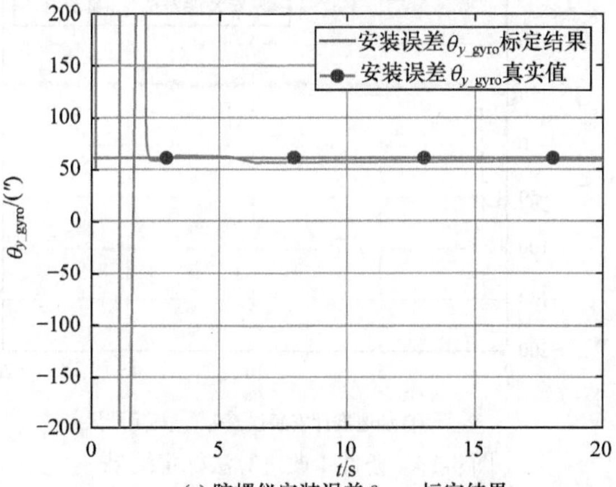

(c) 陀螺仪安装误差θ_{y_gyro}标定结果

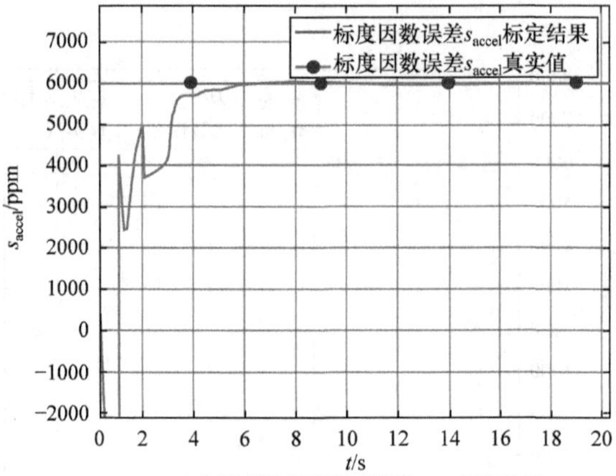

(d) 加速度计标度因数误差s_{accel}标定结果

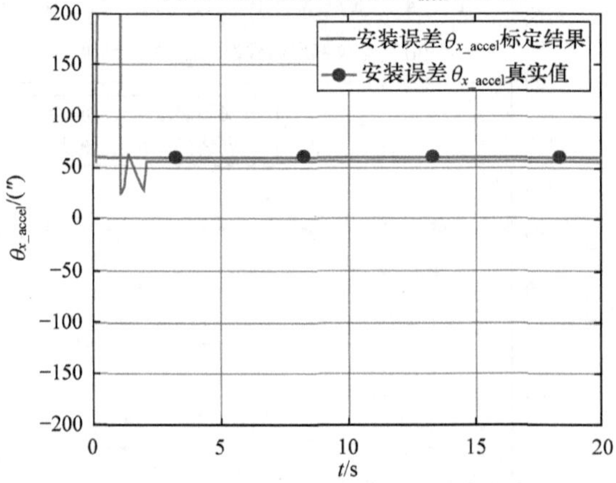

(e) 加速度计安装误差θ_{x_accel}标定结果

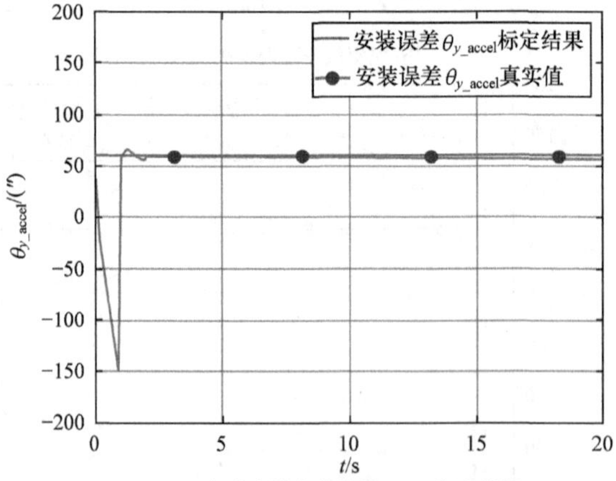

(f) 加速度计安装误差θ_{y_accel}标定结果

图 4-13　条件 1 改进算法标定结果

图 4-14～图 4-17 所示为条件 2、3 原始算法和改进算法标定结果的对比。

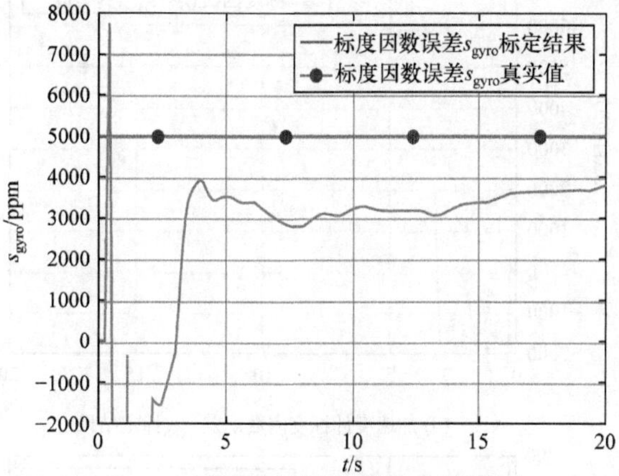

(a) 陀螺仪标度因数误差s_{gyro}标定结果

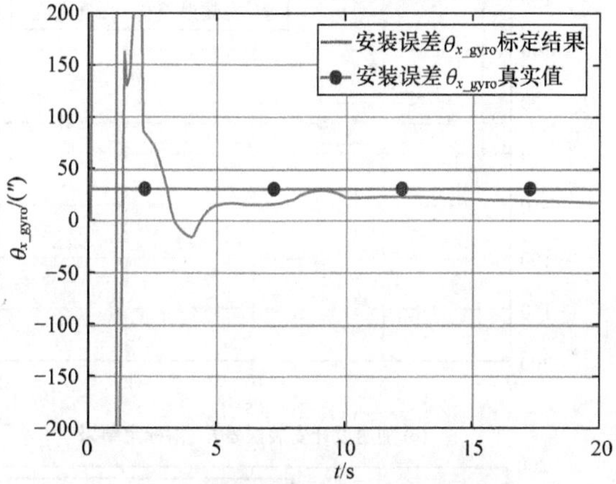

(b) 陀螺仪安装误差θ_{x_gyro}标定结果

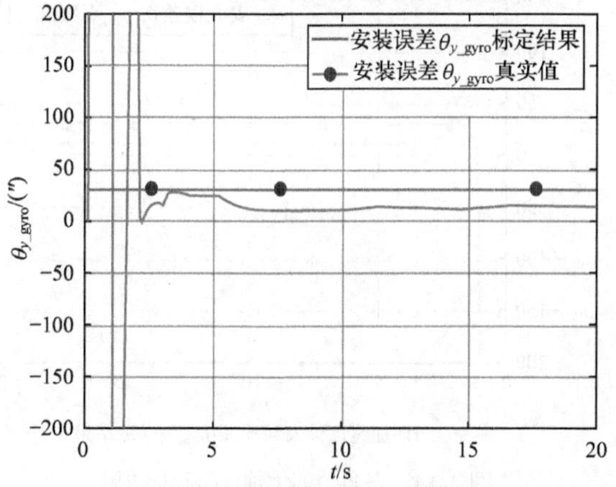

(c) 陀螺仪安装误差θ_{y_gyro}标定结果

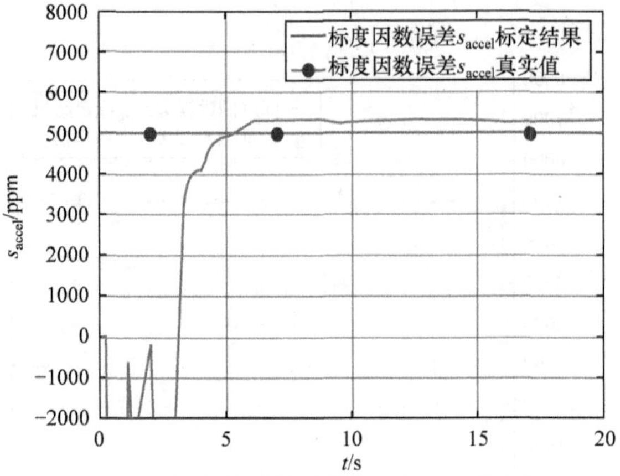

(d) 加速度计标度因数误差s_{accel}标定结果

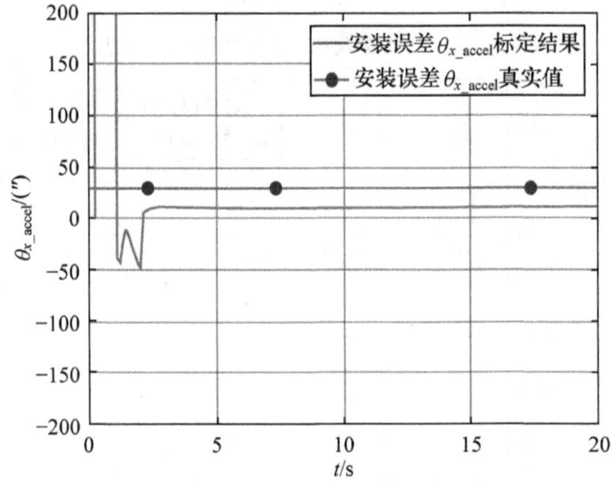

(e) 加速度计安装误差θ_{x_accel}标定结果

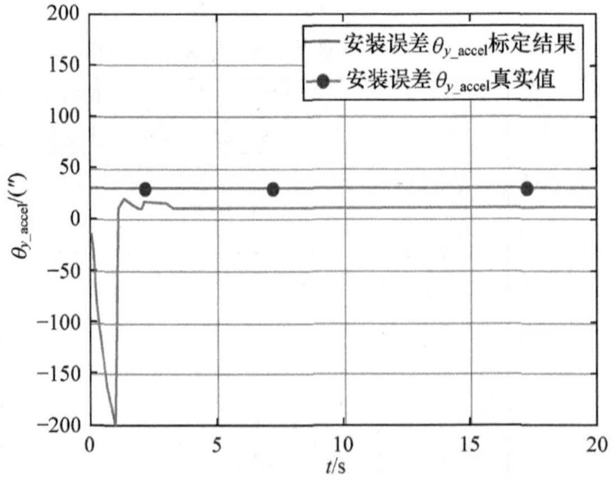

(f) 加速度计安装误差θ_{y_accel}标定结果

图 4-14　条件 2 原始算法标定结果

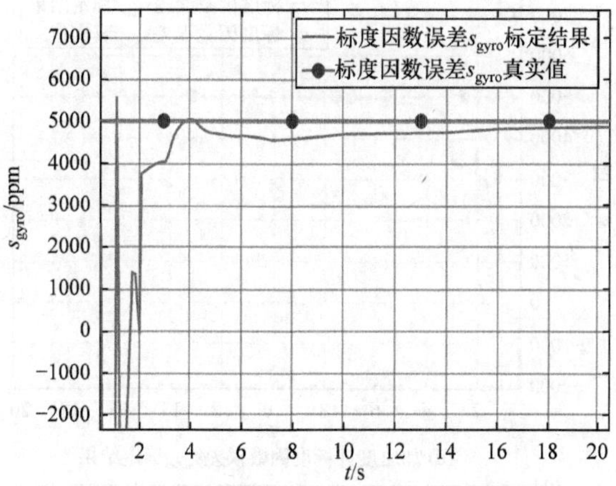

(a) 陀螺仪标度因数误差s_{gyro}标定结果

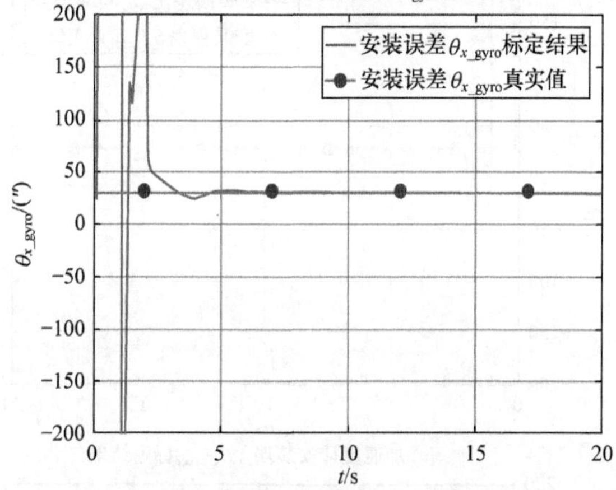

(b) 陀螺仪安装误差θ_{x_gyro}标定结果

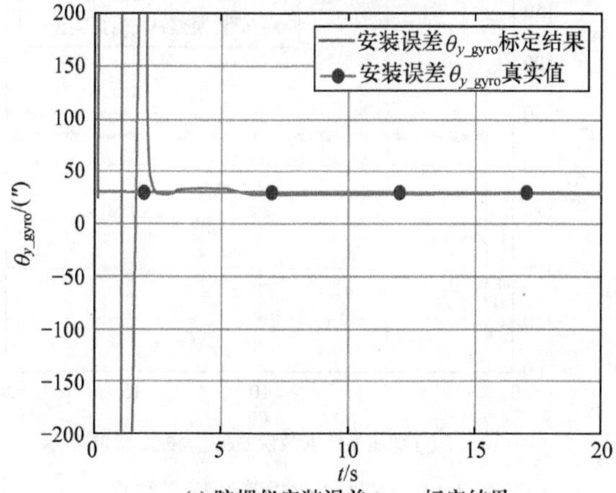

(c) 陀螺仪安装误差θ_{y_gyro}标定结果

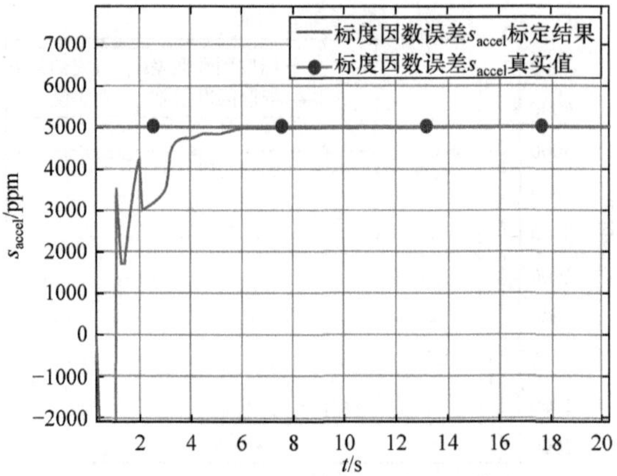

(d) 加速度计标度因数误差s_{accel}标定结果

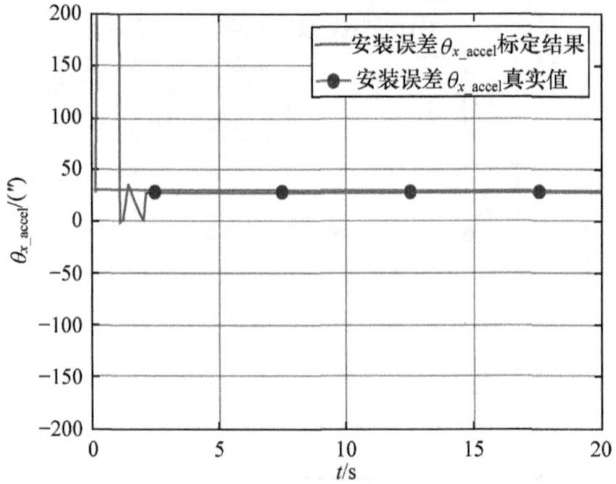

(e) 加速度计安装误差θ_{x_accel}标定结果

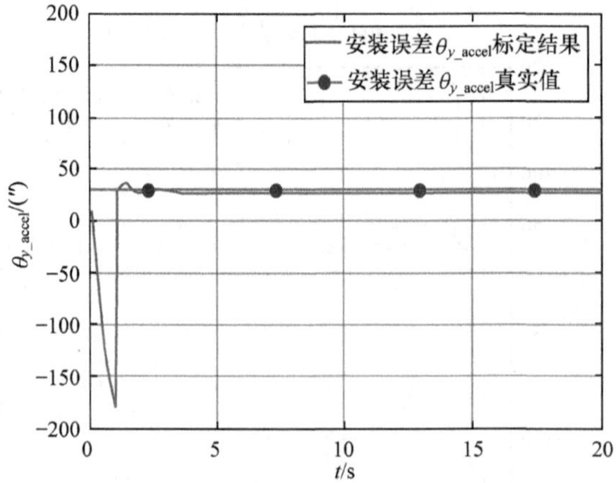

(f) 加速度计安装误差θ_{y_accel}标定结果

图 4-15　条件 2 改进算法标定结果

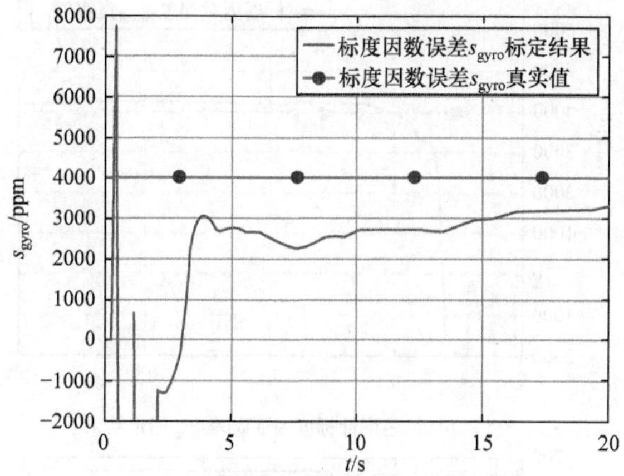

(a) 陀螺仪标度因数误差s_{gyro}标定结果

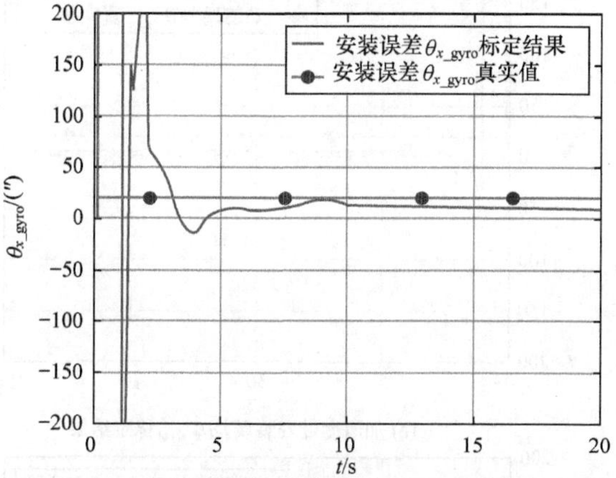

(b) 陀螺仪安装误差θ_{x_gyro}标定结果

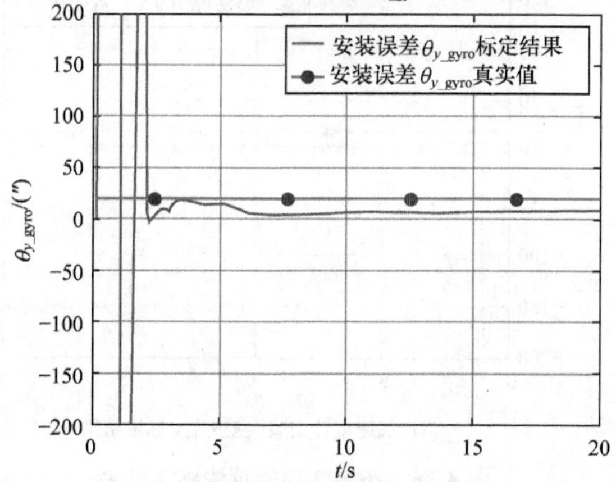

(c) 陀螺仪安装误差θ_{y_gyro}标定结果

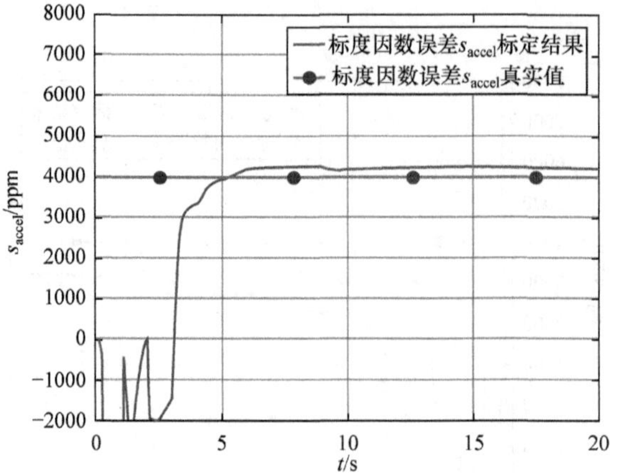

(d) 加速度计标度因数误差s_{accel}标定结果

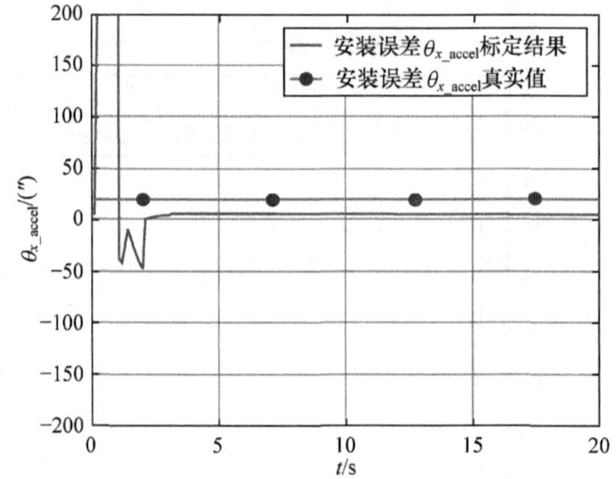

(e) 加速度计安装误差θ_{x_accel}标定结果

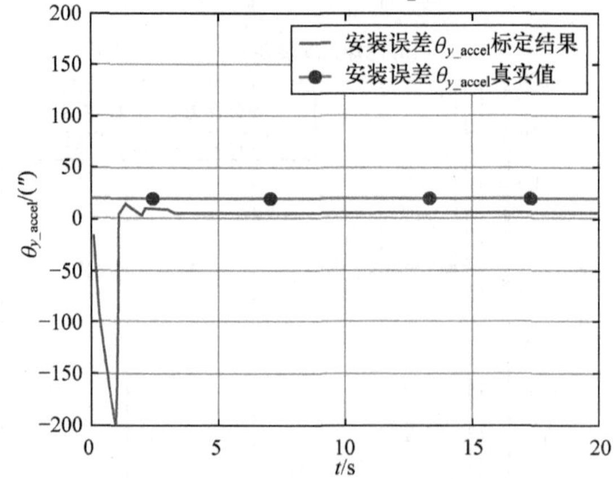

(f) 加速度计安装误差θ_{y_accel}标定结果

图 4-16　条件 3 原始算法标定结果

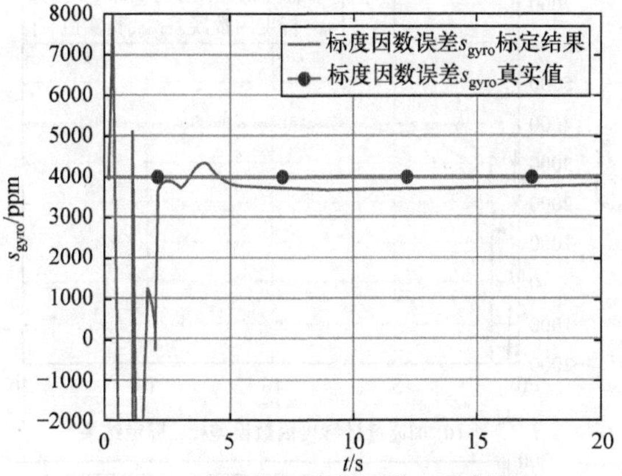

(a) 陀螺仪标度因数误差s_{gyro}标定结果

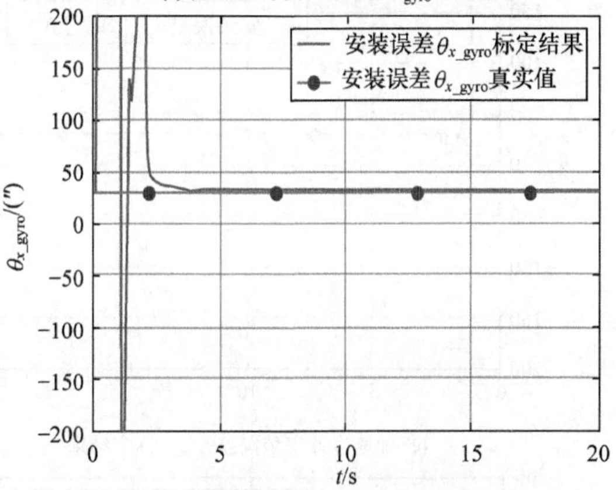

(b) 陀螺仪安装误差θ_{x_gyro}标定结果

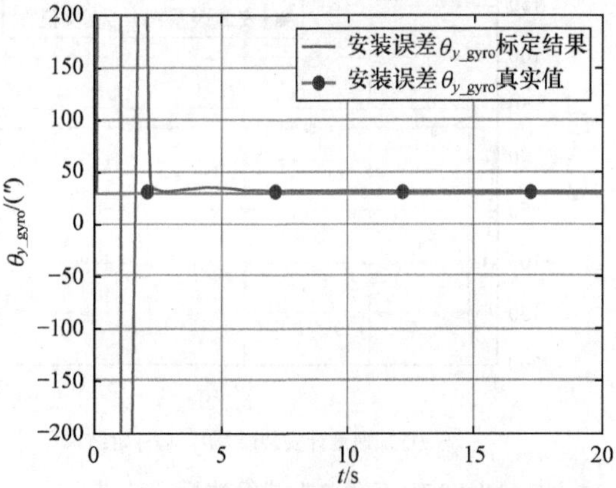

(c) 陀螺仪安装误差θ_{y_gyro}标定结果

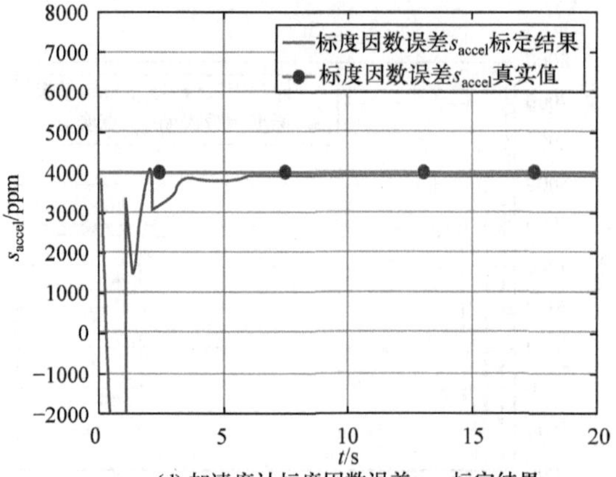

(d) 加速度计标度因数误差s_{accel}标定结果

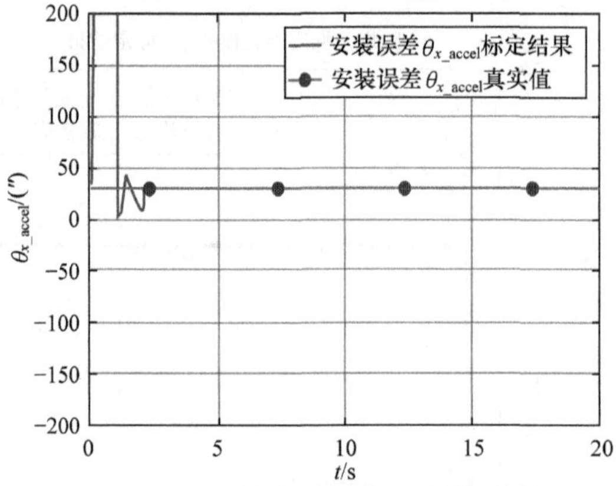

(e) 加速度计安装误差θ_{x_accel}标定结果

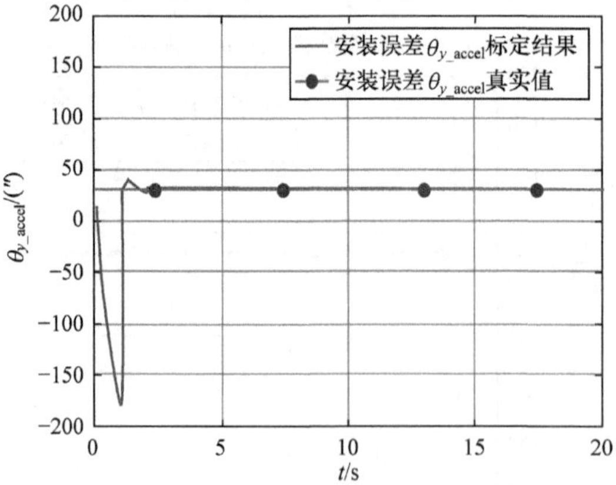

(f) 加速度计安装误差θ_{y_accel}标定结果

图 4-17　条件 3 改进算法标定结果

由图 4-14～图 4-17 可知，所提出的分阶段滤波方法对于不同参数的器件误差均具有良好的标定效果，二阶段滤波的状态估计结果在 10s 内收敛。表 4-3 与

表 4-4 为条件 1、2 和 3 下陀螺仪与加速度计的器件误差标定结果。

表 4-3　陀螺仪的器件误差标定结果

s_{gyro} 真实值/ppm	s_{gyro} 标定结果/ppm	θ_{x_gyro} 真实值/(″)	θ_{x_gyro} 标定结果/(″)	θ_{y_gyro} 真实值/(″)	θ_{y_gyro} 标定结果/(″)
6000	5780.28	60	59.37	60	59.39
5000	4836.61	30	29.69	30	29.84
4000	3759.86	20	19.78	20	19.55

表 4-4　加速度计的器件误差标定结果

s_{accel} 真实值/ppm	s_{accel} 标定结果/ppm	θ_{x_accel} 真实值/(″)	θ_{x_accel} 标定结果/(″)	θ_{y_accel} 真实值/(″)	θ_{y_accel} 标定结果/(″)
6000	5959.06	60	57.72	60	57.70
5000	4951.54	30	28.08	30	28.12
4000	3947.68	20	18.86	20	18.78

根据表 4-3 与表 4-4 可知，分阶段滤波方法能够对不同的器件误差参数进行估计，陀螺仪标度因数误差的估计误差百分比控制在 3.27%～6.00%，安装误差的估计误差百分比控制在 0.53%～2.25%；加速度计标度因数误差的估计误差百分比控制在 0.68%～1.31%，安装误差的估计误差百分比控制在 3.80%～6.40%。综上所述，分阶段滤波方法能够降低标度因数误差与安装误差的耦合作用，进而提升标定精度，仿真结果表明，该方法能够实现斜置传感器安装误差的角秒级精度标定。

4.5　本章小结

本章首先建立了包含零偏误差、标度因数误差、安装误差与随机噪声误差的非正交冗余捷联惯组器件误差模型，并将安装误差建模为传感器真实坐标系与理论坐标系的旋转角。其次针对误差系数存在天地不一致性问题和标度因数误差与安装误差的耦合性问题，建立面向斜置传感器器件误差的分阶段滤波方法。最后针对所建立的具有时变性质的分阶段滤波系统，研究了基于 SVD 分解的器件误差参数可观测性分析方法。仿真结果表明，器件误差在载体机动的条件下具有可观测性，可以实现对安装误差与零偏误差的联合在线标定。

第 5 章　冗余捷联惯组故障诊断

5.1　引　　言

对于出现故障的冗余捷联惯组，若不及时将故障传感器检测并隔离，故障信息将会影响导航信息，严重时可能影响飞控系统的性能，出现严重的事故。因此，需要研究冗余捷联惯组的故障诊断技术，惯组输出的是量化后的脉冲增量信号，研究者提出了三通道捷联惯组故障检测方法，但是需要进一步研究滤波参数选择。此外，成套冗余捷联惯组使用 Potter 算法构造解耦矩阵的广义似然比故障检测方法[116-118]，无法检测并隔离特定轴故障，所以针对成套冗余捷联惯组的故障检测需要对广义似然比法进行改进。最后，针对慢漂故障，作者研究了基于神经网络的冗余捷联惯组故障检测方法。

5.2　冗余捷联惯组三通道故障检测理论

5.2.1　三通道故障检测原理

冗余捷联惯组输出的数据是经过量化后的脉冲增量数，量化过程如图 5-1 所示，

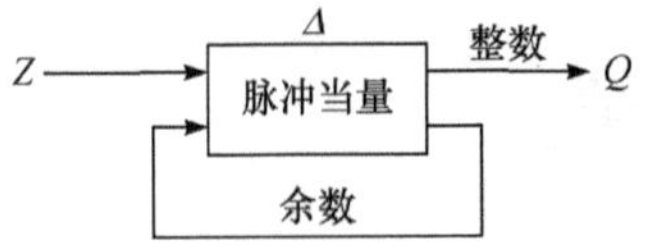

图 5-1　冗余捷联惯组的输出量化过程

Z 是含误差的增量信号(角增量信号或速度增量信号)，Z 除以脉冲当量 $\varDelta$，整数部分 Q 作为测量值输出，余数部分则累积到下个采样周期。同一个采样周期内，$Q\times\varDelta$ 与 Z 的差值就是量化误差，其与前一采样周期的小数部分和本次采样周期的角增量信号有关。

冗余捷联惯组的增量信号 Z 是带有测量误差(安装误差、刻度系数误差、常值漂移等)的数据，这些误差项经过量化后，统计特性将变得非常复杂，尤其是载体的机动量较小的情况下[119]。

为了便于研究量化输出对冗余捷联惯组测量输出的影响，定义以下概念。

量化误差 $E_{\varDelta}$：一个采样周期内的脉冲输出 Q 与增量信号 Z 的偏差。

$$E_{\varDelta}=Q\times\varDelta-Z \tag{5-1}$$

量化后的总误差 E_Q：冗余捷联惯组脉冲输出结果和载体真实惯性状态信息的偏差。

$$E_Q = Q \times \varDelta - \boldsymbol{HX} \tag{5-2}$$

式中，$\boldsymbol{X}$ 是载体的惯性状态增量；$\boldsymbol{H}$ 是传感器的标称测量矩阵；$\boldsymbol{HX}$ 是理想测量值。

量化前的总误差 E_Z：量化环节之前的冗余捷联惯组的增量信号 Z 与载体真实惯性状态增量信息的偏差。

$$E_Z = Z - \boldsymbol{HX} \tag{5-3}$$

容易得出三个误差满足如下关系：

$$E_Q = E_\varDelta + E_Z \tag{5-4}$$

量化误差 $E_\varDelta$ 小于一个脉冲当量。

对于陀螺仪，如果脉冲当量 $\varDelta_{\mathrm{G}}$ 为 $1''$ ($\approx 4.8\times10^{-6}\mathrm{rad}$)，采样周期 τ 为 0.02s，那么输出 1 个脉冲时，对应的角速率为 $\varDelta_{\mathrm{G}}/\tau = 50°/\mathrm{h} \approx 2.4\times10^{-4}$ rad/s。陀螺仪的量化误差 $E_\varDelta$ 在 0～2.4×10^{-4} rad/s，即 0～50°/h。

对于加速度计，脉冲当量 $\varDelta_{\mathrm{A}}$ 为 $8.2\times10^{-3}\mathrm{m/s^2}$，加速度计输出 1 个脉冲时，对应的速度增量为 0.4086 m/s。加速度计的量化误差 $E_\varDelta$ 在 0～0.4086 $\mathrm{m/s^2}$。

量化前的总误差 E_Z 是与载体运动状态相关的量。载体做平稳飞行时，E_Z 较为平稳；载体做机动飞行时，E_Z 与机动量的大小有关。

量化后的总误差 E_Q 在 $(n-1)\varDelta$～$n\varDelta$。载体平稳飞行时，$n=1$，即 E_Q 在 0～$\varDelta$；载体强机动飞行时，瞬时误差会出现 $n>1$ 的情况。但一般情况下，量化后的总误差 E_Q 不会长时间高于 $\varDelta$，若长时间高于 $\varDelta$，则认为传感器发生故障，这是因为 $\varDelta$ 是一个很大的误差。例如，陀螺仪的 $\varDelta_{\mathrm{G}}$ 对应了 50°/h 的量化误差，长时间使用将是一个很大的误差。

量化带来的问题：误差放大，故障缩小。针对出现的问题，采用引入滤波器的方法来解决。在惯组量化输出后，增加一个低通滤波器，减弱过高的量化噪声。

为了减轻计算负荷，采用一阶低通滤波器，对惯组输出做预处理：

$$G = \frac{1}{Ts+1} \tag{5-5}$$

因为等价向量 $\boldsymbol{P}$ 是增量信号 Z 的线性组合，所以从减轻计算量的角度出发，可将滤波器加到等价向量后，即对 $\boldsymbol{P}$ 的元素进行滤波。

滤波会带来数据延迟。对于不同幅值故障，系统的容忍时间是不同的。对于大幅值故障，系统的容忍时间较短；对于小幅值故障，系统的容忍时间较长。因此，对于大幅值故障，应尽可能减小检测延迟；对于小幅值故障，可以稍微放宽检测延迟。

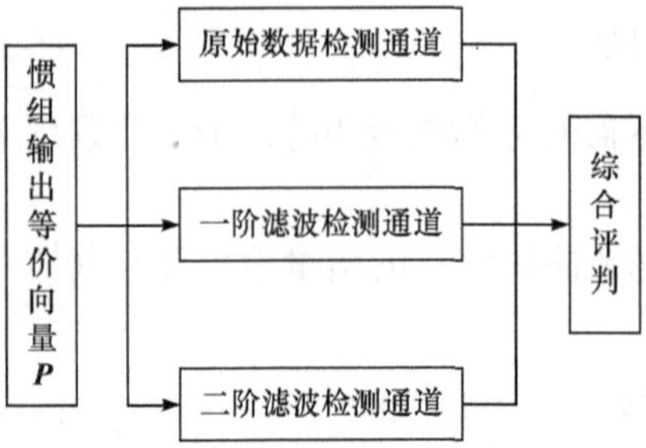

图 5-2 三通道滤波检测方法

三通道滤波检测方法[119]是针对器件量化输出故障检测的有效方法，三通道滤波检测方法如图 5-2 所示。

利用惯组的增量信号 Z 和解耦矩阵 $\boldsymbol{V}$ 求得等价向量 $\boldsymbol{P}$ 。将 $\boldsymbol{P}$ 分别送入三个检测通道——原始数据检测通道、一阶滤波检测通道和二阶滤波检测通道。原始数据检测通道中，对等价向量 $\boldsymbol{P}$ 不做滤波处理，这样可最大程度地减小大故障的检测延迟；一阶滤波检测通道中，对等价向量 $\boldsymbol{P}$ 的元素做一阶滤波处理，减弱量化误差以检测中等幅值的故障，一阶滤波检测通道对中等幅值故障的检测延迟不应超出系统对中等幅值故障的容忍程度；二阶滤波检测通道中，对等价向量 $\boldsymbol{P}$ 的元素做二阶滤波处理，可基本消除量化带来的影响，对量化前的含噪数据也有很好的平滑作用，主要用以检测小幅值的故障。

将惯组的故障形式分为三种，分别是硬故障、中等故障和软故障，它们是根据故障的幅值来进行区分的。

在采用等价空间法(奇异值分解法、最优奇偶矢量法和最大广义似然比算法)进行故障检测时，因为数据需要进行量化，所以不可避免地造成了一定的误差。在检测硬故障时，等价空间法可以成功地进行故障检测与隔离，但是当等价空间法遇到软故障或者中等故障时，就会导致检测与隔离不出一系列故障或者不能正确地进行故障检测与隔离的问题。为了解决以上问题，本书引入了三通道滤波检测方法。其中原始数据检测通道针对硬故障；一阶滤波检测通道针对中等故障；二阶滤波检测通道针对软故障。

一阶滤波参数是 0.434，二阶滤波参数是 3.85(二阶环节由两个相同的一阶环节构成，即为临界阻尼系统)，此时故障检测与隔离性能得到了很大的提升。下面将从理论方面研究两个滤波参数的由来。

1. 原始数据检测通道

原始数据检测通道针对的是幅值较大的硬故障，系统对硬故障是不允许有任何的检测延迟的，所以此时不能使用滤波器。

2. 一阶滤波检测通道

对于一阶惯性环节：

$$G(s) = \frac{1}{Ts+1} \tag{5-6}$$

式中，T 是一阶惯性环节的时间常数。系统的上升时间表征快速性：

$$T_r = 2.2T \tag{5-7}$$

使用低通滤波器减小量化误差的原理是低通滤波器可以过滤掉高频噪声，使低频信号通过。量化噪声和一般噪声的特性在某种意义上是一样的。大量的仿真实验证明：滤波效果较好时，曲线比较平滑；滤波效果不好时，曲线振动比较大。

对于一阶惯性环节，截止频率都是 0，所以要让转折频率变小，而转折频率又与 $1/T$ 成正比。一阶系统波特图如图 5-3 所示。

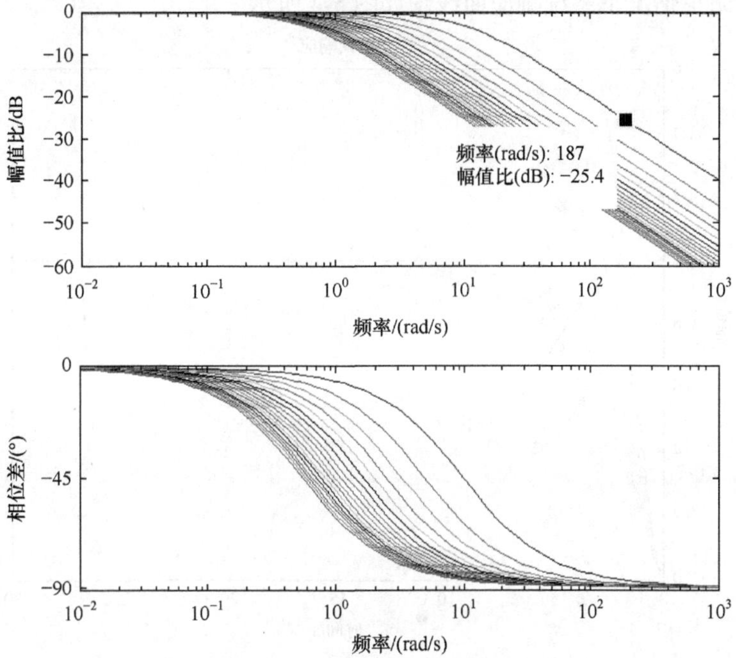

图 5-3　一阶系统波特图

因此本书可以设指标函数，使 $y(T)$ 的值最小。k_1 和 k_2 分别是响应时间与转折频率所占指标函数的权值，由控制系统的性能来决定。

设指标函数为

$$y(T) = k_1(2.2T)^2 + k_2\left(\frac{1}{T}\right)^2 \tag{5-8}$$

式(5-8)等号两边对 T 求导，得

$$y'(T) = 9.68k_1T - k_2\frac{2}{T^3} \tag{5-9}$$

令 $y'(T) = 0$，得

$$T = 0.6742\sqrt[4]{\frac{k_2}{k_1}}$$

3. 二阶滤波检测通道

二阶滤波检测通道的传递函数表达式为

$$G(s) = \frac{1}{s^2 + 2w_n\xi s + w_n^2} \tag{5-10}$$

不同阻尼情况下系统响应曲线图如图 5-4 所示。

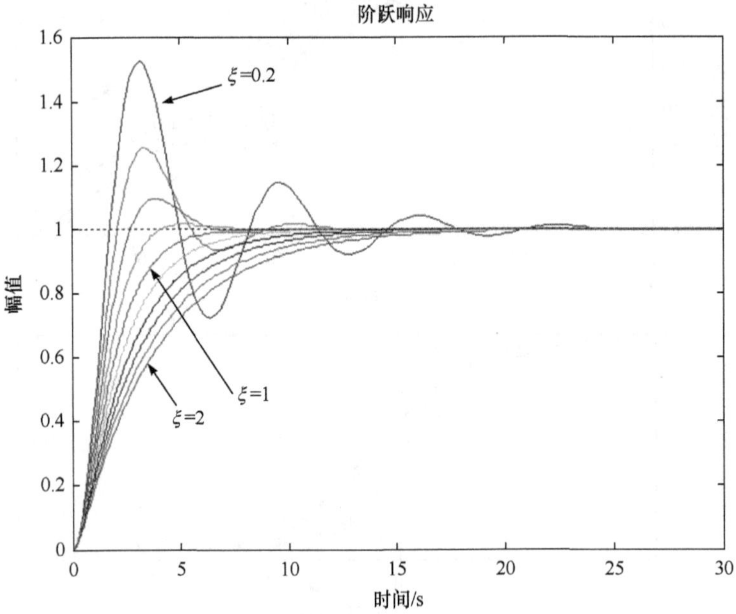

图 5-4　不同阻尼情况下系统响应曲线图

图 5-4 是过阻尼、临界阻尼和欠阻尼三种情况的单位阶跃响应曲线图(其中振荡频率 $w_n = 1$，ξ 从 0.2 到 2 以 0.2 间隔，等间隔连续变化)。从图中可以看出：在过阻尼和临界阻尼的响应曲线中，临界阻尼响应具有最短的上升时间，响应速度最快；在欠阻尼的响应曲线中，阻尼比越小，上升时间越短，但同时会导致超调量增大，从而调节时间越长，达到稳态的时间越长。

综上所述，选择临界阻尼系统进行二阶滤波，从上升时间的角度而言是合适的。

临界阻尼系统的传递函数是

$$G(s) = \frac{1}{(Ts+1)(Ts+1)} = \frac{1}{T^2s^2 + 2Ts + 1} \tag{5-11}$$

至于转折频率，之所以要选择三通道滤波，即在一阶滤波检测通道不能正确检测并隔离出故障的情况下启用二阶滤波检测通道，其作用就是使得更小的频率信号通过。

对于二阶滤波器的时间常数，应该是由系统对软故障的故障容错时间决定的。不同时间常数对应的二阶系统阶跃响应图 5-5 所示。

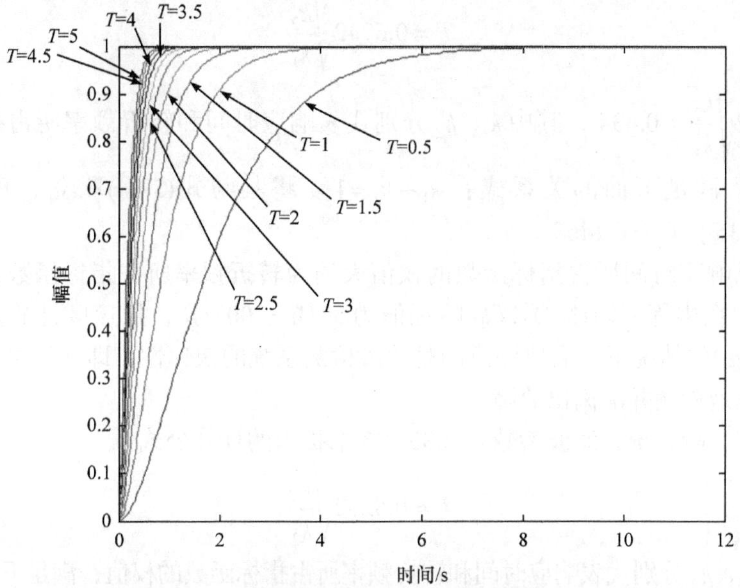

图 5-5　不同时间常数的二阶系统阶跃响应图

从图 5-5 中可以看出，时间常数越小(0.5s 到 5s 以 0.5s 间隔，等间隔连续变化)，响应就越快。因此，应该合理地选取时间常数，使其既有较短的响应时间，又有较低的转折频率。

设响应时间与转折频率所占指标函数的权值分别为 k_3 和 k_4，临界阻尼系统的上升时间为 $T_r = 3.5T$，转折频率与 $1/T$ 有关。

设指标函数为

$$y(T) = k_3(3.5T)^2 + k_4\left(\frac{1}{T}\right)^2 \tag{5-12}$$

式(5-12)等号两边对 T 求导，得

$$y'(T) = 25.5k_3T - \frac{2k_4}{T^3} \tag{5-13}$$

令 $y'(T) = 0$，得 $T = 0.5292\sqrt[4]{\frac{k_4}{k_3}}$。

只要合理地根据故障检测与隔离系统的性能选取 k_3 和 k_4 的值，便可以得到

二阶系统的时间常数。

5.2.2 滤波参数分析

针对滤波参数选取所涉及的权值问题，对于一阶系统，给出的时间常数是0.434s，提出的计算公式：

$$T = 0.6742\sqrt[4]{\frac{k_2}{k_1}} \tag{5-14}$$

则 $0.6742\sqrt[4]{\frac{k_2}{k_1}} = 0.434$，其中 k_1、k_2 分别代表响应时间和转折频率所占指标函数的权值，满足下面的关系式：$k_1 + k_2 = 1$。将其与式(5-14)联立，可以解出 $k_1 = 0.8535$，$k_2 = 0.1465$。

可见响应时间所占指标函数的权值大约为转折频率所占指标函数权值的 6 倍，说明在中等故障(陀螺仪故障幅值为 $5°/\mathrm{h}$～$100°/\mathrm{h}$，加速度计故障幅值为 5～$100\mathrm{mg}$)的情况下，需要注意的是故障检测系统的快速性，即在尽可能短的时间内正确地检测并隔离出故障。

对于二阶系统，滤波参数是 3.85。本书提出的计算公式：

$$T = 0.5292\sqrt[4]{\frac{k_4}{k_3}} \tag{5-15}$$

式中，k_3、k_4 分别代表响应时间和转折频率所占指标函数的权值，满足下面的关系式：$k_3 + k_4 = 1$。将其与式(5-15)联立，可以解出 $k_3 = 0.000357$，$k_4 = 0.999673$。

可见转折频率所占指标函数的权值远远大于响应时间所占的权值。由于二阶系统是用来检测软故障的(陀螺仪故障幅值 $\leqslant 5°/\mathrm{h}$，加速度计故障幅值 $\leqslant 5\mathrm{mg}$)，对于这种故障幅值非常小的情况，箭载惯性导航系统在故障刚开始发生时会将它视为噪声处理，不会影响导航系统的正确性，因此系统对于软故障具有一定的故障容错能力。当故障累积到一定幅值时，故障检测系统报错，从而正确地检测出或隔离出故障。

5.2.3 仿真分析

1. 脉冲当量与滤波器关系

对脉冲当量与滤波器的关系进行分析，仿真条件设置如下。

1) 配置：两套三正交一斜置配置惯组(八表)

陀螺仪故障幅值为 $1°/\mathrm{h}$，加速度计故障幅值为 $1\mathrm{mg}$；滤波参数：一阶系统时间常数为 0.434s，二阶系统时间常数为 3.85s。

表 5-1～表 5-4 分别为不同的脉冲当量对于同一组滤波参数的故障检测与隔

离结果统计表，指标分别是误警率、误隔离率和故障检测时间区间($g_0=1g$)。

表 5-1　两套三正交一斜置陀螺仪故障检测与隔离结果

序号	陀螺仪脉冲当量(pulse)	误警率	误隔离率	故障检测时间区间(小于 1s)	故障检测时间区间(1～10s)	故障检测时间区间(10～100s)	故障检测时间区间(大于 100s)
1	9.5″	1	1	0	0	0	0
2	18″	1	1	0	0	0	0
3	0.95″	0	0.6	0	1	0	0
4	1.8″	0.2	0.75	0.04	0.76	0	0
5	0.095″	0	0	0	1	0	0
6	0.18″	0	0	0	1	0	0

表 5-2　两套三正交一斜置加速度计故障检测与隔离结果

序号	加速度计脉冲当量(pulse)	误警率	误隔离率	故障检测时间区间(小于 1s)	故障检测时间区间(1～10s)	故障检测时间区间(10～100s)	故障检测时间区间(大于 100s)
1	$g_0/120$	1	1	0	0	0	0
2	$g_0/60$	1	1	0	0	0	0
3	$g_0/1200$	0	0.6	0	1	0	0
4	$g_0/600$	0.2	0.75	0.04	0.76	0	0
5	$g_0/12000$	0	0	0	1	0	0
6	$g_0/6000$	0	0	0	1	0	0

2) 配置：三正交二斜置惯组(十表)

表 5-3　三正交二斜置陀螺仪故障检测与隔离结果

序号	陀螺仪脉冲当量(pulse)	误警率	误隔离率	故障检测时间区间(小于 1s)	故障检测时间区间(1～10s)	故障检测时间区间(10～100s)	故障检测时间区间(大于 100s)
1	9.5″	1	1	0	0	0	0
2	18″	1	1	0	0	0	0
3	0.95″	0.1	0.6667	0	0.9	0	0
4	1.8″	0	0.9	0	1	0	0
5	0.095″	0	0	0	1	0	0
6	0.18″	0	0.3	0	1	0	0

表 5-4　三正交二斜置加速度计故障检测与隔离结果

序号	加速度计脉冲当量(pulse)	误警率	误隔离率	故障检测时间区间(小于 1s)	故障检测时间区间(1～10s)	故障检测时间区间(10～100s)	故障检测时间区间(大于 100s)
1	$g_0/120$	1	1	0	0	0	0
2	$g_0/60$	1	1	0	0	0	0
3	$g_0/1200$	0	0.6	0	1	0	0
4	$g_0/600$	0	0.7	0	1	0	0
5	$g_0/12000$	0	0	0	1	0	0
6	$g_0/6000$	0	0	0	1	0	0

从表 5-1～表 5-4 可以看出，量化噪声与滤波参数是有关系的。由此可见，量化误差与量化的脉冲当量近似相等，对于同一种故障幅值和同一种滤波参数而言，量化误差越大，其故障检测性能越差。滤波器的功能是为了减小量化误差，而滤波参数越大，所对应的滤波曲线平滑性越好，对量化误差滤波的效果越好。因此，在量化误差比较大的情况下，应该增大其滤波参数，同理对于量化误差比较小的情况，其滤波参数也应该相应减小。

2. 不同脉冲当量对应的滤波参数

配置：三正交二斜置配置惯组；故障幅值：陀螺仪为 $5°/\mathrm{h}$，加速度计为 $5\mathrm{mg}$。表 5-5～表 5-9 分别是不同脉冲当量对应的各阶参数表。

表 5-5　脉冲当量为 0.95″的各阶参数

采样周期/s	一阶参数	二阶参数
0.02	0.434	3.85
0.04	0.6	5
0.06	0.65	6
0.2	1	7
0.4	1	8
1	2	9

表 5-6　脉冲当量为 1″的各阶参数

采样周期/s	一阶参数	二阶参数
0.02	0.434	4
0.04	0.5	4
0.06	0.6	7
0.2	1	8
0.4	2	10
1	2.5	11

表 5-7　脉冲当量为 0.1″ 的各阶参数

采样周期/s	一阶参数	二阶参数
0.02	0.2	1
0.04	0.3	1.5
0.06	0.4	2
0.2	0.5	3
0.4	1	5
1	2	10

表 5-8　脉冲当量为 0.5″ 的各阶参数

采样周期/s	一阶参数	二阶参数
0.02	0.3	2.5
0.04	0.5	3
0.06	0.6	4
0.2	0.7	4.5
0.4	1	5
1	2	10

表 5-9　脉冲当量为 2″ 的各阶参数

采样周期/s	一阶参数	二阶参数
0.02	0.8	5
0.04	0.8	6
0.06	0.8	7
0.2	0.9	8
0.4	1	9
1	2	10

理论表明，滤波参数是转折频率和响应时间的折中结果(转折频率代表滤波曲线的平滑性，响应时间代表故障检测情况的快速性)。仿真结果表明：对于硬故障(陀螺仪故障幅值大于100°/h，加速度计故障幅值大于100mg)，故障检测系统对时间零容忍，不需要进行滤波；对于中等故障(陀螺仪故障幅值为5°/h～100°/h，加速度计故障幅值为5～100mg)，故障检测系统对时间有一定的容忍程度，即可以允许有一定的时间延迟，此时可以使用一阶滤波器来达到这种效果；对于软故障(陀螺仪故障幅值小于5°/h，加速度计故障幅值小于5mg)，故障检测系统对时间具有较强的容忍程度，时间延迟可以稍稍大些，这时可以采用二阶滤波器达到这样的效果。

当将三通道滤波应用于具体工程上时，将计算得到的等价向量分别送入三个通道。如果发生的是硬故障，则原始数据检测通道首先报警，一阶滤波检测通道随后报警，二阶滤波检测通道最后报警，此时以原始数据检测通道为准；如果发生的是中等故障，原始数据检测通道不会报警，一阶滤波检测通道首先报警，二阶滤波检测通道随后报警，此时以一阶滤波检测通道为准；如果发生的是软故障，原始数据检测通道和一阶滤波检测通道都不会报警，二阶滤波检测通道报警，此时以二阶滤波检测通道为准。

5.3 改进等价空间法故障检测方法

5.3.1 改进广义似然比法

1. 基本原理

定义冗余捷联惯组测量方程：

$$\boldsymbol{Z} = \boldsymbol{HX} + \boldsymbol{\varepsilon} \tag{5-16}$$

式中，$\boldsymbol{X} \in \boldsymbol{R}^{3\times1}$，是惯性状态信息；$\boldsymbol{Z} \in \boldsymbol{R}^{n\times1}$，是冗余测量信息，$n$是惯性传感器的个数；$\boldsymbol{H} \in \boldsymbol{R}^{n\times3}$，是系统的测量矩阵；$\boldsymbol{\varepsilon} \in \boldsymbol{R}^{n\times1}$，是系统的测量噪声。构造等价向量$\boldsymbol{P} = \boldsymbol{VZ}$，$\boldsymbol{V} \in \boldsymbol{R}^{m\times n}$，是系统的解耦矩阵，$m = n-3$。

当惯性传感器发生故障时，测量方程为

$$\boldsymbol{Z} = \boldsymbol{HX} + \boldsymbol{\varepsilon} + \boldsymbol{b}_f \tag{5-17}$$

式中，$\boldsymbol{b}_f = [\cdots\ 0\ \ f\ \ 0\ \cdots]^{\mathrm{T}}$，是故障向量；$f$是故障大小，位置对应于发生故障的传感器，而未发生故障的传感器的对应值为零。此时的等价向量为$\boldsymbol{P} = \boldsymbol{VZ} = \boldsymbol{V\varepsilon} + \boldsymbol{Vb}_f$。

定义判决函数DFd：

$$\mathrm{DFd} = \boldsymbol{P}^{\mathrm{T}}(\boldsymbol{VV}^{\mathrm{T}})^{-1}\boldsymbol{P} \tag{5-18}$$

若$\mathrm{DFd} \geqslant \mathrm{Td}$，则判定出现故障；若$\mathrm{DFd} < \mathrm{Td}$，则判定无故障。其中，Td为预先设定的阈值。当检测到故障后，就需转入故障隔离步骤。

定义隔离判决函数DFI：

$$\mathrm{DFI}_j = \frac{\left[\boldsymbol{P}^{\mathrm{T}}\left(\boldsymbol{VV}^{\mathrm{T}}\right)^{-1}\boldsymbol{v}_j\right]^2}{\boldsymbol{v}_j^{\mathrm{T}}\left(\boldsymbol{VV}^{\mathrm{T}}\right)^{-1}\boldsymbol{v}_j\sigma^2} \tag{5-19}$$

式中，$\boldsymbol{v}_j$是矩阵$\boldsymbol{V}$的第j列。分别计算$\mathrm{DFI}_j\ (j=1,2,\cdots,m)$，找出$\mathrm{DFI}_j$中的最大值，如$\mathrm{DFI}_k$，那么认为第$k$个传感器发生故障。

广义似然比法的解耦矩阵$\boldsymbol{V}$利用 Potter 算法求取。

Potter 算法：根据等价空间原理，解耦矩阵$\boldsymbol{V}$位于测量矩阵$\boldsymbol{H}$的左零空间，$\boldsymbol{V}$的秩为$n-3$。为了确定$\boldsymbol{V}$的元素，Potter 和 Suman 建议将$\boldsymbol{V}$阵选择为具有正对角元的上三角阵，然后通过正交化，便可完全确定$\boldsymbol{V}$阵的元素。具体的算法为

$$\boldsymbol{W}=\boldsymbol{I}-\boldsymbol{H}(\boldsymbol{H}^{\mathrm{T}}\boldsymbol{H})^{-1}\boldsymbol{H}^{\mathrm{T}}=\left[w(i,j)\right]_{n\times n} \tag{5-20}$$

$$v^2(1,1)=w(1,1) \tag{5-21}$$

$$v(1,j)=w(1,j)/v(1,1),\quad j=2,3,\cdots,m \tag{5-22}$$

$$v^2(i,i)=w(i,i)-\sum_{k=1}^{i-1}v^2(k,i),\quad i=2,3,\cdots,m-n \tag{5-23}$$

$$v(i,j)=\left[w(i,j)-\sum_{k=1}^{i-1}v(k,i)v(k,j)\right]\Big/v(i,i),\quad i=2,3,\cdots,m-n,j=i+1,i+2,\cdots,m \tag{5-24}$$

2. 改进算法

研究广义似然比法的解耦矩阵选取策略(Potter 算法)发现：选取测量矩阵$\boldsymbol{H}$的正交投影阵$\boldsymbol{W}=\boldsymbol{I}_n-\boldsymbol{H}(\boldsymbol{H}^{\mathrm{T}}\boldsymbol{H})^{-1}\boldsymbol{H}^{\mathrm{T}}$的前$n-3$行来构造解耦矩阵。但是$\boldsymbol{W}$的前$n-3$行不一定是线性无关的。若出现线性相关的情形，则解耦得到的等价向量会丢失部分有用信息，故障检测就会出现问题。

对于大多数的冗余配置形式(如六陀螺仪正十二面体配置、五陀螺仪圆锥面配置等)，利用 Potter 算法求得的$\boldsymbol{V}$阵能正确进行故障检测和隔离。但在遇到成套的冗余捷联惯组时(如三套常规捷联惯组同轴安装，如图 5-6 所示)，Potter 算法就会出现问题。

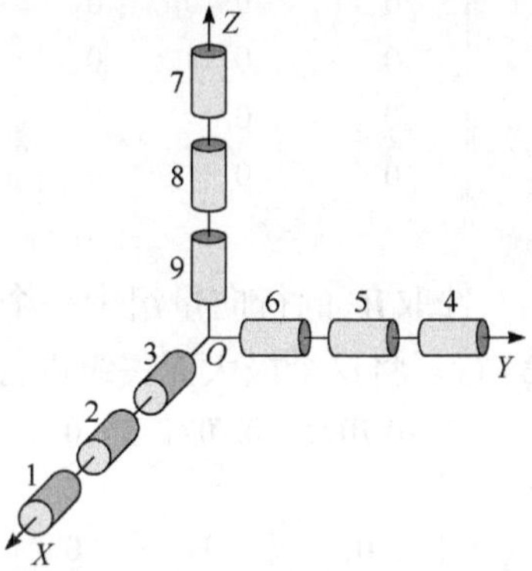

图 5-6　三套常规捷联惯组同轴安装

三捷联配置的测量矩阵$\boldsymbol{H}_3$：

$$\boldsymbol{H}_3=\begin{bmatrix}1&1&1&0&0&0&0&0&0\\0&0&0&1&1&1&0&0&0\\0&0&0&0&0&0&1&1&1\end{bmatrix}^{\mathrm{T}} \tag{5-25}$$

对于三捷联配置，利用 Potter 算法求$\boldsymbol{V}$阵时，发现$\boldsymbol{V}$阵中出现全零行和全零列：

$$V_3 = \begin{bmatrix} 0.8165 & -0.4082 & -0.4082 & 0 & 0 & 0 & 0 & 0 & 0 \\ 0 & 0.7071 & -0.7071 & 0 & 0 & 0 & 0 & 0 & 0 \\ 0 & 0 & 0 & 0 & 0 & 0 & 0 & 0 & 0 \\ 0 & 0 & 0 & 0.8165 & -0.4082 & -0.4082 & 0 & 0 & 0 \\ 0 & 0 & 0 & 0 & 0.7071 & -0.7071 & 0 & 0 & 0 \\ 0 & 0 & 0 & 0 & 0 & 0 & 0 & 0 & 0 \end{bmatrix} \tag{5-26}$$

V 阵中出现全零列(如第 7 列)，会导致等价向量 $\boldsymbol{P}$ 中不再包含 7 号陀螺仪的信息，当然无法检测出 7 号陀螺仪的故障。

出现以上问题的原因：Potter 算法只是选取测量矩阵 $\boldsymbol{H}$ 的正交投影阵 $\boldsymbol{W} = \boldsymbol{I}_n - \boldsymbol{H}(\boldsymbol{H}^{\mathrm{T}}\boldsymbol{H})^{-1}\boldsymbol{H}^{\mathrm{T}}$ 的前 $n-3$ 行来构造解耦矩阵，但是 $\boldsymbol{W}$ 的前 $n-3$ 行不一定是线性无关的。

解决方法[118,120]：选取 $\boldsymbol{W}$ 的行向量组中一个极大无关组，并进行施密特正交化，作为解耦矩阵 $\boldsymbol{V}$。

三捷联配置测量矩阵 $\boldsymbol{H}_3$ 的正交投影阵 $\boldsymbol{W}$ 为

$$\boldsymbol{W} = \begin{bmatrix} 0.6667 & -0.3333 & -0.3333 & 0 & 0 & 0 & 0 & 0 & 0 \\ -0.3333 & 0.6667 & -0.3333 & 0 & 0 & 0 & 0 & 0 & 0 \\ -0.3333 & -0.3333 & 0.6667 & 0 & 0 & 0 & 0 & 0 & 0 \\ 0 & 0 & 0 & 0.6667 & -0.3333 & -0.3333 & 0 & 0 & 0 \\ 0 & 0 & 0 & -0.3333 & 0.6667 & -0.3333 & 0 & 0 & 0 \\ 0 & 0 & 0 & -0.3333 & -0.3333 & 0.6667 & 0 & 0 & 0 \\ 0 & 0 & 0 & 0 & 0 & 0 & 0.6667 & -0.3333 & -0.3333 \\ 0 & 0 & 0 & 0 & 0 & 0 & -0.3333 & 0.6667 & -0.3333 \\ 0 & 0 & 0 & 0 & 0 & 0 & -0.3333 & -0.3333 & 0.6667 \end{bmatrix} \tag{5-27}$$

选取 $\boldsymbol{W}$ 的行向量组中一个极大无关组 $[\,w_1\ w_2\ w_4\ w_5\ w_7\ w_8\,]$，其中 w_i 是 $\boldsymbol{W}$ 的第 i 行。将这个极大无关组进行施密特正交化，即可得所需的解耦矩阵 $\boldsymbol{V}_W$：

$$\boldsymbol{V}_W = \begin{bmatrix} -0.7071 & 0.7071 & 0 & 0 & 0 & 0 & 0 & 0 & 0 \\ 0 & 0 & 0 & 0 & 0 & 0 & -0.7071 & 0.7071 & 0 \\ 0 & 0 & 0 & -0.7071 & 0.7071 & 0 & 0 & 0 & 0 \\ -0.4082 & -0.4082 & 0.8165 & 0 & 0 & 0 & 0 & 0 & 0 \\ 0 & 0 & 0 & -0.4082 & -0.4082 & 0.8165 & 0 & 0 & 0 \\ 0 & 0 & 0 & 0 & 0 & 0 & -0.4082 & -0.4082 & 0.8165 \end{bmatrix} \tag{5-28}$$

利用改进后的解耦矩阵选取策略得到的 $\boldsymbol{V}_W$ 阵中不再含有全零行和全零列，$\boldsymbol{V}_W$ 阵所确定的 9 个故障方向互不相同。

证明新的解耦矩阵 $\boldsymbol{V}^W$ 满足：$\boldsymbol{V}^W\boldsymbol{H} = \boldsymbol{0}$，$\boldsymbol{V}^W(\boldsymbol{V}^W)^{\mathrm{T}} = \boldsymbol{I}_{n-3}$。

(1) 证明 $\boldsymbol{V}^W$ 满足等式 $\boldsymbol{V}^W\boldsymbol{H}=\boldsymbol{0}$。

由于正交投影阵 $\boldsymbol{W}=\boldsymbol{I}_n-\boldsymbol{H}(\boldsymbol{H}^{\mathrm{T}}\boldsymbol{H})^{-1}\boldsymbol{H}^{\mathrm{T}}$ 必满足：$\boldsymbol{W}\boldsymbol{H}=\boldsymbol{0}$，而 $\boldsymbol{V}^W$ 是由 $\boldsymbol{W}$ 的行向量经线性变换得到的，因此，必有 $\boldsymbol{V}^W\boldsymbol{H}=\boldsymbol{0}$ 成立。

(2) 证明 $\boldsymbol{V}^W$ 满足等式 $\boldsymbol{V}^W(\boldsymbol{V}^W)^{\mathrm{T}}=\boldsymbol{I}_{n-3}$。

$\boldsymbol{V}^W$ 的行向量组 $\boldsymbol{u}_1,\boldsymbol{u}_2,\cdots,\boldsymbol{u}_{n-3}$ 是相互正交的单位向量，那么必有

$$\boldsymbol{V}^W(\boldsymbol{V}^W)^{\mathrm{T}}=\begin{bmatrix}\boldsymbol{u}_1\\ \vdots\\ \boldsymbol{u}_{n-3}\end{bmatrix}\begin{bmatrix}\boldsymbol{u}_1^{\mathrm{T}} & \cdots & \boldsymbol{u}_{n-3}^{\mathrm{T}}\end{bmatrix}=\boldsymbol{I}_{n-3}$$ 成立。

5.3.2 算法仿真

为了得到改进前的故障检测与隔离效果，在 30s 处，向 7 号陀螺仪注入幅值为 5°/h 的阶跃故障。算法改进前的三捷联配置故障检测与故障隔离结果如图 5-7 与图 5-8 所示。可以看出，注入故障后，检测曲线和隔离曲线都没有变化，这正印证

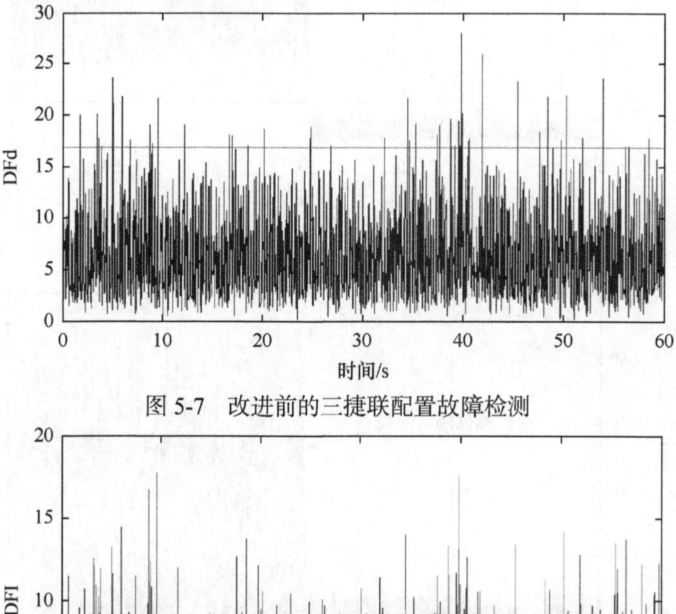

图 5-7　改进前的三捷联配置故障检测

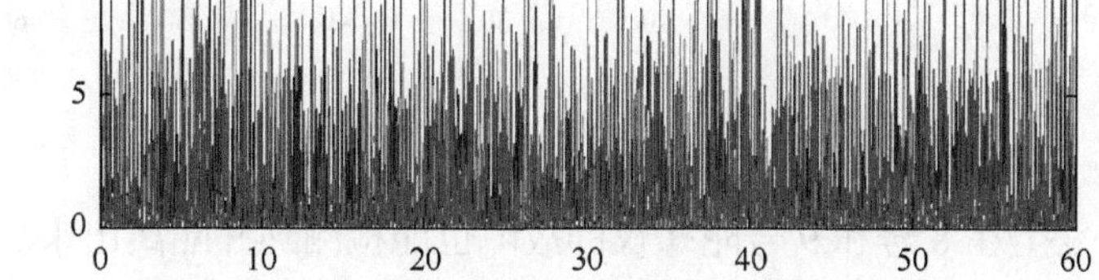

图 5-8　改进前的三捷联配置故障隔离

了前述的分析，解耦矩阵中第 7 列为全零列，导致 7 号陀螺仪的信息被剔除掉。

同样，向 8 号和 9 号陀螺仪注入的阶跃故障也是无法检测到的。

利用改进算法得到的解耦矩阵不再含有全零列，等价向量 $\boldsymbol{P}$ 中含有全部陀螺仪的信息。

仍然在 30s 处，向 7 号陀螺仪注入 5°/h 的阶跃故障。如图 5-9 所示，30s 后，故障检测判决曲线上升到阈值线以上，检测到发生故障，转入故障隔离进程。如图 5-10 所示，在对应于 30s 处(1500 个数据点)，各个陀螺仪的隔离曲线发生变化，7 号陀螺仪的隔离曲线上升的幅值最大，判定 7 号陀螺仪发生故障。

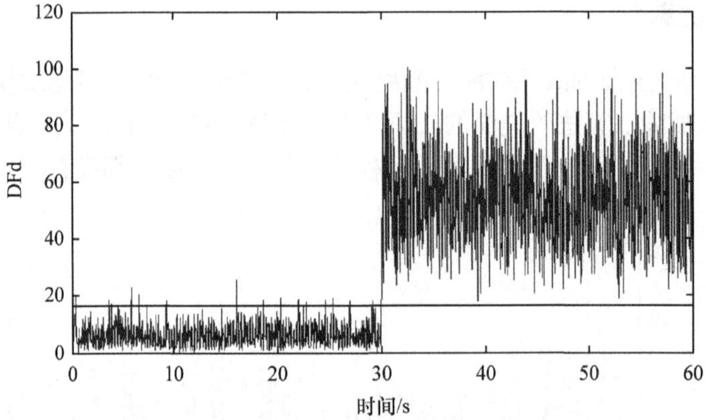

图 5-9　改进后的三捷联配置故障检测

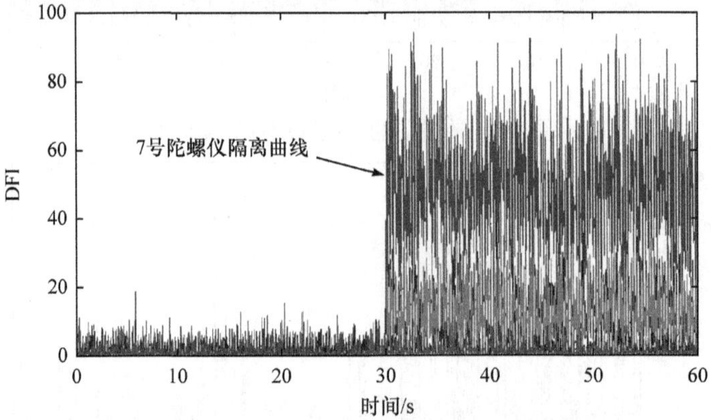

图 5-10　改进后的三捷联配置故障隔离

同样，发生在 8 号和 9 号陀螺仪的故障也能检测到并隔离出来。

针对正十二面体和三捷联两种配置，进行蒙特卡洛仿真试验。在 30s 处，分别向每个陀螺仪注入幅值为 5°/h 的阶跃故障，统计正确检测的概率(probability of correct detection，PCD)和正确隔离的概率(probability of correct isolation, PCI)。正十二面体配置的试验统计如表 5-10 所示。

表 5-10 正十二面体配置的试验统计

陀螺仪号	PCD	PCI	改进法 PCD	改进法 PCI
1	0.9968	0.9955	0.9956	0.9963
2	0.997	0.9963	0.9978	0.9969
3	0.9962	0.9949	0.9966	0.9951
4	0.9972	0.9953	0.9972	0.9957
5	0.9962	0.9965	0.9976	0.9957
6	0.9966	0.9971	0.9958	0.9977

从表 5-10 可看出，改进的 GLT 法和原 GLT 法的检测效果相当。这也说明，新的解耦矩阵算法没有降低 GLT 法的性能。

三捷联惯组试验统计如表 5-11。

表 5-11 三捷联惯组试验统计

陀螺仪号	PCD	PCI	改进法 PCD	改进法 PCI
1	0.9982	0.9993	0.999	0.9991
2	0.9982	0.9993	0.9986	0.9995
3	0.9972	0.9993	0.9992	0.9991
4	0.999	0.9991	0.999	0.9985
5	0.998	0.9989	0.9984	0.9991
6	0.9986	0.9991	0.9994	0.9989
7	0	0	0.9994	0.9991
8	0	0	0.9994	0.9983
9	0	0	0.9984	0.9995

从表 5-11 可看出，原 GLT 法检测不到三捷联惯组中 7、8 和 9 号陀螺仪的故障，而改进的 GLT 法则能够顺利地检测并隔离出 7、8 和 9 号陀螺仪故障。

本小节提出了一种新的计算解耦矩阵的方法：选取配置矩阵的正交投影阵行向量组的一个极大无关组并进行施密特正交化。对此方法进行了仿真验证，把改进前和改进后对于常值故障的故障检测效果进行仿真对比，说明改进方法是正确的。

5.4 改进主元分析法故障检测方法

5.4.1 主元分析法故障检测原理

根据文献[121]，在冗余捷联惯组的故障检测过程中，采集传感器信号列成一个$n\times m$的数据矩阵，其中n为采样节拍个数，m为惯性传感器的个数，并令这个$n\times m$的数据矩阵为$\boldsymbol{X}$。矩阵$\boldsymbol{X}$可以分解为m个向量的外积之和，即

$$\boldsymbol{X}=\boldsymbol{t}_1\boldsymbol{p}_1^{\mathrm{T}}+\boldsymbol{t}_2\boldsymbol{p}_2^{\mathrm{T}}+\cdots+\boldsymbol{t}_m\boldsymbol{p}_m^{\mathrm{T}} \tag{5-29}$$

式中，$\boldsymbol{t}_i\in\boldsymbol{R}^n(i=1,2,\cdots,m)$，为得分向量；$\boldsymbol{p}_i\in\boldsymbol{R}^m(i=1,2,\cdots,m)$，为载荷向量。$\boldsymbol{X}$的分向量称为$\boldsymbol{X}$的主元，即冗余惯性传感器信号的主元。

式(5-29)也可以写为下列矩阵形式：

$$\boldsymbol{X}=\boldsymbol{T}\boldsymbol{P}^{\mathrm{T}} \tag{5-30}$$

式中，$\boldsymbol{T}=\begin{bmatrix}\boldsymbol{t}_1 & \boldsymbol{t}_2 & \cdots & \boldsymbol{t}_n\end{bmatrix}$，为得分矩阵；$\boldsymbol{P}=\begin{bmatrix}\boldsymbol{p}_1 & \boldsymbol{p}_2 & \cdots & \boldsymbol{p}_m\end{bmatrix}$，为载荷矩阵。

各个得分向量之间是正交的，即对任何i和j，当$i\neq j$时，满足$\boldsymbol{t}_i^{\mathrm{T}}\boldsymbol{t}_j=0$。

各个载荷向量之间也是互相正交的，同时每个载荷向量的长度都为1，即

$$\begin{cases}\boldsymbol{p}_i^{\mathrm{T}}\boldsymbol{p}_j=1, & i=j\\ \boldsymbol{p}_i^{\mathrm{T}}\boldsymbol{p}_j=0, & i\neq j\end{cases} \tag{5-31}$$

将式(5-29)等号两侧同时右乘$\boldsymbol{p}_i$，可以得到下式：

$$\boldsymbol{X}\boldsymbol{p}_i=\boldsymbol{t}_1\boldsymbol{p}_1^{\mathrm{T}}\boldsymbol{p}_i+\boldsymbol{t}_2\boldsymbol{p}_2^{\mathrm{T}}\boldsymbol{p}_i+\cdots+\boldsymbol{t}_i\boldsymbol{p}_i^{\mathrm{T}}\boldsymbol{p}_i+\cdots+\boldsymbol{t}_m\boldsymbol{p}_m^{\mathrm{T}}\boldsymbol{p}_i \tag{5-32}$$

因此有

$$\boldsymbol{t}_i=\boldsymbol{X}\boldsymbol{p}_i \tag{5-33}$$

式(5-33)说明每一个得分向量实际上是数据矩阵$\boldsymbol{X}$在和这个得分向量相对应的载荷向量方向上的投影。向量$\boldsymbol{t}_i$的长度反映了数据矩阵$\boldsymbol{X}$在$\boldsymbol{p}_i$方向上的覆盖程度，它的长度越大，$\boldsymbol{X}$在$\boldsymbol{p}_i$方向上的覆盖程度或变化范围越大。如果将得分向量按其长度做以下排列：

$$\|\boldsymbol{t}_1\|>\|\boldsymbol{t}_2\|>\cdots>\|\boldsymbol{t}_m\| \tag{5-34}$$

那么载荷向量$\boldsymbol{p}_1$将代表数据矩阵$\boldsymbol{X}$变化最大的方向，$\boldsymbol{p}_2$与$\boldsymbol{p}_1$垂直并代表数据矩阵$\boldsymbol{X}$变化第二大的方向，$\boldsymbol{p}_m$将代表数据矩阵$\boldsymbol{X}$变化最小的方向。

当数据矩阵$\boldsymbol{X}$中的变量间存在一定程度的线性相关时，数据矩阵$\boldsymbol{X}$的变化将主要体现在最前面的几个载荷向量方向上。数据矩阵$\boldsymbol{X}$在最后面的几个载荷

向量方向上的投影将会很小，它们主要是测量噪声引起的。这样就可以将数据矩阵 $\boldsymbol{X}$ 进行主元分解后写成下式：

$$\boldsymbol{X}=\boldsymbol{t}_1\boldsymbol{p}_1^{\mathrm{T}}+\boldsymbol{t}_2\boldsymbol{p}_2^{\mathrm{T}}+\cdots+\boldsymbol{t}_k\boldsymbol{p}_k^{\mathrm{T}}+\boldsymbol{E} \tag{5-35}$$

式中，$\boldsymbol{E}$ 为误差矩阵，代表 $\boldsymbol{X}$ 在 $\boldsymbol{p}_{k+l}$ 到 $\boldsymbol{p}_m$ 等载荷向量方向上的变化。在很多实际应用中，k 往往比 m 小得多。由于误差矩阵 $\boldsymbol{E}$ 主要是测量噪声引起的，忽略 $\boldsymbol{E}$ 往往会起到清除测量噪声的效果，不会引起数据中有用信息的明显损失。因而数据矩阵 $\boldsymbol{X}$ 可以近似地表示为

$$\boldsymbol{X}=\boldsymbol{t}_1\boldsymbol{p}_1^{\mathrm{T}}+\boldsymbol{t}_2\boldsymbol{p}_2^{\mathrm{T}}+\cdots+\boldsymbol{t}_k\boldsymbol{p}_k^{\mathrm{T}} \tag{5-36}$$

对数据矩阵 $\boldsymbol{X}$ 进行主元分析，实际上等效于对 $\boldsymbol{X}$ 的协方差矩阵 $\boldsymbol{X}^{\mathrm{T}}\boldsymbol{X}$ 进行向量分析。数据矩阵 $\boldsymbol{X}$ 的载荷向量实际上是 $\boldsymbol{X}^{\mathrm{T}}\boldsymbol{X}$ 的特征向量。如果将 $\boldsymbol{X}^{\mathrm{T}}\boldsymbol{X}$ 的特征值做如下排列：$\lambda_1\geqslant\lambda_2\geqslant\cdots\geqslant\lambda_m$，那么与这些特征值相对应的特征向量 $\boldsymbol{p}_1,\boldsymbol{p}_2,\cdots,\boldsymbol{p}_m$，即为数据矩阵 $\boldsymbol{X}$ 的向量。

主元分析可以通过非线性迭代偏最小二乘(non-linear iterative partial least squares，NIPALS)算法来计算。NIPALS 算法分别计算矩阵的各个主元。

冗余惯性传感器的故障检测是利用冗余惯性传感器的主元模型，通过 T^2 统计量与 Q 统计量对冗余惯性传感器进行故障检测。

1. T^2 统计量

T^2 统计量由 Hotelling 于 1931 年提出，定义式为

$$T^2=\sum_{i=1}^{k}(t_i/\sqrt{\lambda_i})=\left\|\Sigma^{-0.5}\hat{\boldsymbol{p}}^{\mathrm{T}}\boldsymbol{X}_i\right\|^2=\boldsymbol{X}_i\hat{\boldsymbol{p}}\Sigma^{-1}\hat{\boldsymbol{p}}^{\mathrm{T}}\boldsymbol{X}_i^{\mathrm{T}} \tag{5-37}$$

式中，t_i 为测量样本的第 i 个主元得分；λ_i 为协方差矩阵的第 i 个特征值；$\boldsymbol{X}_i$ 为第 i 时刻的采样值；$\hat{\boldsymbol{p}}$ 为主元模型的载荷矩阵；$\Sigma=\mathrm{diag}(\lambda_1,\lambda_2,\cdots,\lambda_k)$。显然，$T^2$ 统计量是多个变量共同累加的标量，表示了数据点到模型中心的距离(建模经过标准化后，中心在原点)，因此它的大小反映了新数据偏离正常状态的程度。式(5-37)中除以 $\sqrt{\lambda_i}$ 的目的是使得各主元具有相同的影响力。建模时根据正常状态下的数据求出 T^2 统计量的控制限，然后通过判断新数据的 T^2 统计量的值是否在控制限以下，就可以判断系统是否运行在正常状态。主元分析在确定 T^2 统计量的控制限时，假定各过程变量互相独立，且服从同一正态分布。

因此，对于已经标准化(均值为 0，方差为 1)后的监测向量 $\boldsymbol{X}$，经过线性变换后得到的向量 $\Sigma^{-0.5}\boldsymbol{p}_k^{\mathrm{T}}\boldsymbol{X}_i$ 的各元素仍服从正态分布，根据相关数学知识可知 T^2 统计量服从 χ^2 分布。

T^2统计量是监测向量$\boldsymbol{X}$按其均值标定后的2-范数的平方。对$\boldsymbol{X}$的标定是在特征向量方向上进行的，它与沿特征向量方向的标准差成反比，因此可以用一个标量阈值来表征全部n维监测空间中数据的可变性。根据显著性水平α就能确定合适的阈值(控制限)。

如果实际的均值和协方差已知，则T^2统计量遵循自由度为n的χ分布，其阈值为

$$T_\alpha^2 = \chi_\alpha^2(n) \tag{5-38}$$

如果实际协方差未知，则T^2统计量服从F分布，T^2统计量阈值为

$$T_\alpha^2 = \frac{k(m-1)}{m-k} F_{k,m-k,\alpha} \tag{5-39}$$

式中，$F_{k,m-k,\alpha}$是对应于检验水平为α，自由度为k，$m-k$条件下的F分布的临界值(查常用数理统计表求得)。

可见，T^2统计量针对的是主元子空间，即只包含主元得分的信息，反映主元模型内部的变动情况。正常情况下，T^2统计量应小于阈值T_α^2。

2. Q统计量

基于Hotelling的T^2统计方法，假设只能检验主元子空间中某些变量的变动，如果某一测量变量没有很好地体现在主元模型中，那么这种变量的故障也就无法通过该方法进行检测。这种情况下可以考虑通过分析新的测量数据的残差进行故障检测，即Q统计量，也被称为主元模型的平方预测误差(squared prediction error，SPE)。Q统计量在第i刻的值是个标量，它表示此时刻测量值$\boldsymbol{X}_i$对主元模型的偏差程度，是模型外部数据变化的一种测度。SPE式如下：

$$\text{SPE} = \left\|\boldsymbol{X} - \hat{\boldsymbol{X}}\right\|^2 \tag{5-40}$$

式中，$\hat{\boldsymbol{X}}$为主元模型的预测值。可以看出，SPE 为向量$\boldsymbol{X}$残差空间(CS)的投影的平方。进一步地推导如下：

$$\begin{aligned}
\text{SPE} &= \left\|\boldsymbol{X} - \hat{\boldsymbol{X}}\right\|^2 = \left\|\boldsymbol{X}(\boldsymbol{I} - \boldsymbol{C})\right\|^2 \\
&= [\boldsymbol{X}(\boldsymbol{I} - \boldsymbol{C})][\boldsymbol{X}(\boldsymbol{I} - \boldsymbol{C})]^{\mathrm{T}} \\
&= \boldsymbol{X}(\boldsymbol{I} - \boldsymbol{C})(\boldsymbol{I} - \boldsymbol{C})^{\mathrm{T}} \boldsymbol{X}^{\mathrm{T}} \\
&= \boldsymbol{X}(\boldsymbol{I} - \boldsymbol{C})^2 \boldsymbol{X}^{\mathrm{T}} \\
&= \boldsymbol{X}(\boldsymbol{I} - \hat{\boldsymbol{P}}\hat{\boldsymbol{P}}^{\mathrm{T}})^2 \boldsymbol{X}^{\mathrm{T}} \\
&\approx \boldsymbol{X}(\boldsymbol{I} - 2\hat{\boldsymbol{P}}\hat{\boldsymbol{P}}^{\mathrm{T}} + \hat{\boldsymbol{P}}\hat{\boldsymbol{P}}^{\mathrm{T}}\hat{\boldsymbol{P}}\hat{\boldsymbol{P}}^{\mathrm{T}})\boldsymbol{X}^{\mathrm{T}}
\end{aligned} \tag{5-41}$$

又因为 $\hat{\boldsymbol{P}}$ 的列是正交特征向量，所以有 $\hat{\boldsymbol{P}}^{\mathrm{T}}\hat{\boldsymbol{P}}=\boldsymbol{I}$，代入式(5-41)可得

$$\mathrm{SPE}=\boldsymbol{X}(\boldsymbol{I}-\hat{\boldsymbol{P}}\hat{\boldsymbol{P}}^{\mathrm{T}})\boldsymbol{X}^{\mathrm{T}} \tag{5-42}$$

对第 i 时刻来说：

$$Q_i=\boldsymbol{e}_i\boldsymbol{e}_i^{\mathrm{T}}=\boldsymbol{X}_i(\boldsymbol{I}-\hat{\boldsymbol{P}}\hat{\boldsymbol{P}}^{\mathrm{T}})\boldsymbol{X}_i^{\mathrm{T}} \tag{5-43}$$

式中，$\boldsymbol{e}_i$ 是残差 $\boldsymbol{e}$ 的第 i 行；$\hat{\boldsymbol{P}}$ 是主元模型的载荷矩阵。Q 统计量代表数据中未被主元模型解释的数据变化。当 SPE 值超出控制限时，说明过程中出现了异常的情况。

Q 统计量的分布可以按照 Tackson 和 Mudholkar 的方法来近似：

$$Q_\alpha=\theta_1\left[\frac{C_\alpha\sqrt{2\theta_2h_0^2}}{\theta_1}+1+\frac{\theta_2h_0(h_0-1)}{\theta_1^2}\right]^{\frac{1}{h_0}} \tag{5-44}$$

式中，

$$\theta_1=\sum_{i=k+1}^{n}\lambda_i,\quad \theta_2=\sum_{i=k+1}^{n}\lambda_i^2,\quad h_0=1-\frac{2\theta_1\theta_3}{3\theta_2^2},\quad \theta_3=\sum_{i=k+1}^{n}\lambda_i^3 \tag{5-45}$$

λ_i 为标准化处理后数据矩阵 $\boldsymbol{X}$ 的协方差矩阵的特征值；C_α 为正态分布在检验水平为 α 时的临界值。

若 $Q_i<Q_\alpha$，说明第 i 时刻的 SPE 值正常。由于 SPE 值是多个变量综合作用的结果，因而 SPE 图可对多个变量同时进行监控。

冗余惯性传感器利用 Q 统计量与 T^2 统计量对传感器故障进行检测，当 Q 统计量与 T^2 统计量超出控制限时，表明至少有一个传感器发生故障，需要对冗余惯性传感器进行故障识别，判断是哪一个或者哪几个传感器发生故障。

1) 基本步骤

(1) 收集三正交惯组的输出信息，构成传感器数据样本 $Y^{m\times n}$，m 为采样节拍个数，n 为传感器个数。

(2) 计算冗余惯组的输出信息 M (正六面体和三正交两斜置配置结构)。

(3) 对 M 进行标准化，得到标准化数据矩阵 $\boldsymbol{X}$。

(4) 计算数据矩阵 $\boldsymbol{X}$ 的协方差矩阵 $\boldsymbol{S}$。

(5) 计算 $\boldsymbol{S}$ 的特征值矩阵和特征向量矩阵。

(6) 确定主元个数 k。

(7) 根据 k 确定主元模型的载荷向量矩阵 $\boldsymbol{P}$。

(8) 计算 T^2 统计量和 Q 统计量的控制限，计算公式如下：

$$\begin{cases} T_{\alpha}^{2} = \dfrac{k(n-1)}{n-k} F_{k,n-k,a} \\ Q_{\alpha} = \theta_{1}\left[\dfrac{C_{\alpha}\sqrt{2\theta_{2}h_{0}^{2}}}{\theta_{1}} + 1 + \dfrac{\theta_{2}h_{0}(h_{0}-1)}{\theta_{1}^{2}}\right]^{\frac{1}{h_{0}}} \end{cases} \tag{5-46}$$

式中：

$$\theta_1 = \sum_{i=k+1}^{n} \lambda_i,\quad \theta_2 = \sum_{i=k+1}^{n} \lambda_i^2,\quad h_0 = 1 - \frac{2\theta_1\theta_3}{3\theta_2^2},\quad \theta_3 = \sum_{i=k+1}^{n} \lambda_i^3 \tag{5-47}$$

λ_i 为标准化处理后数据矩阵 $\boldsymbol{X}$ 的协方差矩阵的特征值；C_{α} 为正态分布在检验水平为 α 时的临界值。

(9) 导入冗余惯组的待检验数据。

(10) 计算每组数据的 T^2 统计量和 Q 统计量的值：

$$\begin{cases} T_i^2 = \boldsymbol{X}_i \hat{\boldsymbol{P}} \mathrm{diag}(\lambda_{1,2,\cdots,i}) \hat{\boldsymbol{P}}^{\mathrm{T}} \boldsymbol{X}_i^{\mathrm{T}} \\ Q_i = \boldsymbol{e}_i \boldsymbol{e}_i^{\mathrm{T}} = \boldsymbol{X}_i (\boldsymbol{I} - \hat{\boldsymbol{P}}\hat{\boldsymbol{P}}^{\mathrm{T}}) \boldsymbol{X}_i^{\mathrm{T}} \end{cases} \tag{5-48}$$

(11) 绘制 SPE 图和 T^2 统计图。

(12) 绘制各个过程变量对 T^2 统计量的贡献图。

(13) 绘制各个过程变量对 Q 统计量的贡献图。

(14) 定位故障。

2) 载荷矩阵 $\boldsymbol{P}$ 的求法

载荷矩阵算法也称非线性迭代部分最小二乘算法，载荷矩阵的计算流程如下。

(1) 从 $\boldsymbol{X}$ 中任选一列 $\boldsymbol{X}_j$，并记为 $\boldsymbol{t}_1$，即 $\boldsymbol{t}_1 = \boldsymbol{X}_j$；

(2) 计算 $\boldsymbol{P}_1$：

$$\boldsymbol{P}_1^{\mathrm{T}} = \boldsymbol{t}_1^{\mathrm{T}} \boldsymbol{X} / (\boldsymbol{t}_1^{\mathrm{T}} \boldsymbol{t}_1) \tag{5-49}$$

(3) 将 $\boldsymbol{P}_1$ 的长度归一化；

(4) 计算 $\boldsymbol{t}_1$：

$$\boldsymbol{t}_1 = \boldsymbol{X}\boldsymbol{p}_1 / (\boldsymbol{p}_1^{\mathrm{T}} \boldsymbol{p}_1) \tag{5-50}$$

(5) 将步骤(1)中的 $\boldsymbol{t}_1$ 与步骤(4)中的 $\boldsymbol{t}_1$ 作比较，如果它们几乎一样，则算法收敛，计算停止，如果它们不一样，回到步骤(1)；

(6) $\boldsymbol{X} = \boldsymbol{X} - \boldsymbol{t}_1 \boldsymbol{p}_1^{\mathrm{T}}$，得到新的误差矩阵，计算其他主元即可。

3) 主元个数的确定方法

采用基于平均特征值的累计方差贡献率法来确定主元个数 k。

累计方差贡献率的定义：矩阵 $\boldsymbol{X}$ 的协方差矩阵的前 k 个特征值的和除以它的所有特征值的和(特征值按由大到小顺序排列)，它表示了前 k 个主元所解释的数据变化占全部数据变换的比例。

$$\sum_{j=1}^{k}\mathrm{Contr}(\boldsymbol{t}_j)=\sum_{j=1}^{k}\lambda_i\Big/\sum_{j=1}^{n}\lambda_i \geqslant \mathrm{cl} \tag{5-51}$$

式中，cl 是人为设定的控制限，一般选取 85%，此时满足条件的最大主元个数记为 k_1。

然后计算相关系数矩阵 $\boldsymbol{S}$ 的所有特征值的均值，选取大于均值的特征值作为主元特征值，同时舍弃掉小于均值的特征值，对应的最小的主元特征值的序号记为 k_2。

最后取 k_1、k_2 两者中的最大值为主元个数，即 $k=\max(k_1,k_2)$。

5.4.2 改进主元分析法流程

传统主元分析法只能检测出较大幅值故障，因此，提出将最大广义似然比法应用到传统的主元分析法中[121]，目的是检测小幅值故障。改进主元分析故障检测与隔离方法流程如图 5-11 所示(以典型的正六面体结构为例)。

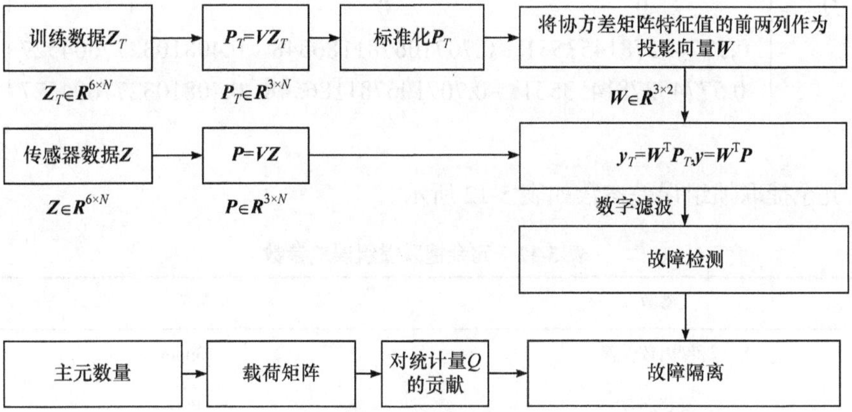

图 5-11　改进主元分析故障检测与隔离方法流程

(1) 通过安装测量矩阵计算解耦矩阵 $\boldsymbol{V}$，采集正常工作训练数据 $\boldsymbol{Z}_T$，得到训练等价向量 $\boldsymbol{P}_T$，并标准化后计算投影向量 $\boldsymbol{W}$。

(2) 应用传感器采集得到的数据 $\boldsymbol{Z}$，计算得到等价向量 $\boldsymbol{P}$，再通过投影向量得到 $\boldsymbol{y}_T$。

(3) 对 $\boldsymbol{y}_T$ 进行滤波处理。

(4) 计算统计量 Q，根据对统计量 Q 的贡献值进行故障隔离。

5.4.3 仿真分析

仿真条件：两种配置结构是正六面体和三正交两斜置，安装矩阵分别是式(5-52)和式(5-53)。

(1) 正六面体配置结构安装矩阵：

$$
\boldsymbol{H}_6 = \begin{bmatrix} 0.525731079616255 & 0 & 0.850650828439923 \\ -0.525731079616255 & 0 & 0.850650828439923 \\ 0.850650828439923 & 0.525731079616255 & 0 \\ 0.850650828439923 & -0.525731079616255 & 0 \\ 0 & 0.850650828439923 & 0.525731079616255 \\ 0 & 0.850650828439923 & -0.525731079616255 \end{bmatrix} \tag{5-52}
$$

(2) 三正交两斜置配置结构安装矩阵：

$$
\boldsymbol{H}_{32} = \begin{bmatrix} 1 & 0 & 0 \\ 0 & 1 & 0 \\ 0 & 0 & 1 \\ 0.577452781453551 & 0.707106781186548 & 0.408103277604527 \\ 0.577452781453551 & -0.707106781186548 & 0.408103277604527 \end{bmatrix} \tag{5-53}
$$

冗余捷联惯组误差参数如表 5-12 所示。

表 5-12　冗余捷联惯组误差参数

参数	数值
标度因数误差	5 / 3ppm
安装误差	$1''$
常值误差	$0.05°/\mathrm{h}$
随机游走系数	$0.05°/\sqrt{\mathrm{h}}$

仿真条件如下：在 400s 时给 5 号陀螺仪加入 $1°/\mathrm{h}$ 的常值故障。

利用图 5-11 的流程，对正六面体冗余捷联惯组进行仿真分析，结果如图 5-12～图 5-15 所示。

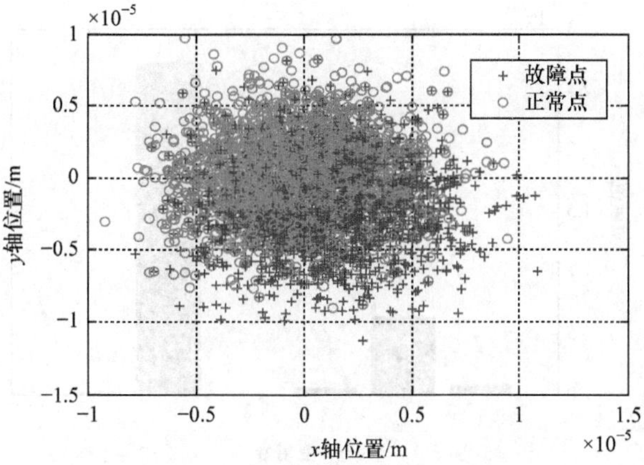

图 5-12　特征平面的投影点的分布

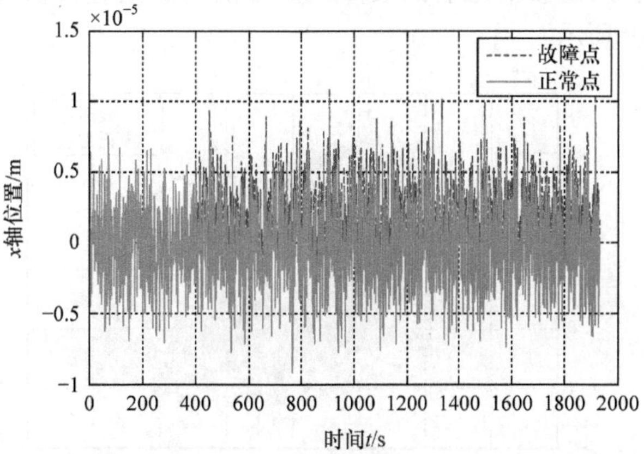

图 5-13　特征平面 x 轴位置的分布

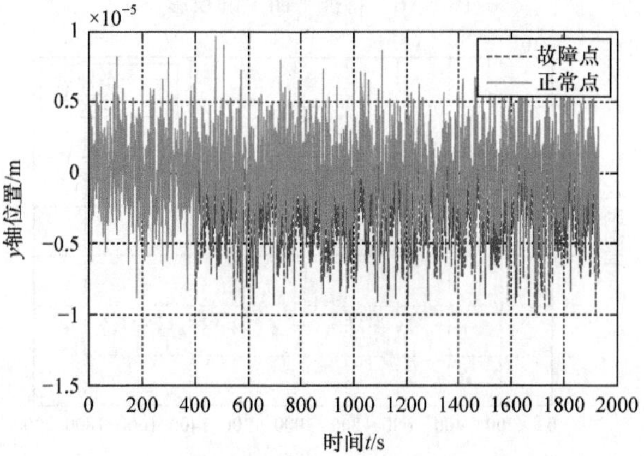

图 5-14　特征平面 y 轴位置的分布

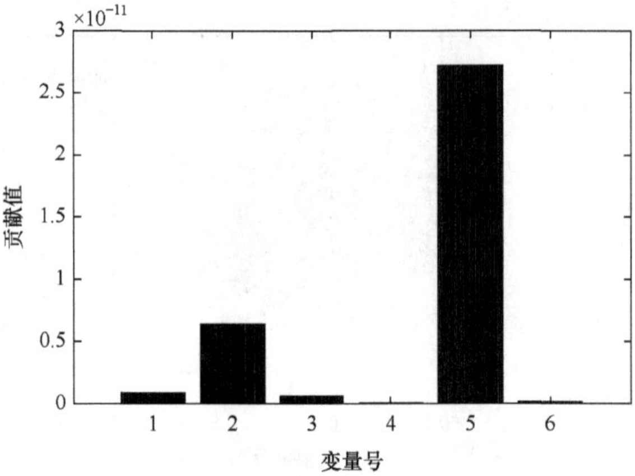

图 5-15　各个变量对统计量 Q 的贡献值

为了检验加入滤波器之后的故障检测性能，对其进行仿真分析，结果如图 5-16～图 5-19 所示。

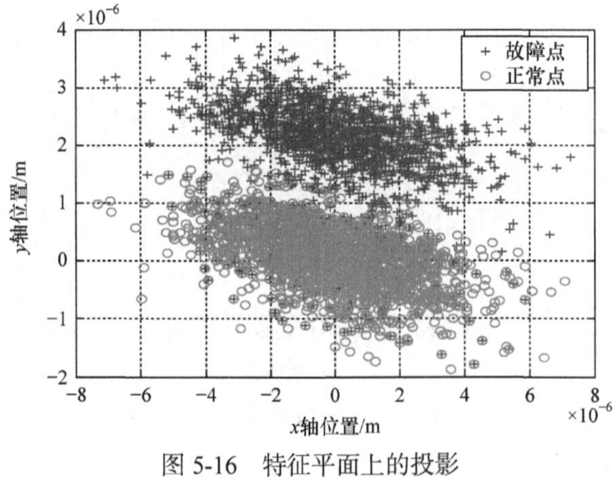

图 5-16　特征平面上的投影

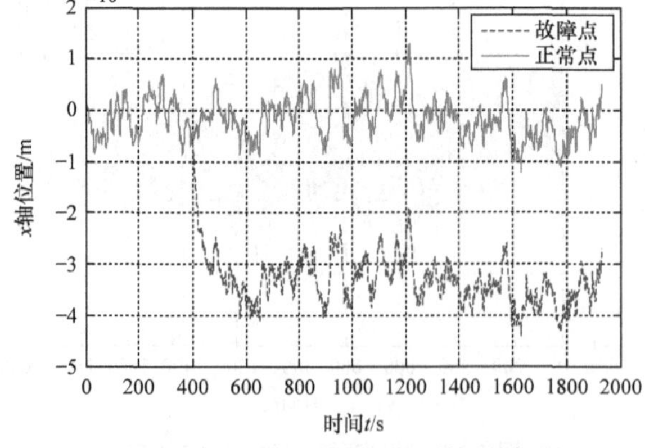

图 5-17　特征平面上的点在 x 轴上的投影

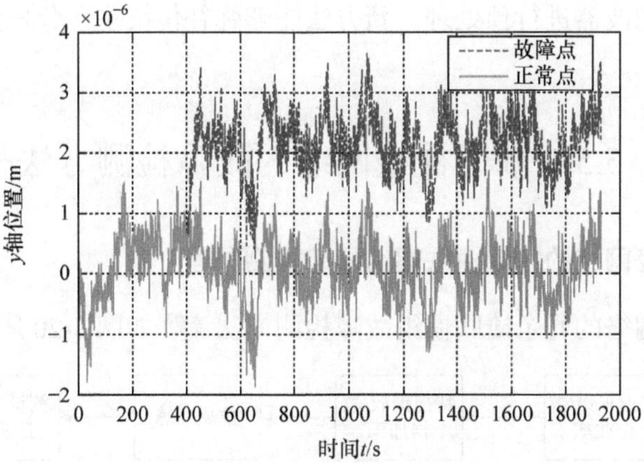

图 5-18　特征平面上的点在 y 轴上的投影

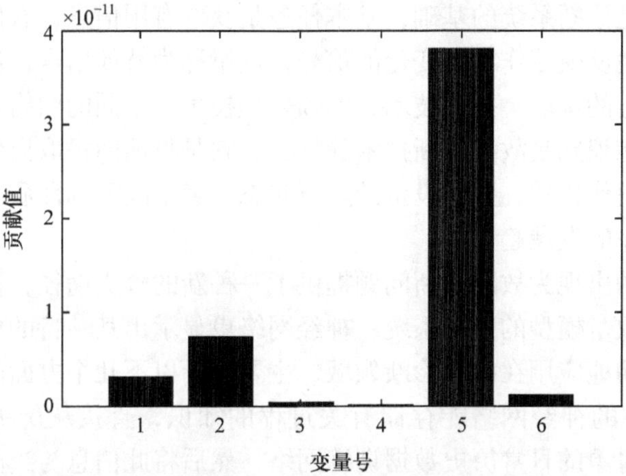

图 5-19　加入滤波器后各个变量对统计量 Q 的贡献值

图 5-16 代表的是投影位置，可以看出过程中是否发生了故障。图 5-17 代表的是随着时间变化，投影点在 x 轴的位置，图 5-18 代表的是随着时间变化，投影点在 y 轴的位置，从这两幅图中可以看出故障发生的时间。从图 5-16 可以看出，正常数据的投影点和故障数据的投影点分开了，说明已经检测到了故障，没有完全分开是因为故障只发生了一段时间而非整个过程。从图 5-17 和图 5-18 可以看出，故障发生在 400s。从图 5-19 可以看出，第 5 个传感器对统计量 Q 的贡献值最大，因此可以断定第 5 个传感器发生了故障。图 5-15 和图 5-19 有细微的差异(各个变量对统计量 Q 的贡献值不完全一致)，这是因为陀螺仪误差项包含随机误差，而故障隔离的结果是正确的。

传统的主元分析法应用在动态系统的故障诊断时，会存在故障检测效果略差但故障隔离效果很好的问题。因此，提出了一种基于广义似然比法的改进主元分析法，并使用滤波器进行预处理，新方法能够弥补传统主元分析法只能检测大幅值故障的不足。

5.5　基于神经网络的故障检测方法

5.5.1　基于神经网络的冗余捷联惯组故障检测原理

基于神经网络的冗余捷联惯组故障检测方法流程如图 5-20 所示。

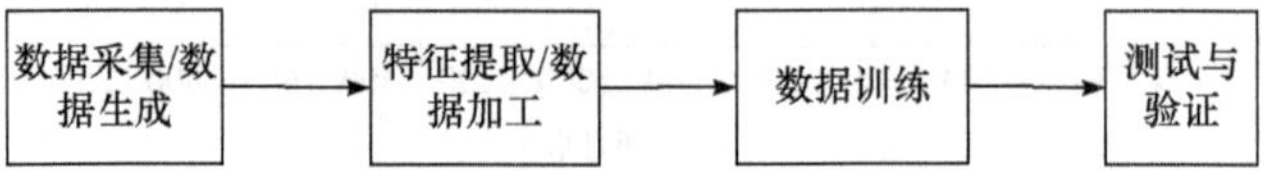

图 5-20　基于神经网络的冗余捷联惯组故障检测方法流程

数据采集是诊断系统的基础，基本任务是获取有用信息，有用信息为能实时采集且能敏感地反映工作状态变化的信号，这里称为特征信号；信号的分析和处理就是特征信号的选取、提取技术，即预处理技术，不同的网络对信号的预处理技术不同；状态识别是故障诊断技术的核心，它是将前面提取出的特征向量不断与阈值或正常值作比较，判断设备的运行状态，确定故障的性质、类别、部位和原因，预测故障的发展趋势。

神经网络的出现为故障诊断问题提供了一种新的解决途径，特别是对于在实际中难以建立数学模型的复杂系统，神经网络更显示出其独特的作用。神经网络之所以可以成功地应用在故障诊断领域，主要基于以下几个方面的特点。

(1) 训练过的神经网络能存储有关过程的知识，直接从历史故障信息中学习。可以根据对象的日常历史数据训练网络，然后将此信息与当前测量数据进行比较，从而确定故障类型。

(2) 神经网络具有滤除噪声及在有噪声的情况下得出正确结论的能力，可以训练神经网络来识别故障信息，使其在噪声环境中有效工作，这种滤除噪声的能力使得神经网络适合在线故障检测和诊断。

(3) 神经网络具有分辨故障原因及故障类型的能力。

基于神经网络的故障检测结构图如图 5-21 所示。

神经网络将已有数据和已有故障模式作为样本，通过学习得出数据量与故障模式间的映射关系。神经网络可以连续学习，如果环境发生改变，这种映射关系还可以自适应地进行调整，是一种自适应的模式识别技术，实现了对人类经验思维的模拟。神经网络的特性由其拓扑结构、学习和训练规则所决定，它不需要预先给出相关模式的经验知识和判别函数，可以通过自身的学习机制自动形成所要求的决策区域。经过训练的神经网络可以存储有关过程的信息，根据对象的历史

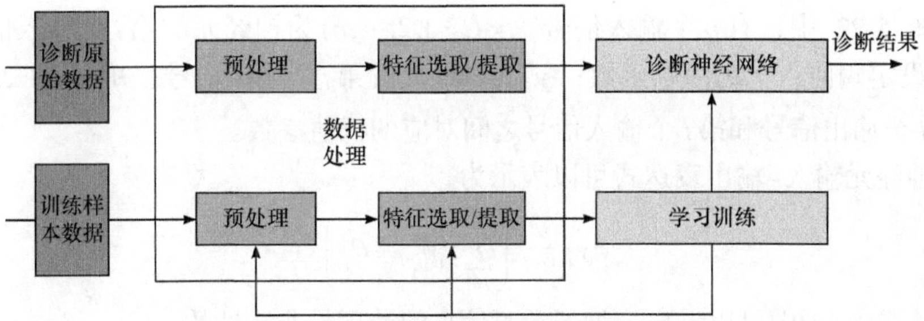

图 5-21　基于神经网络的故障检测结构图

训练数据与当前的测量数据对比确定故障。基于神经网络的故障诊断，神经网络的输入神经元是故障的特征信号，输出神经元是故障原因。

5.5.2　冗余捷联惯组故障特征提取和训练分类

1. 故障特征提取

在实际诊断过程中，为了使诊断准确可靠，应采集尽可能多的样本，以获得足够的故障信息。但样本太多会占用大量的存储空间和计算时间，太多的特征输入也会导致训练过程低效，甚至阻碍训练的收敛，最终影响分类精度。因此，需要从样本中提取对诊断故障贡献大的有用信息，即特征提取。

特征提取是利用已有的特征参数构造 1 个较低维数的特征空间，将原始特征中蕴含的有用信息映射到少数几个特征上，忽略多数的不相干信息。数学意义上就是将 1 个n维向量$\boldsymbol{X}=[x_1,x_2,\cdots,x_n]^{\mathrm{T}}$进行降维变换至低维向量$\boldsymbol{Y}=[y_1,y_2,\cdots,y_m]^{\mathrm{T}}$，$m<n$，其中$\boldsymbol{Y}$含有向量$\boldsymbol{X}$的主要特性。

特征提取的方法众多，常用的主元特征提取就是依据输入变量的线性变换，由输入变量互相关矩阵的主要特征的大小来确定坐标变换和变量压缩。

依照相关识别向量的幅值来估计特征，其目的是在数据空间中找出一组m个正交矢量，它们能最大可能地表示数据方差，以便将数据从原始的n维向量映射到这组正交矢量所组成的m维向量上，从而完成降维任务($m<n$)。

利用主元分析法可以对数据变量降维，因此，针对冗余捷联惯组也可以采用 5.4.1 小节中的主元分析法进行降维，从而进行特征提取。

2. BP 神经网络训练

神经元是一个具有多输入–单输出的非线性元件，是神经网络的基本组成单元，其模型结构如图 5-22 所示。

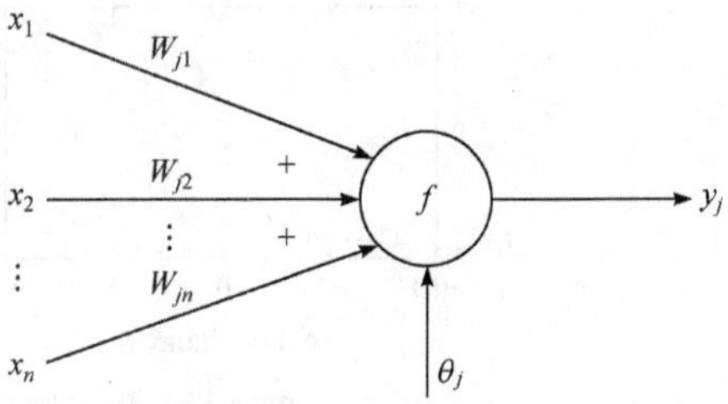

图 5-22　神经元结构

图 5-22 中，有 n 个输入信号，$x_i(i=1,2,\cdots,n)$ 为神经元的第 i 个输入信号；θ_j 为设定阈值；f 为激励函数；y_j 为神经元的第 j 个输出信号；$W_{ji}(i=1,2,\cdots,n)$ 为第 j 个输出信号和第 i 个输入信号之间对应的权值参数。

神经元输入–输出表达式可以表示为

$$y_j = f\left(\sum_{i=1}^{n} x_i W_{ji} - \theta_j\right) \tag{5-54}$$

从式(5-54)中可以看出，神经元对信息的处理是非线性的。

激励函数在神经网络的应用中占据重要的地位，输入信号通过激励函数可以实现对输出信号的激励。将输入信号转换成要求范围内的输出信号，选取不同的激励函数得到神经元的输出特性也将不同。下面为四种常见的激励函数。

Sigmoid 函数：

$$R = \frac{1}{1+e^{-y}} \tag{5-55}$$

Tanh 函数：

$$R = \frac{e^{y}-e^{-y}}{e^{y}+e^{-y}} \tag{5-56}$$

Softsign 函数：

$$R = \frac{y}{1+|y|} \tag{5-57}$$

ReLU 函数：

$$R = \max(0, y) \tag{5-58}$$

上述 4 种激励函数的输入–输出关系曲线图分别对应图 5-23 中(a)～(d)。

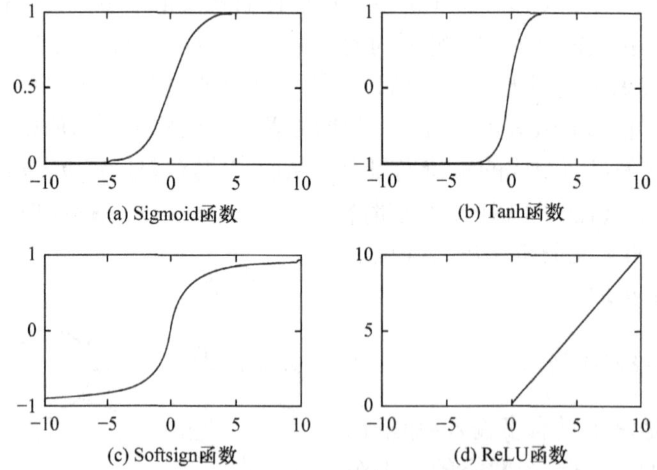

图 5-23　激励函数的输入–输出关系曲线

反向传播(back propagation，BP)神经网络结构分为输入层、隐含层和输出层，同层神经元之间没有连接，每一层神经元的输出通过权值计算后作为下一层神经元的输入。BP 神经网络可以有一个隐含层或多个隐含层，各隐含层的输入和输出都是从除本层以外的其他层而来，通常情况下只取一层就可以满足设计要求，图 5-24 为一个三层 BP 神经网络结构。

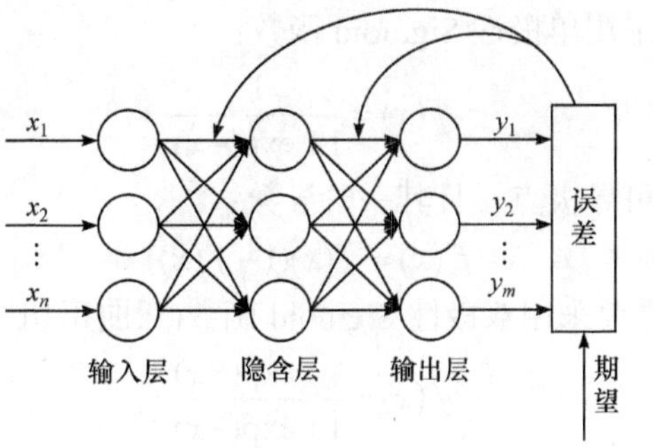

图 5-24　三层 BP 神经网络结构

从图 5-24 中可以看出，BP 神经网络算法的工作过程大致可以分为两个阶段：

第一阶段为前向传播，通过 BP 神经网络对输入数据进行计算，得到的输出数据作为下一层神经元的输入数据，再对其进行计算，直到得到最后一层输出数据。

第二阶段为反向传播，计算输出层神经元的输出误差，并逐层反向计算各层神经元的输出误差，根据误差梯度下降法来调节各层间的连接权重，使修改后的网络输出与期望输出的误差尽可能小。

BP 神经网络算法的指导思想：对网络的权值和阈值的修正应沿着表现函数下降最快的方向——负梯度方向。权值和阈值的修正如式(5-59)所示：

$$\boldsymbol{x}_{k+1} = \boldsymbol{x}_k - \alpha_k g_k \tag{5-59}$$

式中，$\boldsymbol{x}_k$ 是当前的权值和阈值矩阵；α_k 是学习速率；g_k 是当前表现函数的梯度。

假设三层 BP 神经网络，当第 P 个样本的输出节点 k 的期望输出为 t_k^p 时，BP 神经网络算法工作过程如下。

第一阶段：前向传播，计算各层神经元的净输入和输出。

(1) 隐含层第 j 个节点的净输入为

$$\text{net}_j = \sum_{i=1}^{I} w_{ji} x_i - \theta_j \tag{5-60}$$

(2) 隐含层第 j 个节点的输出为

$$y_j = f(\text{net}_j) = f\left(\sum_{i=1}^{I} w_{ji} x_i - \theta_j\right) \tag{5-61}$$

(3) 输出层第 k 个节点的净输入为

$$\mathrm{net}_k = \sum_{j=1}^{m} w_{kj} x_i - \theta_k \tag{5-62}$$

(4) 输出层第 k 个节点的输出为

$$y_k = f(\mathrm{net}_k) = f\left(\sum_{j=1}^{m} w_{kj} x_j - \theta_k\right) \tag{5-63}$$

激励函数 $f(x)$ 采用单极性 Sigmoid 函数：

$$f(x) = \frac{1}{1+\exp(-x)} \tag{5-64}$$

$f(x)$ 具有连续可导极点，且其一阶导数：

$$f'(x) = f(x)(1-f(x)) \tag{5-65}$$

通常也可根据需要采用双极性 Sigmoid 函数(双曲正切 S 函数)：

$$f(x) = \frac{1-\exp(-x)}{1+\exp(-x)} \tag{5-66}$$

本书中，采用的激励函数就是双极性 Sigmoid 函数。

第二阶段：反向传播，即由输出层开始逐层计算各层神经元的输出误差，并根据误差梯度下降原则来调节连接权重及各层神经元的阈值，使修改后网络的实际输出接近期望值，即误差减小。

(5) 用方差表示期望输出与实际输出之间的误差 E：

$$E = \frac{1}{2}\sum_{k=1}^{n}(t_k - y_k)^2 \tag{5-67}$$

采用批量训练的误差函数定义为

$$E = \frac{1}{2}\sum_{p=1}^{P}\sum_{k=1}^{n}(t_k^p - y_k^p)^2,\quad p = 1,2,\cdots,P \tag{5-68}$$

式中，P 为总训练样本个数。

将 E 展开至隐含层：

$$E = \frac{1}{2}\sum_{p=1}^{P}\sum_{k=1}^{n}(t_k^p - y_k^p)^2 = \frac{1}{2}\sum_{p=1}^{P}\sum_{k=1}^{n}\left(t_k^p - f^p\left(\sum_{j=1}^{m} w_{kj} y_j - \theta_k\right)\right)^2,\quad p = 1,2,\cdots,P \tag{5-69}$$

将 E 展开至输入层：

$$\begin{aligned} E &= \frac{1}{2}\sum_{p=1}^{P}\sum_{k=1}^{n}(t_k^p - y_k^p)^2 = \frac{1}{2}\sum_{p=1}^{P}\sum_{k=1}^{n}\left(t_k^p - f^p\left(\sum_{j=1}^{m} w_{kj} y_j - \theta_k\right)\right)^2 \\ &= \frac{1}{2}\sum_{p=1}^{P}\sum_{k=1}^{n}\left(t_k^p - f\left(\sum_{j=1}^{m} w_{kj} f^p\left(\sum_{i=1}^{I} w_{ji} x_i\right) - \theta_j\right) - \theta_k\right)^2,\quad p = 1,2,\cdots,P \end{aligned} \tag{5-70}$$

由误差梯度下降法可知：

$$\Delta w_{kj} = -\eta \frac{\partial E}{\partial w_{kj}}，\ \Delta w_{ji} = -\eta \frac{\partial E}{\partial w_{ji}} \tag{5-71}$$

对于输出层：

$$\Delta w_{kj} = -\eta \frac{\partial E}{\partial w_{kj}} = -\eta \frac{\partial E}{\partial \mathrm{net}_k} \frac{\partial \mathrm{net}_k}{\partial w_{kj}} = -\eta \frac{\partial E}{\partial \mathrm{net}_k} y_j \tag{5-72}$$

令 $\delta_k = -\frac{\partial E}{\partial \mathrm{net}_k}$，则：

$$\begin{cases} \Delta w_{kj} = -\eta \frac{\partial E}{\partial w_{kj}} = \eta \delta_k y_j \\ \delta_k = -\frac{\partial E}{\partial \mathrm{net}_k} = -\frac{\partial E}{\partial y_k} \frac{\partial y_k}{\partial \mathrm{net}_k} = (t_k - y_k) f'(\mathrm{net}_k) \end{cases} \tag{5-73}$$

因此有

$$\delta_k = y_k(1 - y_k)(t_k - y_k) \tag{5-74}$$

对于隐含层：

$$\Delta w_{ji} = -\eta \frac{\partial E}{\partial w_{ji}} = -\eta \frac{\partial E}{\partial \mathrm{net}_j} \frac{\partial \mathrm{net}_j}{\partial w_{ji}} \tag{5-75}$$

已知有

$$\frac{\partial \mathrm{net}_j}{\partial w_{ji}} = x_i \tag{5-76}$$

因此式(5-75)等价于：

$$\Delta w_{ji} = -\eta \frac{\partial E}{\partial w_{ji}} = -\eta \frac{\partial E}{\partial \mathrm{net}_j} x_i \tag{5-77}$$

令 $\delta_j = -\frac{\partial E}{\partial \mathrm{net}_j}$，则：

$$\begin{cases} \Delta w_{ji} = -\eta \frac{\partial E}{\partial w_{ji}} = \eta \delta_j x_i \\ \delta_j = -\frac{\partial E}{\partial \mathrm{net}_j} = -\frac{\partial E}{\partial y_j} \frac{\partial y_j}{\partial \mathrm{net}_j} = -\frac{\partial E}{\partial y_i} f'(\mathrm{net}_j) \end{cases} \tag{5-78}$$

式中，

$$
\begin{aligned}
-\frac{\partial E}{\partial y_j} &= -\sum_{k=1}^{n}\frac{\partial E}{\partial \mathrm{net}_k}\frac{\partial \mathrm{net}_k}{\partial y_j} = -\sum_{k=1}^{n}\left(\frac{\partial E}{\partial \mathrm{net}_k}\right)\frac{\partial}{\partial y_j}\sum_{j=1}^{m} w_{kj}y_j \\
&= -\sum_{k=1}^{n}\left(\frac{\partial E}{\partial \mathrm{net}_k}\right)w_{kj} = \sum_{k=1}^{n}\delta_k w_{kj}
\end{aligned}
\tag{5-79}
$$

因此有

$$
\delta_j = y_j(1-y_j)\sum_{k=1}^{n}\delta_k w_{kj} \tag{5-80}
$$

式(5-59)～式(5-80)最终组成了 BP 神经网络的权值调整规则，其中η为学习率。

阈值θ是变化值，在修正权值的同时也需要修正，修正原理同权值修正一样。这里直接给出阈值的修正公式：

$$
\begin{cases}
\Delta\theta_k = \eta\delta_k \\
\Delta\theta_j = \eta\delta_j
\end{cases}
\tag{5-81}
$$

3. DBN 置信神经网络

1) 受限玻尔兹曼机

深度置信网络由多个受限玻尔兹曼机(restricted Boltzmann machine，RBM)组成。本小节先对 RBM 的网络结构进行介绍，然后在统计热力学的基础上建立 RBM 模型的能量函数并推导其概率分布函数，从而得到 RBM 学习算法。

2) RBM 的网络结构

玻尔兹曼机(Boltzmann machine，BM)提取特征能力强，能对无标记的样本进行识别，缺点是训练时间过长，无法准确计算神经元的各联合分布概率。为了解决 BM 的问题，Smolensky 提出了一种特殊形式的玻尔兹曼机——受限玻尔兹曼机。RBM 是 BM 的一种拓扑结构，为 DBN 模型的基石。RBM 是由可见层和隐含层组成的神经网络结构。每个 RBM 包含一个可见层和一个隐含层，可见单元与隐含单元之间双向连接，既可以把它看作是一个无向图，也可以把它看作是一个双向的有向图。RBM 的所有单元状态只取 0 或者 1，分别表示未激活状态或者激活状态，且层内的单元间不存在连接。因此，当可见单元状态已知时，隐含单元的激活状态相互独立；当隐含单元状态已知时，可见单元的激活状态相互独立。RBM 模型结构如图 5-25 所示。

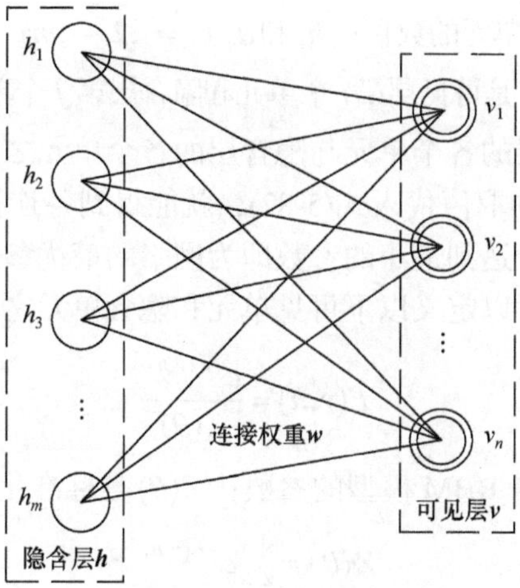

图 5-25　RBM 模型结构

在图 5-25 中，可见层有 n 个可见单元，隐含层有 m 个隐含单元；$\boldsymbol{v}=(v_1, v_2,\cdots,v_n)$ 为可见层，用于数据的输入；$\boldsymbol{h}=(h_1,h_2,\cdots,h_m)$ 为隐含层，用于抽象提取输入数据的特征，可以视为特征提取器；

$$\boldsymbol{w}=\begin{bmatrix} w_{11} & \cdots & w_{1n} \\ \vdots & & \vdots \\ w_{m1} & \cdots & w_{mn} \end{bmatrix}$$

为两层之间的连接权重。

3) 能量函数与概率分布函数

受限玻尔兹曼机是一个随机神经网络，随机神经网络根植于统计热力学，受统计热力学中能量泛函的启发，向 RBM 引入了能量函数。由于网络单元的取值状态是随机的，单单采用能量函数不能直接求出网络最优状态的参数，需要对能量函数进行概率分布计算，一般采用联合概率分布、边缘概率分布(一组概率的加和)和条件概率分布三种概率分布来分析。描述一个随机网络的性能，总结起来主要有两点：能量函数与概率分布函数。由能量函数和概率分布函数的知识学习可知，当系统越有序或者概率分布越集中时，系统的能量越小；相反地，当系统越无序或者概率分布越不集中时，系统的能量越大。因此，能量函数取最小值时，对应系统的最稳定状态，即对应网络的最优状态。

根据 RBM 模型结构，RBM 的能量函数可以定义为

$$\begin{aligned} E(\boldsymbol{v},\boldsymbol{h}) &= -\boldsymbol{v}^{\mathrm{T}}\boldsymbol{h}-\boldsymbol{b}^{\mathrm{T}}\boldsymbol{v}-\boldsymbol{a}^{\mathrm{T}}\boldsymbol{h} \\ &= -\sum_{i=1}^{n}\sum_{j=1}^{m} w_{ij}v_i h_j-\sum_{i=1}^{n} b_i v_i-\sum_{j=1}^{m} a_j h_j \end{aligned} \tag{5-82}$$

式中，n 是可见单元的数目；v_i 和 b_i $(i=1,2,\cdots,n)$ 分别是可见层第 i 个单元和其对应

的偏置量；m 是隐含层单元的数目；h_j 和 a_j $(j=1,2,\cdots,m)$ 分别是隐含层第 j 个单元和其对应的偏置量；w_{ij} 是可见层第 i 个单元和隐含层第 j 个单元之间的连接权重。

可以看出，可见层的各个单元与隐含层的各个单元之间的连接结构都存在一个能量值，将各单元的取值代入式(5-82)，就能得到各连接结构之间的能量。通过训练，整个网络能量达到最小的参数即为网络的最优参数。

根据能量函数，可以定义以下可见单元和隐含单元之间的联合概率分布：

$$P(\boldsymbol{v},\boldsymbol{h})=\frac{e^{-E(\boldsymbol{v},\boldsymbol{h})}}{Z(\boldsymbol{\theta})} \tag{5-83}$$

式中，$\boldsymbol{\theta}=\{\boldsymbol{w},\boldsymbol{b},\boldsymbol{a}\}$，是 RBM 模型的参数；$Z(\boldsymbol{\theta})$ 是标准化函数，其公式如下：

$$Z(\boldsymbol{\theta})=\sum_{v,h}e^{-E(\boldsymbol{v},\boldsymbol{h})} \tag{5-84}$$

可以推导出可见层 $\boldsymbol{v}$ 和隐含层 $\boldsymbol{h}$ 的条件概率分布，其函数如下：

$$P(\boldsymbol{v})=\frac{1}{Z(\boldsymbol{\theta})}\sum_{h}e^{-E(\boldsymbol{v},\boldsymbol{h})} \tag{5-85}$$

$$P(\boldsymbol{h})=\frac{1}{Z(\boldsymbol{\theta})}\sum_{v}e^{-E(\boldsymbol{v},\boldsymbol{h})} \tag{5-86}$$

$$P(\boldsymbol{v}\,|\,\boldsymbol{h})=\frac{P(\boldsymbol{v},\boldsymbol{h})}{P(\boldsymbol{h})}=\frac{e^{-E(\boldsymbol{v},\boldsymbol{h})}}{\sum_{v}e^{-E(\boldsymbol{v},\boldsymbol{h})}}=\prod_{i=1}^{n}p(v_i\,|\,\boldsymbol{h}) \tag{5-87}$$

$$P(\boldsymbol{h}\,|\,\boldsymbol{v})=\frac{P(\boldsymbol{v},\boldsymbol{h})}{P(\boldsymbol{v})}=\frac{e^{-E(\boldsymbol{v},\boldsymbol{h})}}{\sum_{h}e^{-E(\boldsymbol{v},\boldsymbol{h})}}=\prod_{j=1}^{n}p(h_j\,|\,\boldsymbol{v}) \tag{5-88}$$

可得隐含单元边缘概率分布：

$$\begin{aligned}P(\boldsymbol{v})&=\frac{1}{Z(\boldsymbol{\theta})}\sum_{h}e^{\boldsymbol{v}^{\mathrm{T}}\boldsymbol{h}+\boldsymbol{b}^{\mathrm{T}}\boldsymbol{v}+\boldsymbol{a}^{\mathrm{T}}\boldsymbol{h}}\\&=\frac{1}{Z(\boldsymbol{\theta})}e^{\boldsymbol{b}^{\mathrm{T}}\boldsymbol{v}}\prod_{j=1}^{m}\sum_{h_j\in(0,1)}e^{a_jh_j+\sum_{i=1}^{n}w_{ij}v_ih_j}\\&=\frac{1}{Z(\boldsymbol{\theta})}e^{\boldsymbol{b}^{\mathrm{T}}\boldsymbol{v}}\prod_{j=1}^{m}\left(1+e^{a_j+\sum_{i=1}^{n}w_{ij}v_i}\right)\end{aligned} \tag{5-89}$$

因为 RBM 的各个单元都是二值状态，所以可分别得到可见层与隐含层激活状态为 1 的条件概率分布：

$$P(h_j=1\,|\,\boldsymbol{v})=\sigma\left(b_j+\sum_{i=1}^{n}w_{ij}v_i\right) \tag{5-90}$$

$$P(v_i = 1 | \boldsymbol{h}) = \sigma\left(a_i + \sum_{j=1}^{m} w_{ij} h_j\right) \tag{5-91}$$

式中，$\sigma(x)$ 为 Sigmoid 函数，$\sigma(x) = 1/(1+e^{-x})$。从式(5-90)和式(5-91)可以看出，各可见层/隐含层神经元处于激活状态的概率是相互独立的。

由前面计算可知，在给定可见层 $\boldsymbol{v}$ 后，可以计算各隐含层 $\boldsymbol{h} = (h_1, h_2, \cdots, h_m)$ 取某种状态值的概率，然后得到反向重构可见单元 $\boldsymbol{v}^{(1)} = (v_1, v_2, \cdots, v_n)$ 取某种状态值的概率。通过反复的迭代运算，使得可见单元与反向重构后的可见单元之间的差异最小，即可以求得最优参数 $\boldsymbol{\theta}$，使得 RBM 网络训练输入数据程度达到最好。

4) 极大似然函数

由于概率分布中有大量连加与连乘，运算较为复杂，因此可将问题转化为极大似然的方法进行求解，达到简化运算的效果。

针对参数 $\boldsymbol{\theta}$，似然函数可以写成：

$$L(\boldsymbol{\theta}) = \prod_{v} L(\boldsymbol{\theta} | v) = \prod_{v} P(\boldsymbol{v}) \tag{5-92}$$

对式(5-92)取对数后求偏导，可得参数 $\boldsymbol{\theta}$ 的更新梯度公式为

$$\frac{\partial L(\boldsymbol{\theta})}{\partial \boldsymbol{\theta}} = \prod_{v} \frac{\partial L(\boldsymbol{\theta} | v)}{\partial \boldsymbol{\theta}} = \prod_{v} \frac{\partial P(\boldsymbol{v})}{\partial \boldsymbol{\theta}} \tag{5-93}$$

也可以写成：

$$\begin{cases} \dfrac{\partial \ln L(\boldsymbol{\theta})}{\partial \boldsymbol{w}} = \prod\limits_{v} \dfrac{\partial \ln L(\boldsymbol{\theta} | v)}{\partial \boldsymbol{w}} = \prod\limits_{v} \dfrac{\partial \ln P(\boldsymbol{v})}{\partial \boldsymbol{w}} \\ \dfrac{\partial \ln L(\boldsymbol{\theta})}{\partial \boldsymbol{a}} = \prod\limits_{v} \dfrac{\partial \ln L(\boldsymbol{\theta} | v)}{\partial \boldsymbol{a}} = \prod\limits_{v} \dfrac{\partial \ln P(\boldsymbol{v})}{\partial \boldsymbol{a}} \\ \dfrac{\partial \ln L(\boldsymbol{\theta})}{\partial \boldsymbol{b}} = \prod\limits_{v} \dfrac{\partial \ln L(\boldsymbol{\theta} | v)}{\partial \boldsymbol{b}} = \prod\limits_{v} \dfrac{\partial \ln P(\boldsymbol{v})}{\partial \boldsymbol{b}} \end{cases} \tag{5-94}$$

进行运算可得

$$\ln P(\boldsymbol{v}) = \ln\left(\sum_{h} e^{-E(\boldsymbol{v},\boldsymbol{h})}\right) - \ln\left(\sum_{v,h} e^{-E(\boldsymbol{v},\boldsymbol{h})}\right) \tag{5-95}$$

对 $\boldsymbol{\theta}$ 求偏导可以写成：

$$\begin{aligned} \frac{\partial \ln P(\boldsymbol{v})}{\partial \boldsymbol{\theta}} &= \frac{\partial\left(\ln\left(\sum\limits_{h} e^{-E(\boldsymbol{v},\boldsymbol{h})}\right) - \ln\left(\sum\limits_{v,h} e^{-E(\boldsymbol{v},\boldsymbol{h})}\right)\right)}{\partial \boldsymbol{\theta}} \\ &= \frac{\sum\limits_{h} e^{-E(\boldsymbol{v},\boldsymbol{h})}\left(-\dfrac{\partial E(\boldsymbol{v},\boldsymbol{h})}{\partial \boldsymbol{\theta}}\right)}{\sum\limits_{h} e^{-E(\boldsymbol{v},\boldsymbol{h})}} - \frac{\sum\limits_{v,h} e^{-E(\boldsymbol{v},\boldsymbol{h})}\left(-\dfrac{\partial E(\boldsymbol{v},\boldsymbol{h})}{\partial \boldsymbol{\theta}}\right)}{\sum\limits_{v,h} e^{-E(\boldsymbol{v},\boldsymbol{h})}} \end{aligned}$$

$$
\begin{aligned}
&=\sum_h P(\boldsymbol{h}\mid\boldsymbol{v})\left(-\frac{\partial E(\boldsymbol{v},\boldsymbol{h})}{\partial\boldsymbol{\theta}}\right)-\sum_{v,h}P(\boldsymbol{v},\boldsymbol{h})\left(-\frac{\partial E(\boldsymbol{v},\boldsymbol{h})}{\partial\boldsymbol{\theta}}\right)\\
&=\sum_h P(\boldsymbol{h}\mid\boldsymbol{v})\left(-\frac{\partial E(\boldsymbol{v},\boldsymbol{h})}{\partial\boldsymbol{\theta}}\right)-\sum_v P(\boldsymbol{v})\sum_h P(\boldsymbol{h}\mid\boldsymbol{v})\left(-\frac{\partial E(\boldsymbol{v},\boldsymbol{h})}{\partial\boldsymbol{\theta}}\right)\approx\Delta\boldsymbol{\theta}
\end{aligned}
\tag{5-96}
$$

将能量梯度函数进一步简化，由于参数$\boldsymbol{\theta}=\{\boldsymbol{w},\boldsymbol{b},\boldsymbol{a}\}$，分别对这三个参数求导可得

$$
\begin{aligned}
\frac{\partial\ln P(\boldsymbol{v})}{\partial w_{ij}}&=\sum_h P(\boldsymbol{h}\mid\boldsymbol{v})\left(-\frac{\partial E(\boldsymbol{v},\boldsymbol{h})}{\partial w_{ij}}\right)-\sum_v P(\boldsymbol{v})\sum_h P(\boldsymbol{h}\mid\boldsymbol{v})\left(-\frac{\partial E(\boldsymbol{v},\boldsymbol{h})}{\partial w_{ij}}\right)\\
&=\sum_h P(\boldsymbol{h}\mid\boldsymbol{v})v_i h_j-\sum_v P(\boldsymbol{v})\sum_h P(\boldsymbol{h}\mid\boldsymbol{v})v_i h_j\\
&=P(h_j=1\mid\boldsymbol{v})v_i-\sum_v P(\boldsymbol{v})P(h_j=1\mid\boldsymbol{v})v_i\approx\Delta w_{ij}
\end{aligned}
\tag{5-97}
$$

$$
\begin{aligned}
\frac{\partial\ln P(\boldsymbol{v})}{\partial b_i}&=\sum_h P(\boldsymbol{h}\mid\boldsymbol{v})\left(-\frac{\partial E(\boldsymbol{v},\boldsymbol{h})}{\partial b_i}\right)-\sum_v P(\boldsymbol{v})\sum_h P(\boldsymbol{h}\mid\boldsymbol{v})\left(-\frac{\partial E(\boldsymbol{v},\boldsymbol{h})}{\partial b_i}\right)\\
&=\sum_h P(\boldsymbol{h}\mid\boldsymbol{v})v_i-\sum_v P(\boldsymbol{v})\sum_h P(\boldsymbol{h}\mid\boldsymbol{v})v_i\\
&=v_i-\sum_v P(\boldsymbol{v})v_i\approx\Delta b_i
\end{aligned}
\tag{5-98}
$$

$$
\begin{aligned}
\frac{\partial\ln P(\boldsymbol{v})}{\partial a_j}&=\sum_h P(\boldsymbol{h}\mid\boldsymbol{v})\left(-\frac{\partial E(\boldsymbol{v},\boldsymbol{h})}{\partial a_j}\right)-\sum_v P(\boldsymbol{v})\sum_h P(\boldsymbol{h}\mid\boldsymbol{v})\left(-\frac{\partial E(\boldsymbol{v},\boldsymbol{h})}{\partial a_j}\right)\\
&=\sum_h P(\boldsymbol{h}\mid\boldsymbol{v})h_j-\sum_v P(\boldsymbol{v})\sum_h P(\boldsymbol{h}\mid\boldsymbol{v})h_j\\
&=P(h_j=1\mid\boldsymbol{v})-\sum_v P(\boldsymbol{v})P(h_j=1\mid\boldsymbol{v})\approx\Delta a_j
\end{aligned}
\tag{5-99}
$$

v_i项为已知的训练输入样本，由$P(h_j=1|v)$项求得，而$P(\boldsymbol{v})$项通常采用吉布斯(Gibbs)分布求得，所以可得各参数的更新迭代公式为

$$
\begin{cases}
\Delta w_{ij}=\Delta w_{ij}+P(h_j=1\mid\boldsymbol{v})v_i-\dfrac{1}{l}\displaystyle\sum_{k=1}^{l}P(h_j=1\mid\boldsymbol{v}_{yk})v_{yki}\\
\Delta a_j=\Delta a_j+P(h_j=1\mid\boldsymbol{v})-\dfrac{1}{l}\displaystyle\sum_{k=1}^{l}P(h_j=1\mid\boldsymbol{v}_{yk})\\
\Delta b_i=\Delta b_i+v_i-\dfrac{1}{l}\displaystyle\sum_{k=1}^{l}v_{yki}
\end{cases}
\tag{5-100}
$$

式中，$\Delta b_i\ (i=1,2,\cdots,n)$为第$i$个可见单元对应的偏置量；$\Delta a_j\ (j=1,2,\cdots,m)$为第$j$个隐含单元对应的偏置量；$\Delta w_{ij}$为第$i$个可见单元和第$j$个隐含单元之间的连接权重；$\boldsymbol{v}=(v_1,\cdots,v_i,\cdots,v_n)$，为可见单元的状态；$\boldsymbol{v}_{yk}=(v_{yk1},\cdots,v_{yki},\cdots,v_{ykn})$，为样本是$y_k$时可见单元的状态；$P(h_j=1|\boldsymbol{v})$和$P(h_j=1|\boldsymbol{v}_{yk})$为隐含层激活状态为 1

的条件概率分布。

5) RBM 训练

RBM 训练的目的是使得训练后的模型与输入样本分布符合的概率达到最大，但是由前文对分布函数的计算分析可以知道，Gibbs 分布一般选取的样本数较多，计算的训练时间非常长。因此，为了使得 RBM 训练在保持精度的同时快速收敛，Hinton 提出了一个简化的 Gibbs 分布，称为对比散度(contrastive divergence，CD)，一般抽样步数取一步 $(k=1)$ 即可达到效果。

参数更新迭代公式可以改写成：

$$\begin{cases}\Delta w_{ij}=\Delta w_{ij}+\varepsilon(P(h_j=1\mid \boldsymbol{v})v_i-P(h_j=1\mid \boldsymbol{v}^{(1)})v_i^{(1)})\\ \Delta a_j=\Delta a_j+\varepsilon(P(h_j=1\mid \boldsymbol{v})-P(h_j=1\mid \boldsymbol{v}^{(1)}))\\ \Delta b_i=\Delta b_i+\varepsilon(v_i-v_i^{(1)})\end{cases} \tag{5-101}$$

式中，$\varepsilon(\cdot)$ 是学习率；$\boldsymbol{v}^{(1)}=(v_1^{(1)},\cdots,v_i^{(1)},\cdots,v_n^{(1)})$，是可见单元对比散度一次抽样的状态。

RBM 训练方法的步骤如下：

(1) 根据一个训练样本 $\boldsymbol{v}_1$，将其作为隐含层输入，并计算出隐含层激励概率和 $\boldsymbol{h}_1$；

(2) 将步骤(1)所求得的 $\boldsymbol{h}_1$ 代入可见层激励函数式(5-66)中，得重构后可见层 $\boldsymbol{v}_1^{(1)}$；

(3) 将步骤(2)所求得的重构后可见层 $\boldsymbol{v}_1^{(1)}$ 再次代入隐含层激励函数式(5-66)中，求得隐含层激励概率并计算出 $\boldsymbol{h}_1^{(1)}$；

(4) 计算并更新网络参数。

RBM 训练流程如图 5-26 所示。

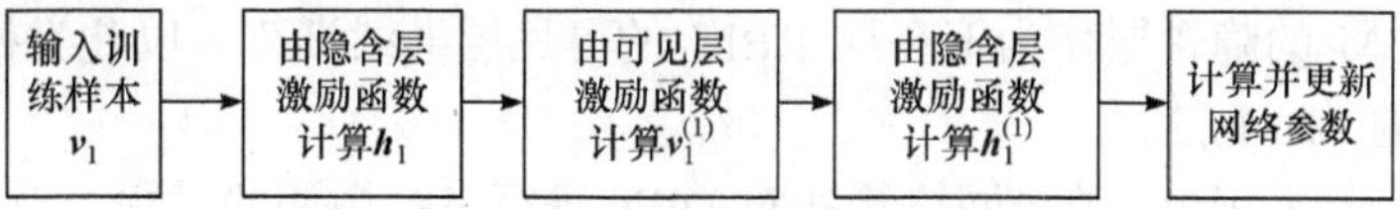

图 5-26　RBM 训练流程

6) DBN 结构

DBN 由多个 RBM 层组成，基本结构如图 5-27 所示，前一个 RBM 的隐含层即为后一个 RBM 的可见层。DBN 模型将数据从可见层输入到网络中，然后经过几个 RBM 层实现对数据进行特征提取的目的。可见单元的数目由输入数据的维数决定，输出层的单元数由需要识别数据的类别数决定。

7) DBN 训练过程

对 DBN 进行训练，即对组成 DBN 的每一个 RBM 层进行训练，图 5-28 为

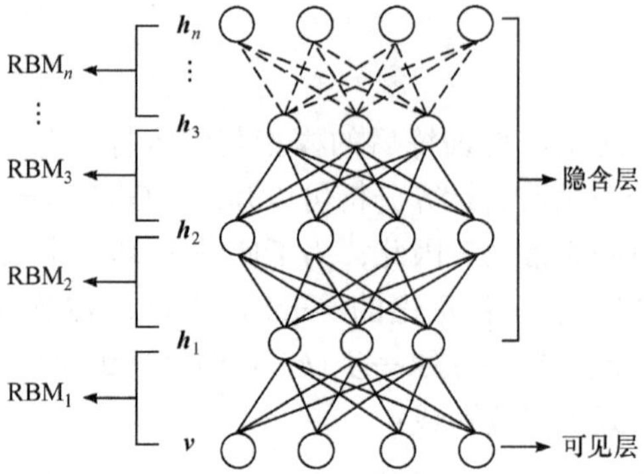

图 5-27　DBN 的基本结构

DBN 逐层训练 RBM 的过程。

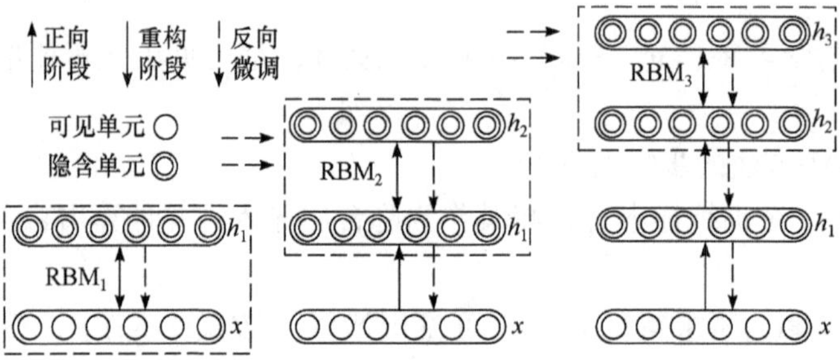

图 5-28　DBN 逐层训练 RBM 的过程

采用 DBN 逐层训练的方法，可以避免整体进行训练所带来的复杂运算，训练过程可以分为两步：

第一步是逐层训练 RBM 的过程。将训练样本输入到第一层 RBM 中作为第一层 RBM 的可见层，并对第一层 RBM 进行训练得到对应的权值和偏置量，将第一层 RBM 的隐含层作为下一层 RBM 的可见层继续训练。以此类推，直到训练完所有的 RBM 层。

第二步是采用 BP 神经网络算法对 DBN 进行参数微调的过程。对 DBN 的最后一层 RBM 提取特征，得到的输出结果与实际值对比并得到误差，再通过 BP 神经网络算法将误差从上到下分配到每一层 RBM 中来调整网络参数，经过多次调整，即可达到整个 DBN 最优。

经过仿真分析，建议使用 BP 神经网络算法进行数据训练，虽然 DBN 可以对时间序列进行训练和检测，但其第一个隐含层的节点数和输出长度需要相等(长度基本在 1000 以内)，限制了训练样本数据的长度，在实际应用中经常会出现内存溢出的情况。特征提取只需要对故障和正常工作进行二分类，因此，设置故障和正常工作为 1 和 0。

5.5.3　冗余捷联惯组故障检测的神经网络结构

BP 神经网络由输入层、隐含层和输出层组成，因此网络的设计主要是这三层网络的设计，此外还包括各层之间激励函数的选择和训练函数的选择等。需要指出的是，虽然隐含层可以有多层，但一般情况下为了减少训练网络所占用的空间，通常只选用隐含层为一层的神经网络。

1) 输入层的设计

神经网络的输入层起到缓冲寄存器的作用，其节点(也称神经元)数取决于数据源的维数。由惯组的配置可知，选取最能反映惯组工作状态的四个变量(每个惯组的惯性器件输出)作为输入变量，因此输入层神经元的个数为 4。

对于三正交两斜置配置的惯组，输入层神经元个数为 5。

2) 输出层的设计

输出层节点数取决于两个方面：输出数据类型和表示该类型所需的数据大小。当 BP 神经网络用于故障诊断时，以二进制形式来表示不同故障类型的输出结果，输出层节点数可根据故障类型来确定。

节点数即为故障类型个数 m，此时对应第 k 个故障类型的输出为

$$y_k = \frac{[00\cdots010\cdots00]}{k} \tag{5-102}$$

第 k 个节点的输出为 1，其余为 0。

节点数为 $\log_2 m$ 个，这种方式的输出是 m 个输出模式的二进制编码。对于三正交一斜置配置惯组，因为只能进行故障检测而不能进行故障隔离，所以输出就是维数为 1 行的二进制编码。对于三正交两斜置配置的惯组，输出就是维数为 5 行的二进制编码。

3) 隐含层的设计

网络的训练样本集设计好以后，神经网络的输入层与输出层节点数就确定了，只要再确定网络的隐含层数和隐含层节点数，就可完成网络的设计。

现有的理论已经证明了单隐含层的前馈神经网络能够逼近任何连续函数，只有当网络用来逼近非连续函数时，才需要两个隐含层，通常最多需要两个隐含层就可以逼近任何连续函数与非连续函数。设计网络隐含层时，一般先设计为单隐含层，通过增加隐含层的节点数来改善网络性能，如果隐含层节点数较多时仍然不能改善网络性能，再考虑增加一个隐含层。

隐含层节点数对神经网络的性能影响较大。当隐含层节点数较少时，网络的学习存储能力有限，不能够存储全部训练样本中所蕴含的特征和规律；当隐含层节点数较多时，网络训练时间必然会增长，而且还会将训练样本中非规律性的内容(如噪声或其他干扰信号等)也存储记忆于网络中，这样反而会使网络的泛化能力降低。先

根据确定隐含层节点数的经验公式：$\sqrt{m \cdot n}+\alpha$ (m 是输入节点数，n 是输出节点数，α 是调节常数，为 1～10)粗略估计节点数。将此数目作为初始节点数，再采用试凑法，针对同一样本集训练，确定网络误差最小时对应的隐含层节点数。

5.5.4　基于神经网络的冗余捷联惯组故障检测方法

神经网络故障诊断的算法：通过对标准故障特征向量集的学习，将标准故障的特征向量与故障类型之间的映射关系存储在网络的权值矩阵中，在故障诊断时，网络利用其强大的联想记忆能力回忆起存储在网络的权值矩阵中的映射关系，将待诊断样本(特征向量)输入网络，得到映射输出，通过对映射输出分析得到诊断结果。

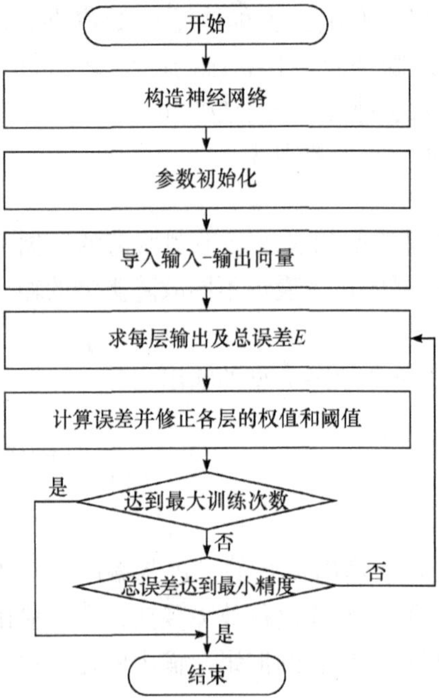

图 5-29　基于神经网络的冗余捷联惯组故障检测训练过程

基于神经网络的冗余捷联惯组故障检测训练过程如图 5-29 所示。

以下是 BP 神经网络算法训练步骤。

(1) 初始化网络参数：不同的训练函数需要初始化的参数也不同，这里以最速下降法为例，需要初始化的网络参数包括各层权值、阈值、最小误差指标、最大训练次数、学习率等。

(2) 提供训练用的学习样本：输入矩阵 $x_i^p (p=1,2,\cdots,P; i=1,2,\cdots,I)$，经过参考模型后得到目标输出 $t_k^p (p=1,2,\cdots,P; k=1,2,\cdots,n)$，经过神经网络后可得到 y_k，对每组 k 进行下面的步骤。

(3) 分别计算隐含层输出 y_j、网络输出 y_k 和总误差 E。

(4) 分别计算训练输出层误差值 δ_k 和训练隐含层误差值 δ_j，并计算修正各层的权值和阈值。

(5) 每次经过训练后，判断是否达到最大训练次数，若达到最大训练次数，则转到第(6)步，否则再判断总误差是否满足最小精度要求，即 E 是否小于最小误差指标。若满足要求则转到第(6)步，否则转到第(3)步，重新读取一组样本，继续循环训练网络。

(6) 终止训练。

5.5.5 仿真分析

表 5-13 和表 5-14 是仿真中陀螺仪和加速度计的误差模型参数。

表 5-13　陀螺仪的误差模型参数

误差源	标准差
常值偏差(σ_b)	$0.05°/\mathrm{h}$
刻度系数偏差($3\sigma_{\mathrm{sf}}$)	5×10^{-5}
安装误差($3\sigma_{\mathrm{ma}}$)	$15''$
随机误差(σ_ε)	$0.003°/\sqrt{\mathrm{h}}$

表 5-14　加速度计的误差模型参数

误差源	标准差
常值偏差(σ_b)	$5\times10^{-5}g_0$
刻度系数偏差($3\sigma_{\mathrm{sf}}$)	5×10^{-5}
安装误差($3\sigma_{\mathrm{ma}}$)	$15''$
随机误差(σ_ε)	$5\times10^{-6}g_0$
与二次项相关误差($3\sigma_{K2}$)	$5\times10^{-5}g/g_0^2$

以下分多种情况对惯组故障检测性能进行验证。

(1) 三正一斜(四表)陀螺仪实验，30 组慢漂故障组，每组故障发生时间随机，慢漂故障幅值随机($0.2°/\mathrm{h}\sim1°/\mathrm{h}$)，故障发生轴向随机(1 号～4 号陀螺仪)。每组实验进行 1000 次仿真，使用飞行数据。

图 5-30 是第 1 组实验第 1000 次故障检测结果，故障检测时采用连续 10 拍输出在 1 附近(0.95～1.05)，认为故障发生。

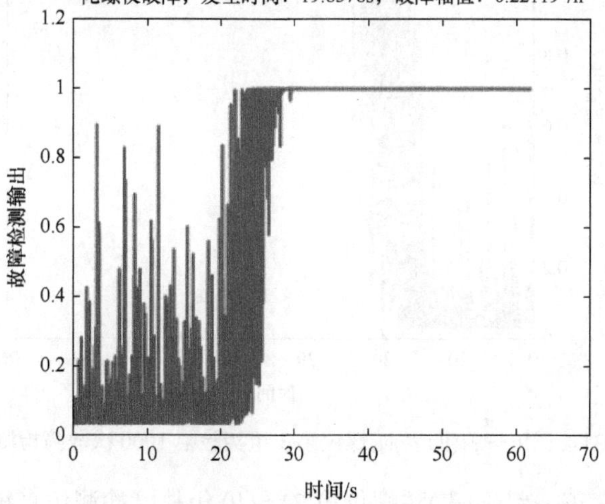

图 5-30　三正一斜(四表)陀螺仪第 1 组实验第 1000 次故障检测结果

表 5-15 是三正一斜(四表)陀螺仪第 1～10 组故障检测仿真统计结果。

表 5-15　三正一斜(四表)陀螺仪第 1～10 组故障检测仿真统计结果(飞行数据)

组号	1	2	3	4	5	6	7	8	9	10
时间/s	21.01	12.10	13.99	14.21	16.55	23.64	23.22	20.14	28.28	26.07
慢漂/(°/h)	0.81	1.11	0.20	0.94	0.65	0.94	0.74	0.28	0.71	0.72
误警率/%	0	0	0	0	0	0	0	0	0	0
<0.5s	0	0	0	0	0	0	0	0	0	0
0.5～1s	0	0	0	0	0	0.1	0.2	0	0	0.2
1～2s	50.5	99.3	0	88.9	2.5	89.4	17.2	0	10.7	11.9
2～5s	49.4	0.6	0.7	9.1	97.3	10.5	82.6	27.8	89.3	87.9
5～10s	0.1	0.1	99.3	2	0.2	0	0	72.1	0	0
>10s	0	0	0	0	0	0	0	0.1	0	0

(2) 三正一斜(四表)陀螺仪实验，100 组慢漂故障组，每组故障发生时间随机，慢漂故障幅值随机(0.2°/h～1°/h)，每组进行 1000 次仿真，每次仿真故障发生轴向随机(1 号～4 号陀螺仪)，使用飞行数据。

图 5-31 是第 3 组实验第 1000 次故障检测结果，故障检测时采用连续 10 拍输出在 1 附近(0.95～1.05)，认为故障发生。

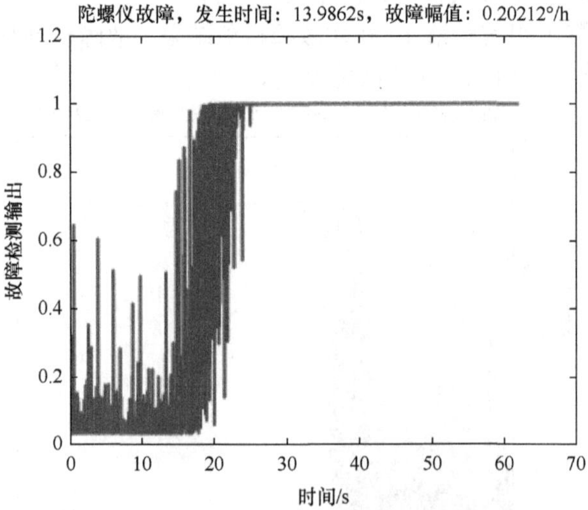

图 5-31　三正一斜(四表)陀螺仪第 3 组实验第 1000 次故障检测结果

表 5-16 是三正一斜(四表)陀螺仪第 31～40 组故障检测仿真统计结果。

表 5-16　三正一斜(四表)陀螺仪第 31～40 组故障检测仿真统计结果(飞行数据)

组号	31	32	33	34	35	36	37	38	39	40
时间/s	31.88	18.31	24.87	11.21	28.61	19.90	19.25	17.88	31.82	29.49
慢漂/(°/h)	1.06	0.19	0.51	0.21	0.28	1.22	1.05	0.56	1.39	0.19
误警率/%	0	0	0	0	0	0	0	0	0	0
<0.5s	0	0	0	0	0	0	0	0	0	0
0.5～1s	0.1	0	0	0	0	1.5	0	0	4.5	0
1～2s	63.2	0	0.2	0	0	93.3	61.3	0.5	95.4	0
2～5s	36.7	0.2	99.8	0.6	16.8	5.2	38.7	99.5	0.1	0.2
5～10s	0	82.3	0	98.2	83.2	0	0	0	0	85.5
>10s	0	17.5	0	1.2	0	0	0	0	0	14.3

(3) 三正一斜(四表)加速度计实验，30 组慢漂故障组，每组故障发生时间随机，慢漂故障幅值随机(0.2～1mg)，每组进行 1000 次仿真，每次仿真故障发生轴向随机(1 号～4 号加速度计)，使用飞行数据。

图 5-32 是第 5 组实验第 1000 次故障检测结果，故障检测时采用连续 10 拍输出在 1 附近(0.95～1.05)，认为故障发生。

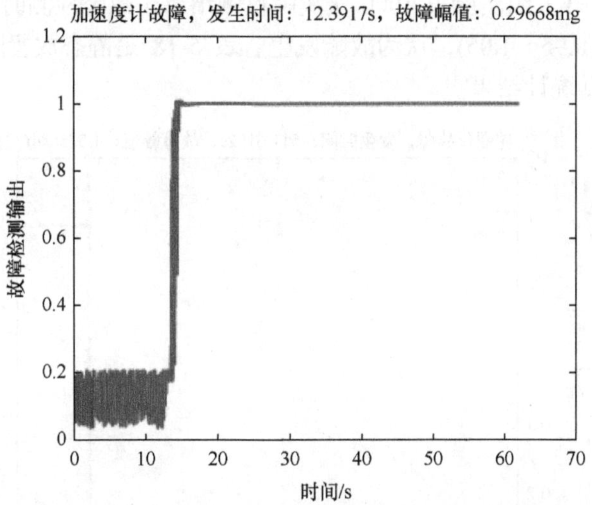

图 5-32　三正一斜(四表)加速度计第 5 组实验第 1000 次故障检测结果

表 5-17 是三正一斜(四表)加速度计第 1～10 组故障检测仿真统计结果。

表 5-17　三正一斜(四表)加速度计第 1～10 组故障检测仿真统计结果(飞行数据)

组号	1	2	3	4	5	6	7	8	9	10
时间/s	43.92	36.12	38.94	47.00	42.01	21.88	9.94	20.24	40.26	25.83
慢漂/mg	0.50	0.71	0.48	0.54	0.20	1.09	0.93	0.69	0.45	0.91
误警率/%	0.1	0.3	0.4	0.2	0.3	0.7	0.6	0.4	0.3	0
<0.5s	0.6	3.6	0.6	1	0	7.3	5.8	1.7	0.2	5.4
0.5～1s	11.8	32.4	10.4	14.2	0.8	71	59.4	32.1	8.4	56.5
1～2s	70.1	62.9	67	71.9	7.1	21	34.2	65	61.7	38.1
2～5s	17.4	0.8	21.6	12.7	78	0	0	0.8	29.4	0
5～10s	0	0	0	0	13.8	0	0	0	0	0
>10s	0	0	0	0	0	0	0	0	0	0

(4) 静态数据测试，静态测试数据由 IMU(型号为 STIM300)静态放置采集，陀螺仪标称精度为 1°/h，加速度计标称精度为 200μg。数据采样频率是 100Hz，四表陀螺仪实验，故障发生时间随机，幅值随机，轴向随机(30 组实验，每组 1000 次计算)。

图 5-33 是第 1 组实验第 1000 次故障检测结果，故障检测时采用连续 10 拍输出在 1 附近(0.95～1.05)，认为故障发生。表 5-18 是静态放置陀螺仪第 1～10 组故障检测仿真统计结果。

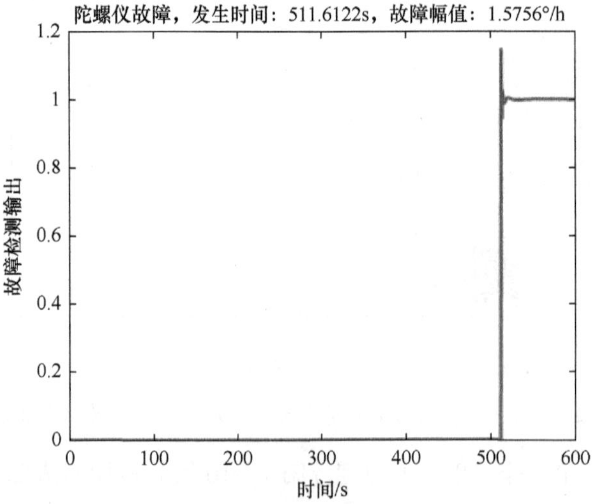

图 5-33　静态放置陀螺仪第 1 组实验第 1000 次故障检测结果

表 5-18　静态放置陀螺仪第 1～10 组故障检测仿真统计结果(静态数据)

组号	1	2	3	4	5	6	7	8	9	10
时间/s	511.6	397.0	393.8	166.9	520.7	63.4	228.5	213.3	477.1	513.6
慢漂/(°/h)	1.58	1.27	1.16	1.01	1.43	1.72	1.77	1.44	1.37	1.78
误警率/%	0	0	0	0	0	0	0	0	0	0
<0.5s	84	84.9	84.4	82.8	83.1	82.7	0	82.7	83.6	0
0.5～1s	16	15.1	15.6	17.2	16.9	17.3	100	17.3	16.4	100
1～2s	0	0	0	0	0	0	0	0	0	0
2～5s	0	0	0	0	0	0	0	0	0	0
5～10s	0	0	0	0	0	0	0	0	0	0
>10s	0	0	0	0	0	0	0	0	0	0

(5) 静态数据测试，静态测试数据由 IMU(型号为 STIM300)静态放置采集，陀螺仪标称精度为 1°/h，加速度计标称精度为 200μg。数据采样频率是 100Hz，四表加速度计实验，故障发生时间随机，幅值随机，轴向随机(30 组实验，每组 1000 次计算)。

图 5-34 是第 3 组实验第 1000 次故障检测结果，故障检测时采用连续 10 拍输出在 1 附近(0.95～1.05)，认为故障发生。

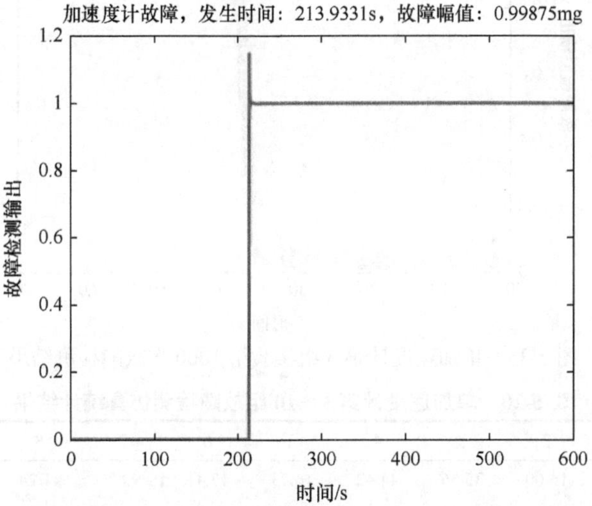

图 5-34　静态放置加速度计第 3 组实验第 1000 次故障检测结果

表 5-19 是静态放置加速度计第 1～10 组故障检测仿真统计结果。

表 5-19　静态放置加速度计第 1～10 组故障检测仿真统计结果(静态数据)

组号	1	2	3	4	5	6	7	8	9	10
时间/s	134.5	288.9	213.9	65.4	289.6	208.0	196.2	319.5	206.1	370.8
慢漂/mg	0.60	0.52	0.99	0.65	0.23	0.41	0.97	0.61	0.70	0.77
误警率/%	0	0	0	0	0	0	0	0	0	0
<0.5s	100	100	100	100	83.4	100	100	100	100	100
0.5～1s	0	0	0	0	16.6	0	0	0	0	0
1～2s	0	0	0	0	0	0	0	0	0	0
2～5s	0	0	0	0	0	0	0	0	0	0
5～10s	0	0	0	0	0	0	0	0	0	0
>10s	0	0	0	0	0	0	0	0	0	0

(6) 单加速度计实验，30 组慢漂故障组，每组故障发生时间随机，慢漂故障幅值随机(0.2～1mg)，每组进行 1000 次仿真，使用飞行数据。

图 5-35 是第 5 组实验第 1000 次故障检测结果，故障检测时采用连续 10 拍输出在 1 附近(0.95～1.05)，认为故障发生。表 5-20 是单加速度计第 1～10 组故障检测仿真统计结果。

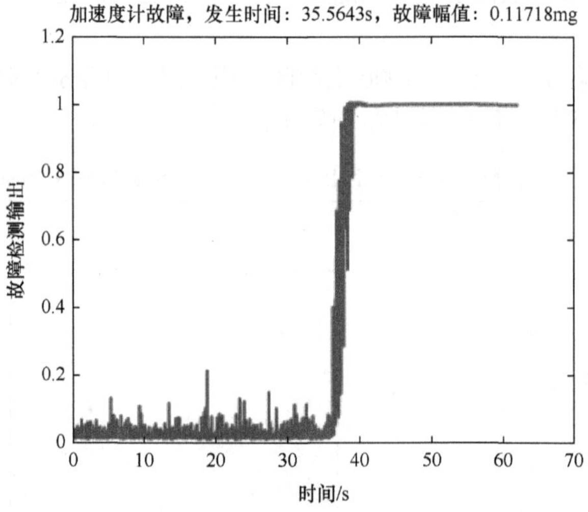

图 5-35　单加速度计第 5 组实验第 1000 次故障检测结果

表 5-20　单加速度计第 1～10 组故障检测仿真统计结果

组号	1	2	3	4	5	6	7	8	9	10
时间/s	17.00	16.00	35.56	44.42	16.23	17.41	9.87	11.24	6.48	24.42
慢漂/mg	0.76	0.54	0.12	0.64	0.45	1.01	0.86	0.20	0.20	0.92
误警率/%	0.4	0.3	0.6	0.3	0.2	0.4	0.7	0.4	0.6	0.4
<0.5s	36.6	12.6	0	23.1	4.9	57.3	36.6	0.6	0.6	51.2

续表

组号	1	2	3	4	5	6	7	8	9	10
0.5～1s	63	78.1	0.9	73.8	64.6	42.3	62.7	8.3	6.4	48.4
1～2s	0	9	17.4	2.8	30.3	0	0	51	70.5	0
2～5s	0	0	80.9	0	0	0	0	39.7	21.9	0
5～10s	0	0	0.2	0	0	0	0	0	0	0
>10s	0	0	0	0	0	0	0	0	0	0

(7) 三正二斜(五表)陀螺仪实验结果如图 5-36、图 5-37 所示，每组故障发生时间随机，慢漂故障幅值随机(0.2°/h～1°/h)，故障发生轴向随机(1 号～5 号陀螺仪)。每组实验，慢漂故障有 100 组，每组进行 1000 次计算，使用飞行数据。

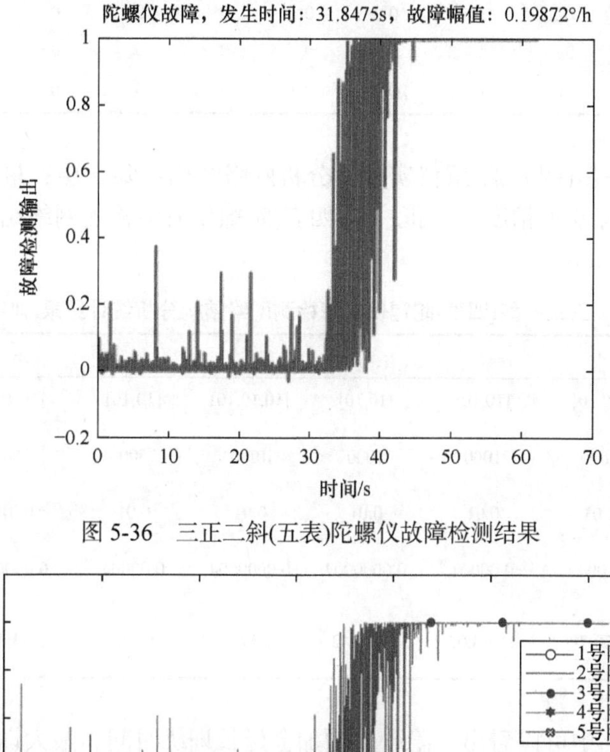

图 5-36　三正二斜(五表)陀螺仪故障检测结果

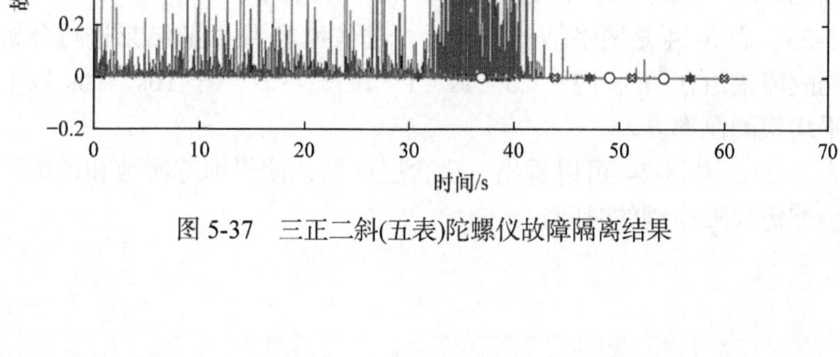

图 5-37　三正二斜(五表)陀螺仪故障隔离结果

表 5-21 是三正二斜(五表)陀螺仪第 68～77 组故障检测仿真统计结果。

表 5-21　三正二斜(五表)陀螺仪第 68～77 组故障检测仿真统计结果

组号	68	69	70	71	72	73	74	75	76	77
时间/s	18.39	18.81	28.47	29.92	16.23	11.50	27.92	13.75	20.40	16.00
慢漂/(°/h)	0.31	0.18	1.34	0.94	0.98	0.57	0.93	0.61	0.21	1.12
误警率/%	0	0	0	0	0	0	0	0	0	0
<0.5s	0	0	0	0	0	0	0	0	0	0
0.5～1s	0	0	5.4	0	0	0	0	0	0	0.1
1～2s	0	0	89.3	51.5	56.7	1	51.5	3.8	0	73.9
2～5s	49.7	0	5.3	48.5	43.3	99	48.5	96.2	1.7	26
5～10s	50.3	62	0	0	0	0	0	0	91.4	0
>10s	0	38	0	0	0	0	0	0	6.9	0
误隔离率/%	0	0	0	0	0	0	0	0	0	0

(8) 三正一斜(四表)陀螺仪实验，分析网络结构：隐含层；最大训练次数；学习速率；训练要求精度。三正一斜(四表)陀螺仪故障检测网络结构分析统计结果如表 5-22 所示。

表 5-22　三正一斜(四表)陀螺仪故障检测网络结构分析统计结果(训练时间)

组号	1	2	3	4	5	6	7
隐含层	[10,10]	[10,10]	[10,10]	[10,10,10]	[10,10]	[10,10]	[10,10]
最大训练次数	1000	1000	1000	1000	500	200	200
学习速率	0.01	0.01	0.01	0.01	0.01	0.01	0.01
训练要求精度	0.004	0.00004	0.0000004	0.0000004	0.00004	0.00004	0.004
训练时间(统计)	2:00:28	15:08:02	15:15:42	21:57:56	21:57:56	3:04:10	3:05:13

从表 5-22 中可以看出，隐含层增加会延长训练时间，最大训练次数增加也会延长训练时间，训练要求精度提高会影响训练时间。

表 5-23、表 5-24 是网络结果的统计，表示对 10 组实验结果进行分析，统计针对不同故障幅值在 0.5s 内、0.5～1s、1～2s、2～5s、5～10s、10s 以上检测出故障的平均检测概率。

从表 5-23、表 5-24 可以看出，隐含层增加，使得训练次数和训练要求精度增加，会缩短故障检测的时间。

表 5-23　三正一斜(四表)网络结果分析统计结果(检测结果)

组号	1	2	3	4	5	6	7
隐含层	[10,10]	[10,10]	[10,10]	[10,10,10]	[10,10]	[10,10]	[10,10]
训练次数	1000	1000	1000	1000	500	200	200
学习速率	0.01	0.01	0.01	0.01	0.01	0.01	0.01
训练要求精度	0.004	0.00004	0.0000004	0.0000004	0.00004	0.00004	0.004
检测结果(不同时间的概率/%)	0/0/0/29.2/39.9/30.9	22.5/68.2/8.8/0.5/0/0	0/71.99/28.01/0/0/0	0/95.8/4.2/0/0/0	0/30.1/42.8/25.3/1.9/0	0/0/21.0/59.5/15.2/4.3	0/0/0/0/45.4/54.6

表 5-24　三正一斜(四表)网络结果分析统计结果(故障检测策略)

组号	10	7	5	3
隐含层	[10,10]	[10,10]	[10,10]	[10,10,10]
训练次数	1000	1000	1000	1000
学习速率	0.01	0.01	0.01	0.01
训练要求精度	0.004	0.00004	0.0000004	0.0000004
检测结果(不同时间的概率/%)	0/0.09/26.24/59.34/13.42/0.91	0/0.50/31.17/56.88/10.24/1.21	0/1.54/38.81/45.15/14.33/0.17	0/5.58/52.9/35.97/5.55/0

故障检测的策略会影响故障检测结果，增大连续拍数可以确认故障发生，但同时延长了故障检测时间。

(9) 正常/故障分析(图 5-38、图 5-39)：30 组实验，故障发生时间随机(在每

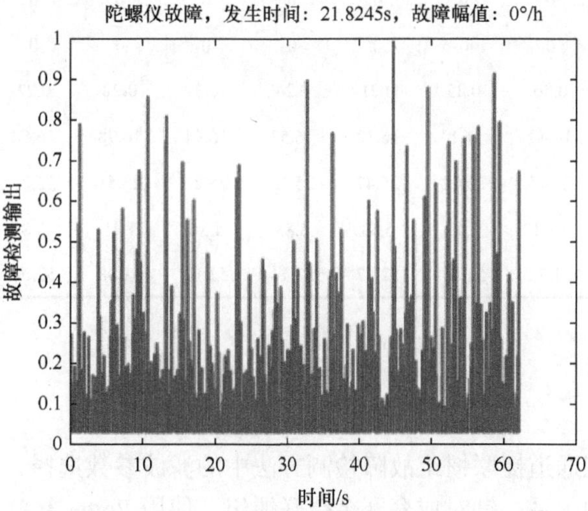

图 5-38　正常工作故障检测结果

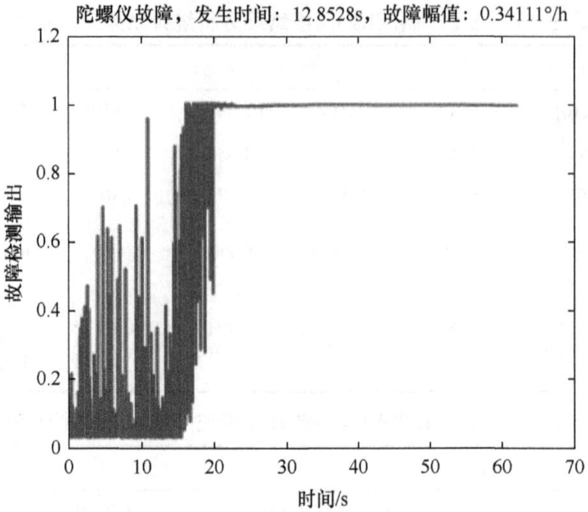

图 5-39 发生故障后故障检测结果

组实验，发生时间固定)，每组实验进行 1000 次，每组实验故障是否发生随机，发生故障的轴向随机，故障的幅值随机。实验结果见表 5-25。

表 5-25 三正一斜(四表)陀螺仪仿真统计结果

组号	1	2	3	4	5	6	7	8	9	10
时间/s	16.56	15.51	19.58	22.52	20.98	16.79	25.74	15.65	23.98	29.72
慢漂/(°/h)	1.352	1.025	0.570	0.523	0.683	0.163	0.637	1.137	0.173	1.004
误警率/%	0	0	0	0	0	0	0	0	0	0
<0.5s	0	0	0	0	0	0	0	0	0	0
0.5～1s	0.32	0.36	0.25	0.21	0.24	0.3	0.22	0.22	0.32	0.2
1～2s	16.47	16.43	16.8	16.12	16.57	16.94	16.98	16.68	17.17	16.71
2～5s	25.43	25.75	26.02	25.47	25.22	25.22	25.51	25.26	24.53	25.11
5～10s	5.32	5.74	5.49	5.63	5.83	5.36	5.41	5.8	5.93	5.76
>10s	52.46	51.72	51.44	52.57	52.14	52.18	51.88	52.04	52.05	52.22

5.6 本章小结

本章针对三通道捷联惯组故障检测方法中的滤波参数选择，给出滤波参数与采样频率之间的关系；针对成套冗余捷联惯组，使用 Potter 算法构造解耦矩阵的广义似然比故障检测方法，但是无法检测并隔离特定轴故障，因此通过一种新的计算解耦矩阵的方法，选取配置矩阵的正交投影阵行向量组的一个极大无关组并进行施密特正交化，构建一种针对成套冗余捷联惯组的改进广义似然比故障检测方法；针对传统主元分析法应用在动态系统的故障诊断时，会存在故障检测效果略差但故障隔离效果很好的问题，本章提出了一种基于广义似然比算法的改进主元分析法，克服了传统主元分析法只能检测大幅值故障的不足；最后，提出了基于神经网络的冗余捷联惯组故障检测方法，其可以检测并隔离冗余捷联惯组器件的慢漂故障。

第 6 章　冗余捷联惯组信息融合

6.1　引　　言

本章主要研究冗余惯性测量数据到载体坐标系的同质数据融合方法以及基于因子图的全球导航卫星系统(global navigation satellite system，GNSS)/冗余捷联惯组(redundant inertial measurement units，RIMU)异质数据融合方法。

对于同质数据融合，研究基于滤波方法的冗余惯性精度提升技术。构建包括系统噪声与测量噪声的代价函数，通过修正待优化参数以实现代价函数的最小化。研究过程中发现，代价函数无法对状态方程与测量方程中的状态量与输入量同时优化，因此对滤波系统进行重构，研究适用于同质数据的最优滤波方法。

对于异质数据融合，研究基于因子图的 GNSS/RIMU 异质数据融合技术。针对常规的基于滤波的 GNSS/RIMU 异质数据融合方法存在因载体大幅度机动而导致滤波结果精度差的问题，研究基于因子图的异质数据融合技术。以卫星信号更新时刻为关键帧，研究关键帧间的惯性数据预积分方法以降低计算量。同时建立惯性因子节点与 GNSS 因子节点，对与节点相连的变量节点进行优化，以实现状态量的最优估计。

6.2　冗余捷联惯组器件级同质数据融合方法

6.2.1　经典数据融合方法

1. 最大似然估计法

最大似然估计法又称极大似然估计法，是参数点估计中最重要的方法之一。从理论观点来看，其是利用 ξ 的分布函数 $F(x;\theta)$ 的表达式及样本所提供的信息，建立未知参数 θ 的估计量 $\hat{\theta}(\xi_1,\xi_2,\cdots,\xi_n)$ 。

设多传感器组对某系统状态参数的测量方程为

$$\boldsymbol{Y}=\boldsymbol{M}\boldsymbol{u}+\boldsymbol{v} \tag{6-1}$$

式中，$\boldsymbol{u}$ 为状态向量，$\boldsymbol{u}=\left[u_1,u_2,\cdots,u_n\right]^{\mathrm{T}}$ ；$\boldsymbol{Y}$ 为测量向量，包括多传感器接收到的状态参数，含有冗余信息，$\boldsymbol{Y}=\left[Y_1,Y_2,\cdots,Y_m\right]$ ；$\boldsymbol{v}$ 为测量噪声；$\boldsymbol{M}$ 为 $(m\times n)$ 维测量矩阵：

$$M = \mathrm{diag}\left(M_1, M_2, \cdots, M_n\right) \tag{6-2}$$

假设各测量向量的测量误差是相互独立的，其协方差矩阵为

$$\Sigma_v = \mathrm{diag}\left(v_{11}, v_{22}, \cdots, v_{mm}\right) \tag{6-3}$$

由于 $\boldsymbol{v}$ 为 m 维正态分布的测量噪声，测量向量 $\boldsymbol{Y}$ 服从正态分布，即

$$\boldsymbol{Y} \sim N\left(\boldsymbol{Mu}, \sum_v\right)$$

在参数 $\boldsymbol{u}$ 的条件下，设 $\boldsymbol{Y}$ 的概率密度函数为 $P(\boldsymbol{Y} \mid \boldsymbol{u})$，则其对应的似然函数：

$$l(\boldsymbol{Y} \mid \boldsymbol{u}) = -\frac{N}{2}\ln(2\pi) - \frac{1}{2}\ln\left[\det\sum_v - \frac{1}{2}(\boldsymbol{Y} - \boldsymbol{Mu})^{\mathrm{T}}\sum_v^{-1}(\boldsymbol{Y} - \boldsymbol{Mu})\right] \tag{6-4}$$

求似然函数的极大值，得 $\boldsymbol{u}$ 的估计值：

$$\hat{\boldsymbol{u}} = \left(\boldsymbol{M}^{\mathrm{T}}\sum_v^{-1}\boldsymbol{M}\right)^{-1}\boldsymbol{M}^{\mathrm{T}}\sum_v^{-1}\boldsymbol{Y} \tag{6-5}$$

估计误差为

$$\tilde{\boldsymbol{u}} = \boldsymbol{u} - \hat{\boldsymbol{u}} = \left(\boldsymbol{M}^{\mathrm{T}}\sum_v^{-1}\boldsymbol{M}\right)^{-1}\boldsymbol{M}^{\mathrm{T}}\sum_v^{-1}\boldsymbol{v} \tag{6-6}$$

其协方差 Σ_v 为 $m \times n$ 的对角阵：

$$\Sigma_v = \left(\boldsymbol{M}^{\mathrm{T}}\sum_v^{-1}\boldsymbol{M}\right)^{-1} = \mathrm{diag}\left(v_{n_1}^2, v_{n_2}^2, \cdots, v_{n_n}^2\right) \tag{6-7}$$

用六面体冗余捷联惯组数据进行分析，其中：陀螺仪角度随机游走系数为 $0.01° / \sqrt{\mathrm{h}}$，加速度计随机游走系数为 $10\mu\mathrm{g} / \sqrt{\mathrm{Hz}}$。输出数据如图 6-1～图 6-4 所示。

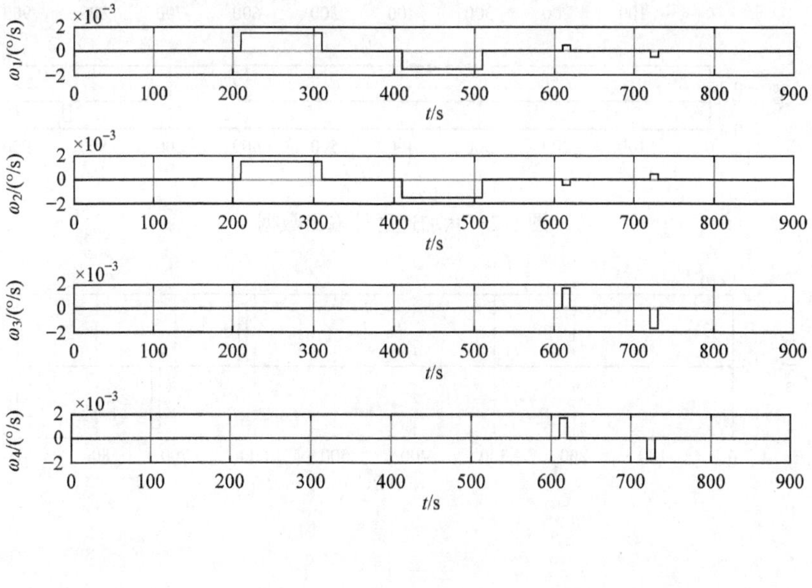

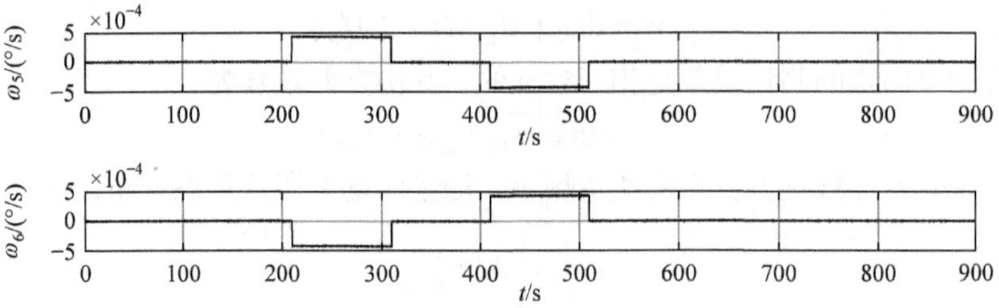

图 6-1　六陀螺仪输出数据

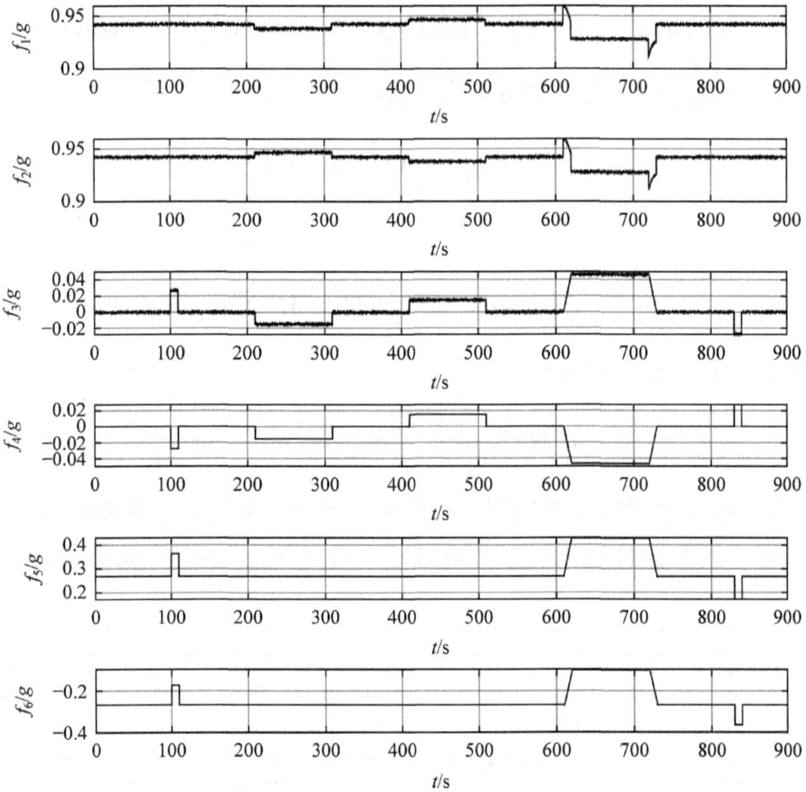

图 6-2　六加速度计输出数据

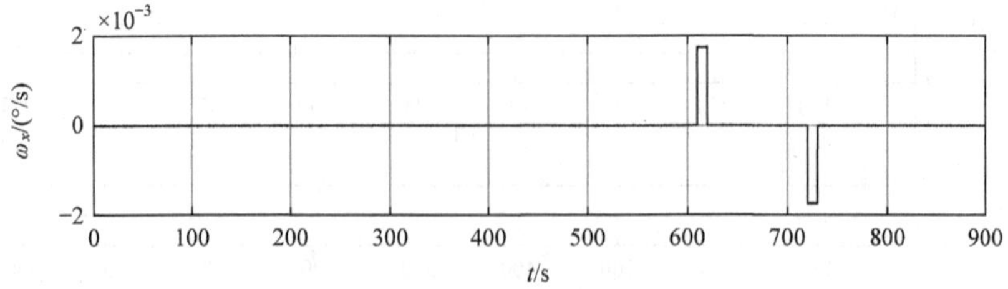

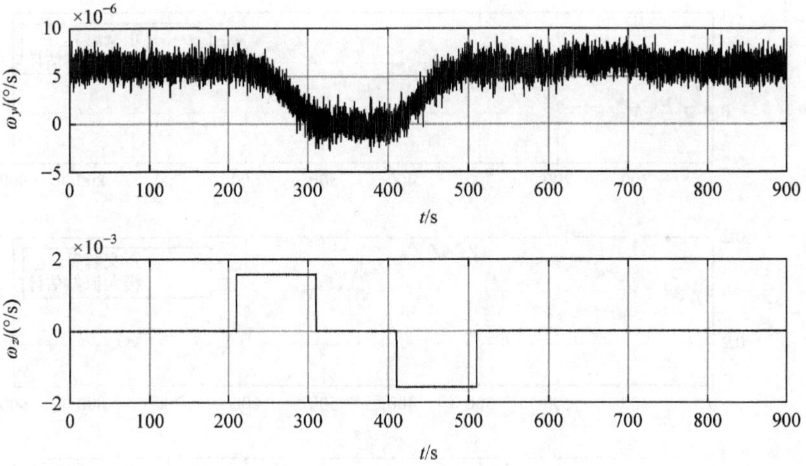

图 6-3　三轴正交陀螺仪输出数据

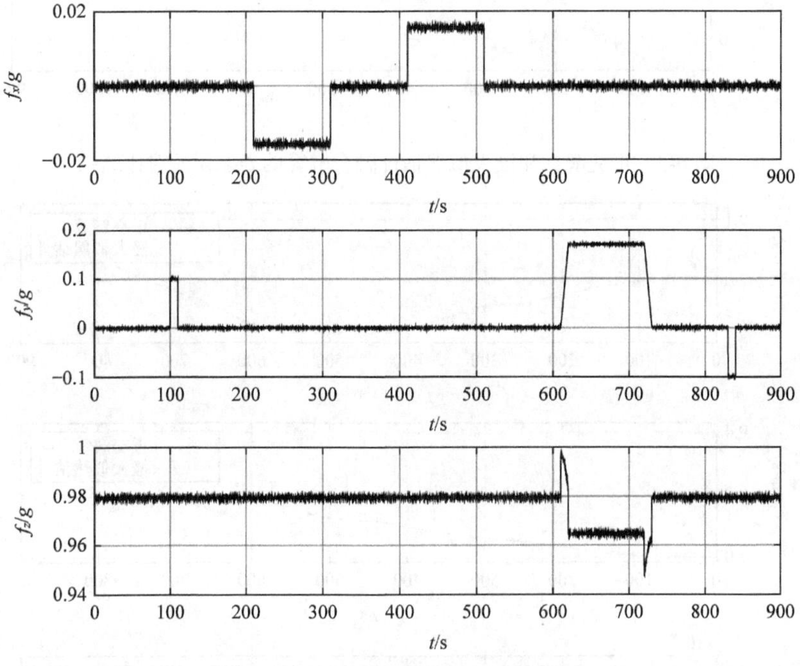

图 6-4　三轴正交加速度计输出数据

三轴正交数据进行解算和经过极大似然估计融合后进行解算，姿态误差、速度误差和位置误差对比结果如图 6-5～图 6-7 所示。

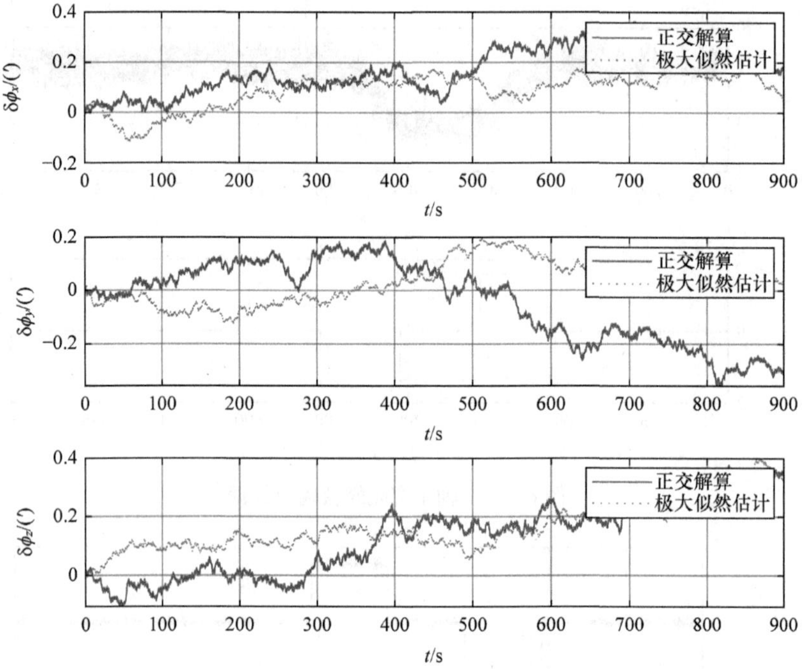

图 6-5　正交解算和极大似然估计融合解算的姿态误差对比结果

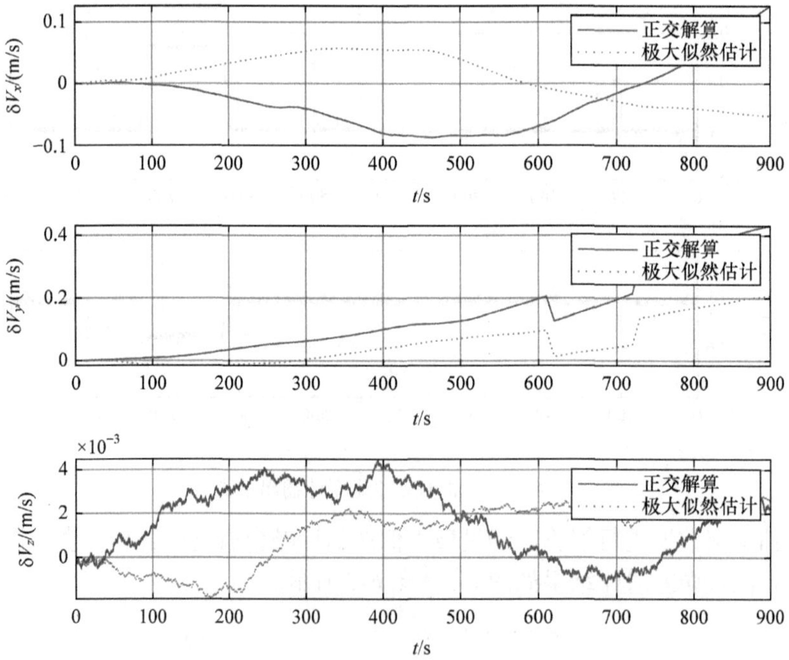

图 6-6　正交解算和极大似然估计融合解算的速度误差对比结果

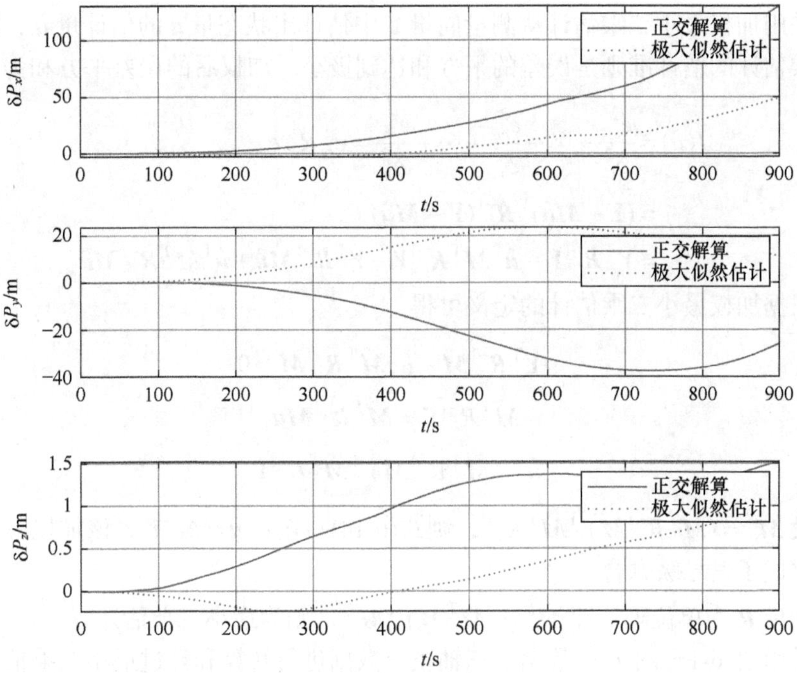

图 6-7　正交解算和极大似然估计融合解算的位置误差对比结果

2. 最小二乘估计

最小二乘估计(又称最小平方法)是一种数学优化技术。它通过最小化误差的平方和寻找数据的最佳函数匹配。利用最小二乘估计可以简便地求得未知的数据，并使这些求得的数据与实际数据之间误差的平方和为最小。

设惯性导航系统中相互独立的n个传感器的测量模型为

$$\boldsymbol{Y}=\boldsymbol{M}\boldsymbol{u}+\boldsymbol{v} \tag{6-8}$$

式中，$\boldsymbol{Y}=\left[\boldsymbol{Y}_1,\cdots,\boldsymbol{Y}_i,\cdots,\boldsymbol{Y}_n\right]^{\mathrm{T}}$；$\boldsymbol{M}=\left[\boldsymbol{M}_1,\cdots,\boldsymbol{M}_i,\cdots,\boldsymbol{M}_n\right]^{\mathrm{T}}$；$\boldsymbol{v}=\left[v_1,\cdots,v_i,\cdots,v_n\right]^{\mathrm{T}}$。其中，$\boldsymbol{Y}_i$为第$i$个传感器的测量向量；$\boldsymbol{M}_i$为第$i$个传感器的测量矩阵；$v_i$为第$i$个传感器的测量噪声向量，包含传感器内部噪声和环境噪声$E(v_i^2)=\delta_i^2(i=1,2,\cdots,n)$。

测量噪声的协方差矩阵：

$$\boldsymbol{R}=\mathrm{diag}(\delta_1^2,\delta_2^2,\cdots,\delta_n^2) \tag{6-9}$$

定义：

$$\boldsymbol{e}_m=\boldsymbol{Y}-\boldsymbol{M}\hat{\boldsymbol{u}} \tag{6-10}$$

采用加权最小二乘估计从测量向量 $\boldsymbol{Y}$ 中估计出状态量 $\boldsymbol{u}$ 的估计量 $\hat{\boldsymbol{u}}$，加权最小二乘估计的估计准则是误差的平方和达到极小。加权后的误差平方和为

$$\begin{aligned} J(\hat{\boldsymbol{u}}) &= \frac{e_{m1}^2}{\delta_1^2} + \cdots + \frac{e_{mi}^2}{\delta_i^2} + \cdots + \frac{e_{mn}^2}{\delta_n^2} = \boldsymbol{e}_m^{\mathrm{T}} \boldsymbol{R}^{-1} \boldsymbol{e}_m \\ &= (\boldsymbol{Y} - \boldsymbol{M}\hat{\boldsymbol{u}})^{\mathrm{T}} \boldsymbol{R}^{-1} (\boldsymbol{Y} - \boldsymbol{M}\hat{\boldsymbol{u}}) \\ &= \boldsymbol{Y}^{\mathrm{T}} \boldsymbol{R}^{-1} \boldsymbol{Y} - \hat{\boldsymbol{u}}^{\mathrm{T}} \boldsymbol{M}^{\mathrm{T}} \boldsymbol{R}^{-1} \boldsymbol{Y} - \boldsymbol{Y}^{\mathrm{T}} \boldsymbol{R}^{-1} \boldsymbol{M}\hat{\boldsymbol{u}} + \hat{\boldsymbol{u}}^{\mathrm{T}} \boldsymbol{M}^{\mathrm{T}} \boldsymbol{R}^{-1} \boldsymbol{M}\hat{\boldsymbol{u}} \end{aligned} \tag{6-11}$$

根据加权最小二乘估计的定义可得

$$-\boldsymbol{Y}^{\mathrm{T}} \boldsymbol{R}^{-1} \boldsymbol{M} + \hat{\boldsymbol{u}}^{\mathrm{T}} \boldsymbol{M}^{\mathrm{T}} \boldsymbol{R}^{-1} \boldsymbol{M} = 0 \tag{6-12}$$

$$\boldsymbol{M}^{\mathrm{T}} \boldsymbol{R}^{-1} \boldsymbol{Y} = \boldsymbol{M}^{\mathrm{T}} \boldsymbol{R}^{-1} \boldsymbol{M}\hat{\boldsymbol{u}} \tag{6-13}$$

$$\hat{\boldsymbol{u}} = (\boldsymbol{M}^{\mathrm{T}} \boldsymbol{R}^{-1} \boldsymbol{M})^{-1} \boldsymbol{M}^{\mathrm{T}} \boldsymbol{R}^{-1} \boldsymbol{Y} \tag{6-14}$$

设 $\boldsymbol{M}^{\#} = (\boldsymbol{M}^{\mathrm{T}} \boldsymbol{R}^{-1} \boldsymbol{M})^{-1} \boldsymbol{M}^{\mathrm{T}} \boldsymbol{R}^{-1}$，则式(6-14)写作：$\hat{\boldsymbol{u}} = \boldsymbol{M}^{\#} \boldsymbol{Y}$，该加权最小二乘估计完成了信号级融合。

如果 $\boldsymbol{R}$ 为单位阵，即 $\boldsymbol{M}^{\#} = (\boldsymbol{M}^{\mathrm{T}} \boldsymbol{M})^{-1} \boldsymbol{M}^{\mathrm{T}}$，则为最小二乘估计。

采用图 6-1～图 6-4 数据，三轴正交数据进行解算和经过最小二乘估计融合后进行解算，姿态误差、速度误差和位置误差对比结果如图 6-8～图 6-10 所示。

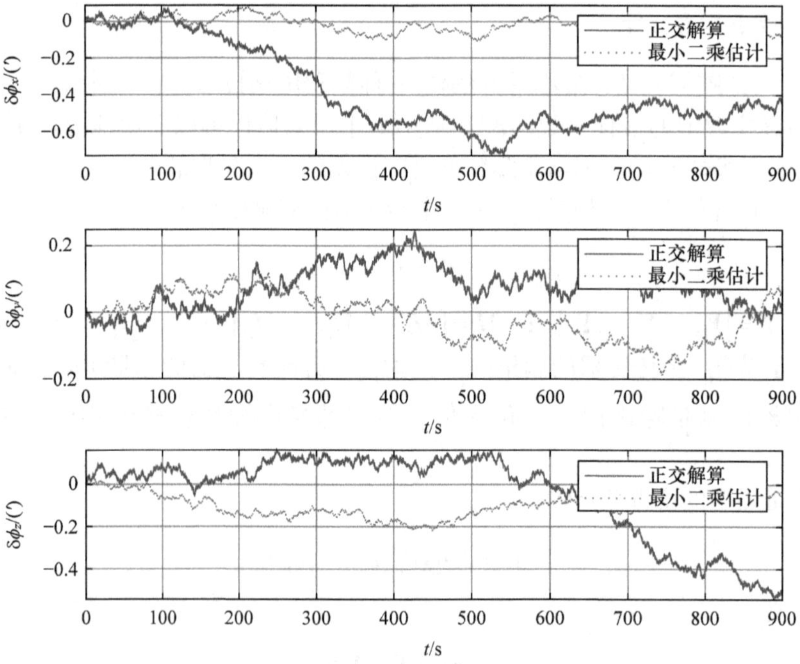

图 6-8　正交解算和最小二乘估计融合解算的姿态误差对比结果

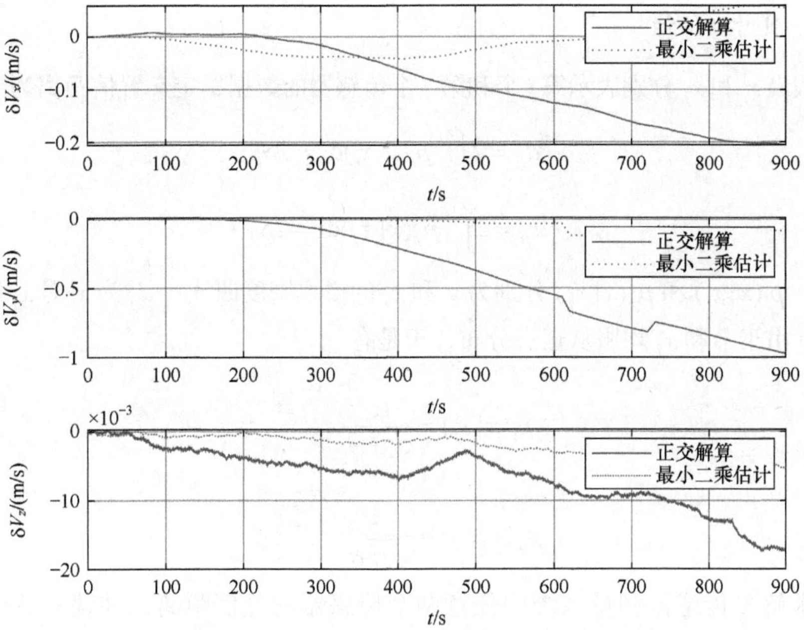

图 6-9　正交解算和最小二乘估计融合解算的速度误差对比结果

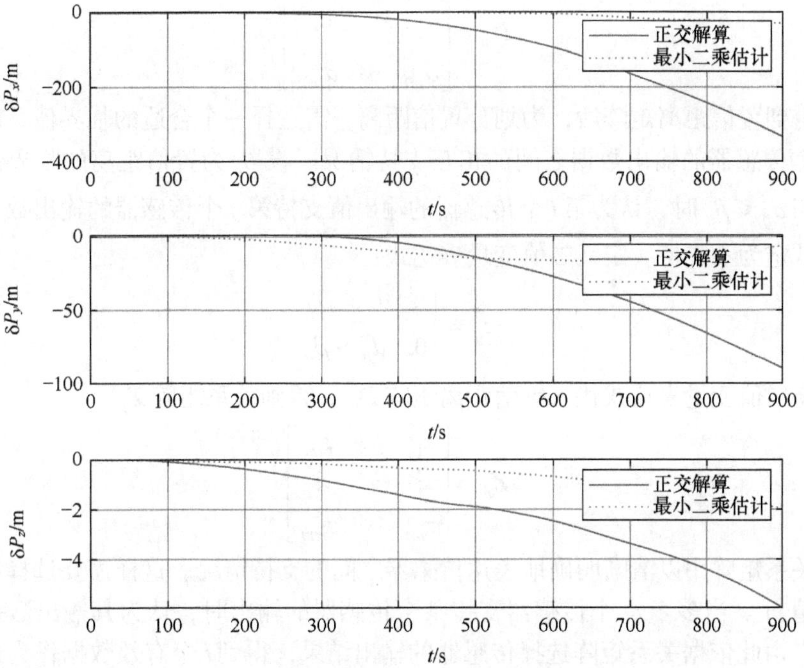

图 6-10　正交解算和最小二乘估计融合解算的位置误差对比结果

3. 贝叶斯估计

假设 x_i 和 x_j 分别表示第 i 个和第 j 个传感器的数据，定义置信距离为

$$d_{ij}=2\int_{x_i}^{x_j}p_i(x\,|\,x_i)\mathrm{d}x=2S_i \tag{6-15}$$

$$d_{ji}=2\int_{x_j}^{x_i}p_j(x\,|\,x_j)\mathrm{d}x=2S_j \tag{6-16}$$

式中，$p_i(x|x_i)$ 和 $p_j(x|x_j)$ 分别为 x_i 和 x_j 的概率密度曲线；d_{ij} 为 x_i 对 x_j 的置信距离。由于 x_i 和 x_j 均服从正态分布，于是有

$$p_i(x\,|\,x_i)=\frac{1}{\sqrt{2\pi}\sigma_i}e^{\frac{(x-\mu_i)^2}{2\sigma_i^2}} \tag{6-17}$$

$$p_j(x\,|\,x_j)=\frac{1}{\sqrt{2\pi}\sigma_j}e^{\frac{(x-\mu_j)^2}{2\sigma_j^2}} \tag{6-18}$$

求解多传感器测量系统中任意两个传感器的置信距离，并建立置信距离矩阵 $\boldsymbol{D}_m$：

$$\boldsymbol{D}_m=\begin{bmatrix} d_{11} & \cdots & d_{1m} \\ \vdots & & \vdots \\ d_{m1} & \cdots & d_{mm} \end{bmatrix} \tag{6-19}$$

得到置信距离矩阵后，为划分置信距离，需选择一个合适的临界值，用来判断两个传感器的输出数据之间的相互支持情况。设 β_{ij} 为置信距离的临界值，即认定当 $d_{ij}\leqslant\beta_{ij}$ 时，认为第 i 个传感器的输出值支持第 j 个传感器的输出数据；反之则认定为不支持。定义二值变量表达式：

$$z_{ij}=\begin{cases}1, & d_{ij}\leqslant\beta_{ij}\\ 0, & d_{ij}>\beta_{ij}\end{cases} \tag{6-20}$$

将二值变量表达式代入置信距离矩阵 $\boldsymbol{D}_m$，得到关系矩阵 $\boldsymbol{Z}_m$：

$$\boldsymbol{Z}_m=\begin{bmatrix} z_{11} & \cdots & z_{1m} \\ \vdots & & \vdots \\ z_{m1} & \cdots & z_{mm} \end{bmatrix} \tag{6-21}$$

关系矩阵用以清晰明确地表达传感器之间的支持情况。这样需要选择第二个临界值 m。当多于 m 个传感器支持某个传感器的输出时，认为其输出数据是有效的。由此依据关系矩阵选择传感器的输出结果，得到 l 个有效数据作为最佳融合数。为描述方便，将其表示为 $(x_1,x_2,\cdots,x_l)$。在测得一组测量数据 $(x_1,x_2,\cdots,x_l)$ 的条件下，被测参数的条件概率密度函数为

$$p(\mu|x_1,x_2,\cdots,x_l)=\eta\prod_{k=1}^{l}\frac{1}{\sqrt{2\pi}\sigma_N}\times\exp\left[-\frac{1}{2}\left(\frac{\mu-\mu_0}{\sigma_0}\right)^2-\frac{1}{2}\sum_{k=1}^{l}\left(\frac{x_k-\mu}{\sigma_k}\right)\right] \tag{6-22}$$

由式(6-22)可知，在已知测量数据$(x_1,x_2,\cdots,x_l)$的条件下，被测参数μ的条件概率密度函数的指数部分是μ的二次函数，因此$p(\mu|x_1,x_2,\cdots,x_l)$也服从高斯分布，设$\mu\sim N(\mu_N,\sigma_N^2)$，即

$$p(\mu|x_1,x_2,\cdots,x_l)=\frac{1}{\sqrt{2\pi}\sigma_N}\times\exp\left[-\frac{1}{2}\left(\frac{\mu-\mu_N}{\sigma_N}\right)^2\right] \tag{6-23}$$

融合结果为

$$\mu_N=\frac{\sum_{k=1}^{l}\frac{x_k}{\sigma_k^2}+\frac{\mu_0}{\sigma_0^2}}{\sum_{k=1}^{l}\frac{1}{\sigma_k^2}+\frac{1}{\sigma_0^2}} \tag{6-24}$$

式中，μ_N表示被测参数μ的贝叶斯估计结果。

贝叶斯估计要求先验概率密度函数已知，对于先验概率密度函数未知的情况，不能使用贝叶斯估计推断后验概率。

采用图 6-1～图 6-4 数据，三轴正交数据进行解算和经过贝叶斯估计融合后进行解算，姿态误差、速度误差和位置误差对比结果如图 6-11～图 6-13 所示。

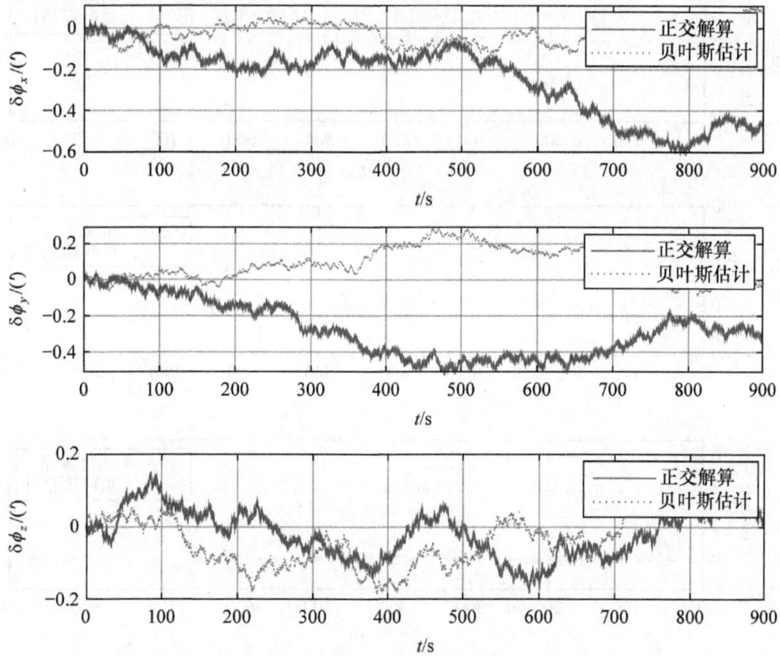

图 6-11　正交解算和贝叶斯估计融合解算的姿态误差对比结果

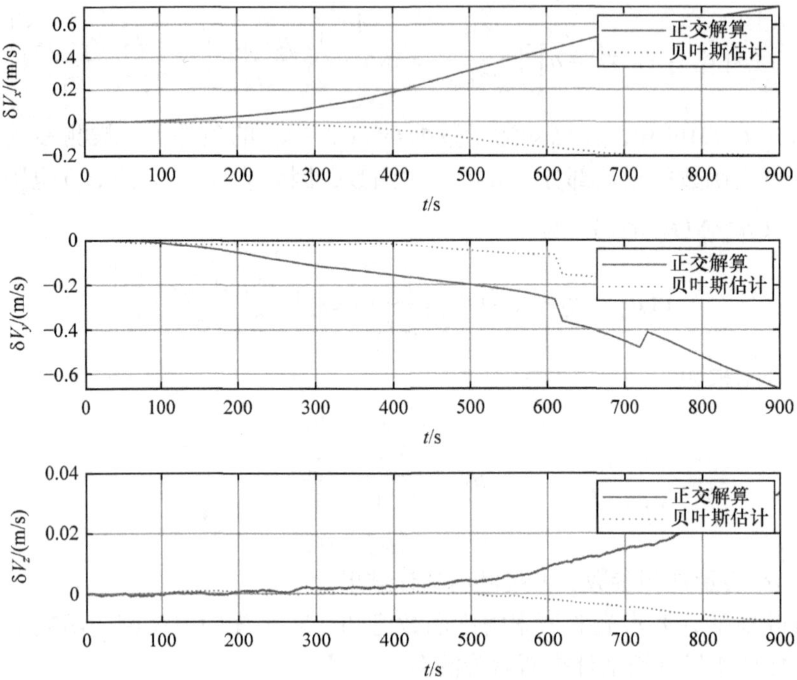

图 6-12　正交解算和贝叶斯估计融合解算的速度误差对比结果

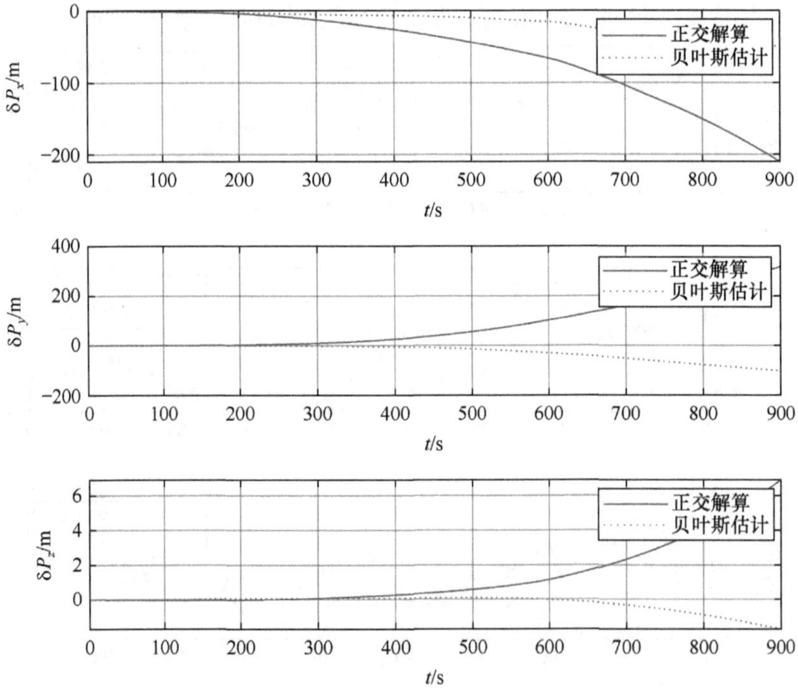

图 6-13　正交解算和贝叶斯估计融合解算的位置误差对比结果

6.2.2　现代数据融合方法

在多传感器信息融合系统中，各个信息源提供的环境信息都具有一定的不确定性，而不确定性实质上就是一个不确定性的处理过程。由于神经网络具有泛化能力和模式识别能力，因而可以作为分类器处理不确定信息。

神经网络结构一般包含输入层、隐含层和输出层，而每一层又由无数的神经元组成。由于神经元的类型不同，组成的神经网络也互不相同，目前已经设计出几十种不同的神经网络模型。通常按神经网络模型结构的不同，将网络分为前向神经网络和反馈神经网络。前向神经网络的各层神经元的输入都来自于前一层神经元的输出；反馈神经网络的各层神经元的输入不仅来自于前一层神经元的输出，还来自于其他层神经元的反馈输出。

在实际应用中，神经网络大部分的模型采用 BP 神经网络及其变化形式。BP 神经网络是一种多层的前向神经网络，它通过采用 BP 算法来调整网络的权值，从而实现输入到输出的任意非线性映射。

BP 神经网络的拓扑结构是神经网络最为基础的一部分，包含输入层、隐含层和输出层。输入层：输入向量 $\boldsymbol{x}=(x_1,x_2,\cdots,x_n)^{\mathrm{T}}$；隐含层：输出向量 $\boldsymbol{y}=(y_1,y_2,\cdots,y_m)^{\mathrm{T}}$；输出层：输出向量 $\boldsymbol{o}=(o_1,o_2,\cdots,o_l)^{\mathrm{T}}$；期望输出向量 $\boldsymbol{d}=(d_1,d_2,\cdots,d_l)^{\mathrm{T}}$。

BP 神经网络的学习问题实质上就是把学习一组样本的输入–输出问题转换为一个非线性无约束最优化问题，并通过梯度算法和迭代运算求解权值的一种学习方法。

采用图 6-1～图 6-4 数据，三轴正交数据进行解算和经过神经网络融合后进行解算，姿态误差、速度误差和位置误差对比结果如图 6-14～图 6-16 所示。

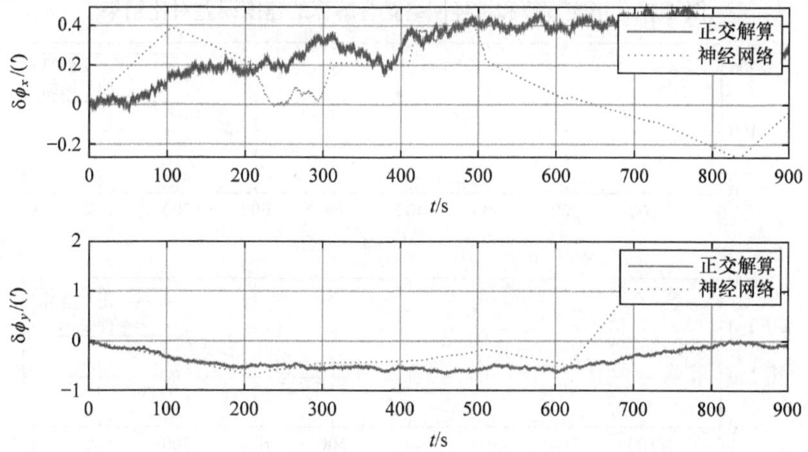

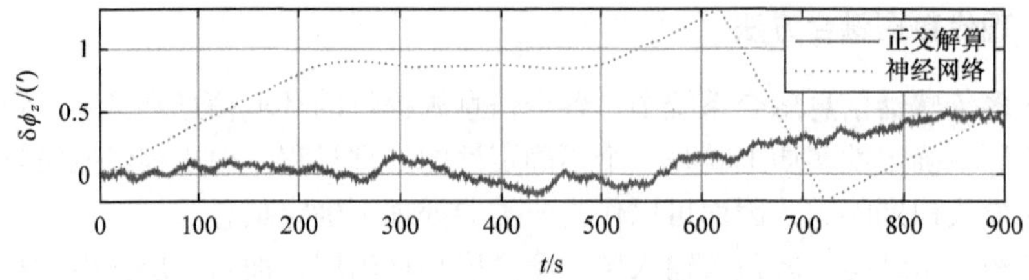

图 6-14　正交解算和神经网络融合解算的姿态误差对比结果

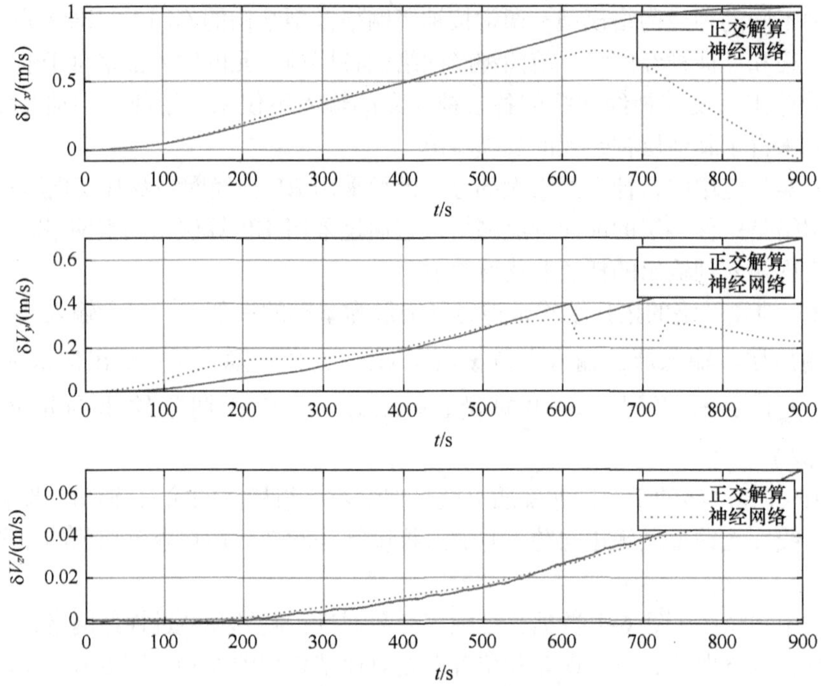

图 6-15　正交解算和神经网络融合解算的速度误差对比结果

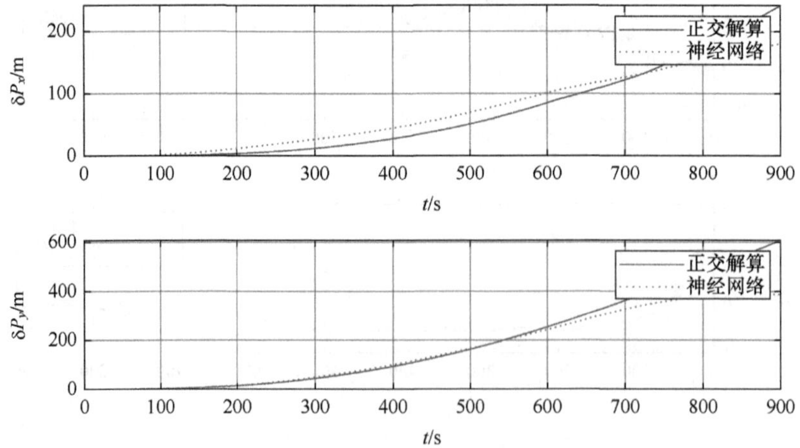

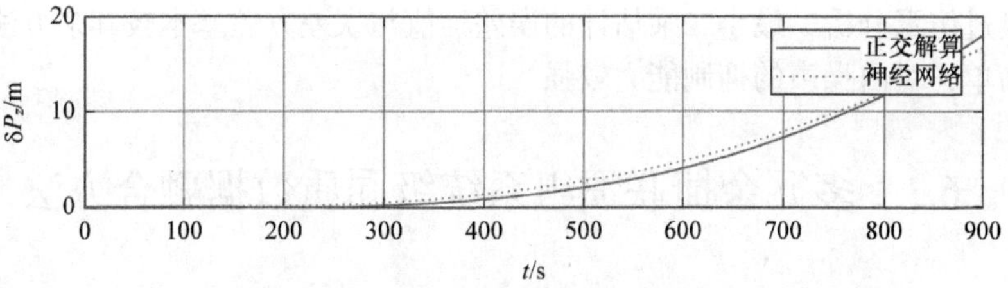

图 6-16　正交解算和神经网络融合解算的位置误差对比结果

6.2.3　适用于工程应用的冗余捷联惯组器件级同质数据融合方法

根据仿真结果，统计出各方法的误差均值与误差方差如表 6-1 所示。

表 6-1　误差均值与误差方差统计表

误差项	极大似然估计	最小二乘估计	贝叶斯估计	神经网络
ϕ_x 误差均值	0.0881	−0.0269	−0.0279	0.1369
ϕ_x 误差方差	0.0047	0.0021	0.0025	0.1592
ϕ_y 误差均值	0.0276	−0.0154	0.0855	0.2511
ϕ_y 误差方差	0.0059	0.0049	0.0079	0.1729
ϕ_z 误差均值	0.1684	−0.0996	−0.0311	0.5891
ϕ_z 误差方差	0.0077	0.0033	0.0056	0.9028
V_x 误差均值	0.0104	−0.0057	−0.0935	−0.0528
V_x 误差方差	0.0013	0.0009	0.0071	0.2173
V_y 误差均值	0.0546	−0.0305	−0.0547	−0.0601
V_y 误差方差	0.0045	0.0019	0.0025	0.0153
V_z 误差均值	0.0011	−0.0022	−0.0019	0.0014
V_z 误差方差	0.0001	0.0002	0.0008	0.0083
P_x 误差均值	9.4733	−4.7188	−14.4550	−5.2144
P_x 误差方差	186.7626	80.2563	233.2467	102.4566
P_y 误差均值	12.8988	−9.0651	−25.3888	−13.7201
P_y 误差方差	69.0006	38.1811	961.1633	83.5290
P_z 误差均值	0.2077	−0.5789	−0.1899	−0.8919
P_z 误差方差	0.1330	0.3134	0.2004	0.4709

经过仿真分析，最小二乘估计的误差均值与误差方差基本较其余方法小，且计算简单，对白噪声的抑制能力较强。

6.3　多冗余捷联惯组系统级同质数据融合方法

6.3.1　基于马尔可夫最优估计的同质数据融合方法

1. 数学方法

在三套惯组的冗余配置方案中，三套惯组经独立解算可以得到各自的导航结果。如果不考虑导航初始误差和惯性器件的各种误差，理论上三套惯组的导航结果是相同的，三套惯组的配置只是为系统提供更高的可靠性。在实际工程中，受三套惯组惯性器件随机误差和导航初始误差的影响，输出的数据是不完全相同的，由此导致导航结果也不完全相同，这样会造成三套惯组输出三种不同的导航结果。本书更希望通过对三套惯组导航数据的处理，得到某种最优准则意义下最优的导航解。这样，三套惯组的配置可以提高整个系统的导航精度。基于此，本小节主要研究三套惯组平行安装冗余配置条件下最优导航解的求解方法。

构造最优导航解，将最优估计计算提升到导航结果层面上，而不必考虑各惯组的原始测量信号，基于导航结果的最优融合算法如图 6-17 所示。

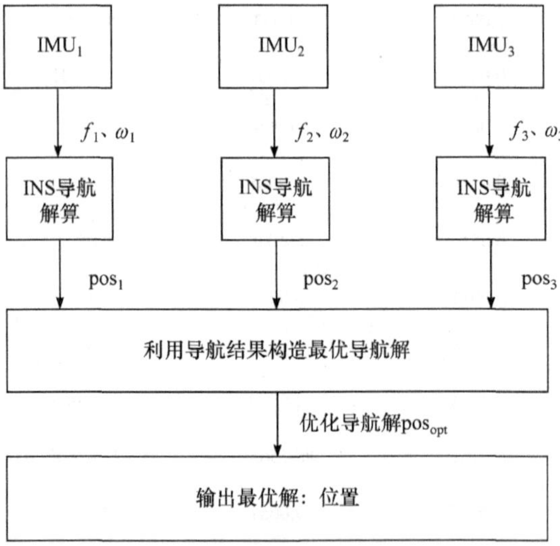

图 6-17　基于导航结果的最优融合算法

在导航结果层面上做最优估计，一般只需要得到优化的位置解算结果。因为惯导系统的高度解算结果精度较低，所以这种优化处理只在纬度和经度结果上进行。因此，这种处理方法相当于将三套惯组视为位置测量传感器，在真实位置未知的情况下对位置测量的结果做最优处理。

以纬度输出为例，设 k 时刻飞行器的真实位置为 $L(k)$ ，各惯组惯导解算得到的纬度输出分别为 $\tilde{L}_1(k)$、$\tilde{L}_2(k)$、$\tilde{L}_3(k)(k=1,2,\cdots,K)$ 。记导航解算误差分别为 $\delta L_1(k)$、$\delta L_2(k)$、$\delta L_3(k)$ 。考虑各惯组的导航误差，真实位置和解算位置有以下关系成立：

$$\begin{cases}\tilde{L}_1(k)=L(k)+\delta L_1(k)\\ \tilde{L}_2(k)=L(k)+\delta L_2(k)\\ \tilde{L}_3(k)=L(k)+\delta L_3(k)\end{cases} \tag{6-25}$$

整理成向量和矩阵形式有

$$\tilde{\boldsymbol{L}}=\boldsymbol{HL}+\delta\boldsymbol{L} \tag{6-26}$$

式中，$\tilde{\boldsymbol{L}}=\begin{bmatrix}\tilde{L}_1 & \tilde{L}_2 & \tilde{L}_3\end{bmatrix}^{\mathrm{T}}$ ；$\boldsymbol{H}=\begin{bmatrix}1 & 1 & 1\end{bmatrix}^{\mathrm{T}}$ ；$\delta\boldsymbol{L}=\begin{bmatrix}\delta L_1 & \delta L_2 & \delta L_3\end{bmatrix}^{\mathrm{T}}$ 。

因此，三套惯组的解算结果在这里等价为对位置的三次有误差测量，在测量误差不可知的情况下，利用最小二乘估计可以得到真实位置的估计结果：

$$\hat{\boldsymbol{L}}=(\boldsymbol{H}^{\mathrm{T}}\boldsymbol{H})^{-1}\boldsymbol{H}^{\mathrm{T}}\tilde{\boldsymbol{L}} \tag{6-27}$$

整理可得

$$\hat{\boldsymbol{L}}=\frac{1}{3}(\tilde{L}_1+\tilde{L}_2+\tilde{L}_3) \tag{6-28}$$

在测量噪声的方差可知或者可近似求取的情况下，可以采用加权最小二乘估计的方法求取真实位置的优化估计结果。设 k 时刻三套惯组的纬度解算误差的方差为 $\sigma^2 L_1(k)$、$\sigma^2 L_2(k)$、$\sigma^2 L_3(k)$ ，则利用马尔可夫加权最小二乘估计的方法可以得到：

$$\hat{\boldsymbol{L}}(k)=(\boldsymbol{H}^{\mathrm{T}}\boldsymbol{R}^{-1}(k)\boldsymbol{H})^{-1}\boldsymbol{H}^{\mathrm{T}}\boldsymbol{R}^{-1}(k)\tilde{\boldsymbol{L}}(k) \tag{6-29}$$

式中，$\boldsymbol{R}(k)$ 为 k 时刻的测量噪声方差阵，有

$$\boldsymbol{R}(k)=\begin{bmatrix}\sigma^2 L_1(k) & 0 & 0\\ 0 & \sigma^2 L_2(k) & 0\\ 0 & 0 & \sigma^2 L_3(k)\end{bmatrix} \tag{6-30}$$

将 $\boldsymbol{H}$ 和 $\boldsymbol{R}(k)$ 代入式(6-29)，可得纬度的马尔可夫估计的具体表达式为

$$\hat{\boldsymbol{L}}(k)=\left(\frac{1}{\sigma^2 L_1(k)}+\frac{1}{\sigma^2 L_2(k)}+\frac{1}{\sigma^2 L_3(k)}\right)^{-1}\left(\frac{\tilde{L}_1(k)}{\sigma^2 L_1(k)}+\frac{\tilde{L}_2(k)}{\sigma^2 L_2(k)}+\frac{\tilde{L}_3(k)}{\sigma^2 L_3(k)}\right) \tag{6-31}$$

同理，经度的马尔可夫估计结果可以表示为

$$\hat{\boldsymbol{\lambda}}(k)=\left(\frac{1}{\sigma^2\lambda_1(k)}+\frac{1}{\sigma^2\lambda_2(k)}+\frac{1}{\sigma^2\lambda_3(k)}\right)^{-1}\left(\frac{\tilde{\lambda}_1(k)}{\sigma^2\lambda_1(k)}+\frac{\tilde{\lambda}_2(k)}{\sigma^2\lambda_2(k)}+\frac{\tilde{\lambda}_3(k)}{\sigma^2\lambda_3(k)}\right) \tag{6-32}$$

因此，想要通过马尔可夫最小二乘估计的方法得到式(6-31)和式(6-32)中 $\hat{\boldsymbol{L}}(k)$ 和 $\hat{\boldsymbol{\lambda}}(k)$ 的最优结果，就必须知道 k 时刻误差 $\delta L_i(k)$、$\sigma\lambda_i(k)(i=1,2,3)$ 的方差统计特性。从产生机理分析，位置误差主要由初始对准误差、陀螺仪和加速度计的随机常值零偏和随机游走引起。其中，陀螺仪和加速度计的随机常值零偏在逐次启动时随机产生，而后保持常值，成为影响初始对准精度的主要因素，进而影响导航位置精度。惯组的导航位置误差随时间累积，$\delta L_i(k)(i=1,2,3)$ 具有时变的性质，且方差随时间增长而增大。

影响位置误差的因素较多，相互间又有很大的相关性，因此想要通过理论推导的方法得到位置误差的统计特性较为困难。通过统计的方法近似求取 $\sigma^2 L_i(k)$ 需要大量测试实验，对每一时刻的导航位置误差做方差分析。

基于上述分析，提出一种对位置误差方差特性建模的方法，通过多次导航测试实验求取位置误差方差的统计模型。

位置误差的发散特性可以用时间的三次函数近似，以纬度误差为例，其均方根特性 $\sigma L(t)$ 可以描述为

$$\sigma L(t)=a_3t^3+a_2t^2+a_1t+a_0 \tag{6-33}$$

导航开始时真实纬度精确已知，因此 $a_0=0$ 。这样式(6-33)可以简化为

$$\sigma L(t)=a_3t^3+a_2t^2+a_1t \tag{6-34}$$

因此只要求解出系数 a_1、a_2、a_3 ，就可以解算任意时刻的导航位置误差方差特性。现在给定一套 IMU，在静止条件下做 N 次静态导航试验，为得到更好的统计结果，这里 $N>10$ ，次数越多，结果的可信度越高。记导航初始时刻 $t_0=0$ ，在不同的时刻 $t_1,t_2,\cdots,t_k$ ，记录 N 次导航解算的位置误差，仍以纬度为例，得到：

$$\begin{cases}[\delta L_1(t_1)\ \ \delta L_1(t_2)\ \ \cdots\ \ \delta L_1(t_k)]\\ [\delta L_2(t_1)\ \ \delta L_2(t_2)\ \ \cdots\ \ \delta L_2(t_k)]\\ \qquad\qquad\vdots\\ [\delta L_N(t_1)\ \ \delta L_N(t_2)\ \ \cdots\ \ \delta L_N(t_k)]\end{cases} \tag{6-35}$$

取 N 次导航解算的同一时刻导航解算误差，计算误差均方根特性，得到：

$$\sigma L(t_i)=\sqrt{\frac{1}{N-1}\sum_{j=1}^{N}\delta^2 L_j(t_i)},\quad i=1,2,\cdots,k \tag{6-36}$$

这样可以得到 $\sigma L(t_1),\sigma L(t_2),\cdots,\sigma L(t_k)$，将其代入误差均方根模型，并考虑模型不准确性，整理可得

$$\begin{bmatrix}\sigma L(t_1)\\ \sigma L(t_2)\\ \vdots\\ \sigma L(t_k)\end{bmatrix}=\begin{bmatrix}t_1 & t_1^2 & t_1^3\\ t_2 & t_2^2 & t_2^3\\ \vdots & \vdots & \vdots\\ t_k & t_k^2 & t_k^3\end{bmatrix}\begin{bmatrix}a_1\\ a_2\\ a_3\end{bmatrix}+\begin{bmatrix}v(t_1)\\ v(t_2)\\ \vdots\\ v(t_k)\end{bmatrix} \tag{6-37}$$

将式(6-37)记为

$$\boldsymbol{Z}=\boldsymbol{H}\boldsymbol{a}+\boldsymbol{V} \tag{6-38}$$

至此，利用最小二乘估计的方法可以求解出系数 a_1、a_2、a_3，具体为

$$\boldsymbol{a}=\begin{bmatrix}a_1\\ a_2\\ a_3\end{bmatrix}=(\boldsymbol{H}^{\mathrm{T}}\boldsymbol{H})^{-1}\boldsymbol{H}^{\mathrm{T}}\boldsymbol{Z} \tag{6-39}$$

在三套惯组平行安装方案中，分别对三套惯组做上述数据处理，可以得到三套惯组导航位置误差方差特性的解析求解公式。这样，利用三套惯组的导航结果构造最优导航解就可以采用马尔可夫加权最小二乘估计的方法作为最优估计的方法，得到比一般最小二乘估计更加优化的导航结果。

2. 仿真分析

根据图 6-18 所示轨迹发生器生成的数据进行仿真分析。

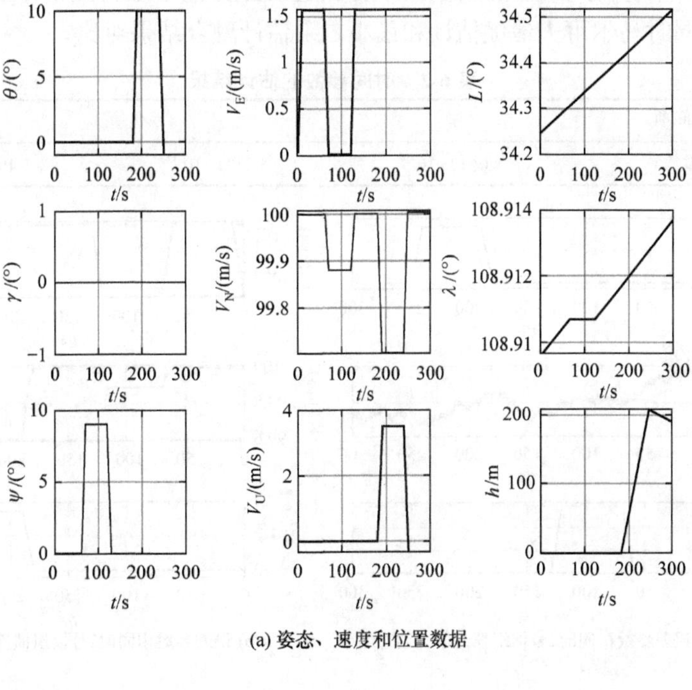

(a) 姿态、速度和位置数据

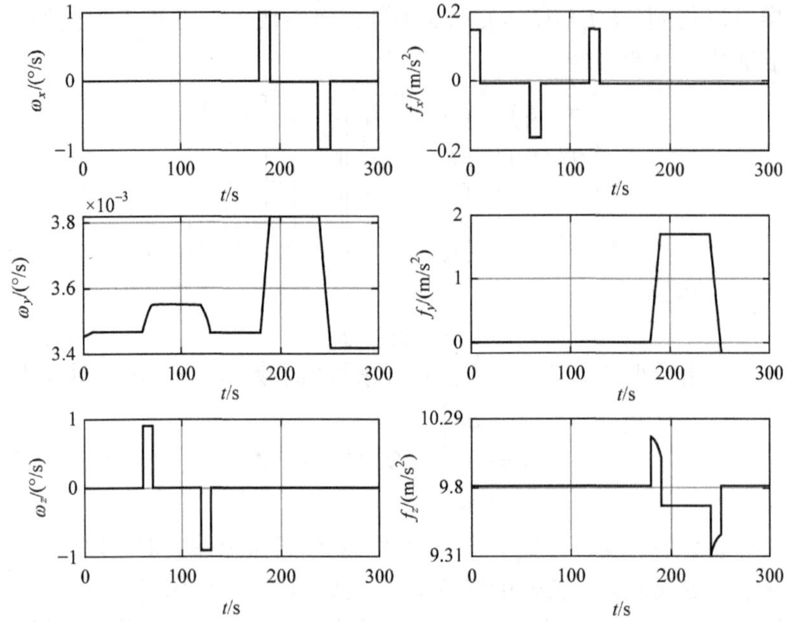

(b) 陀螺仪和加速度计输出数据

图 6-18　轨迹发生器生成的数据

加入陀螺仪与加速度计的误差参数为$0.01°/\sqrt{h}$与$1\mu g/\sqrt{Hz}$，表 6-2 为对应时间参数的估计结果。图 6-19～图 6-21 分别是三套惯组惯性解算结果，图 6-22 是误差参数相同时马尔可夫最优估计和最小二乘估计融合结果对比。

表 6-2　时间参数的估计结果

时间项	t^3	t^2	t
参数	8.0617×10^{-14}	5.2121×10^{-12}	-1.4978×10^{-10}

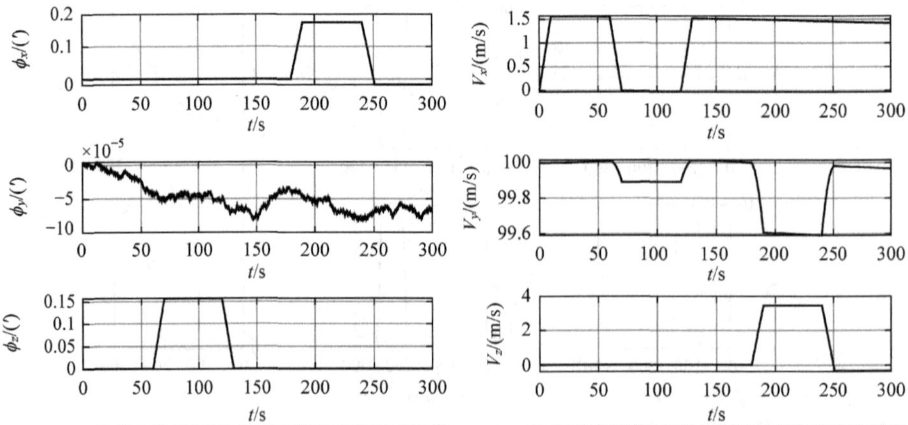

(a) 误差参数相同时2号惯组惯性解算姿态结果　(b) 误差参数相同时2号惯组惯性解算速度结果

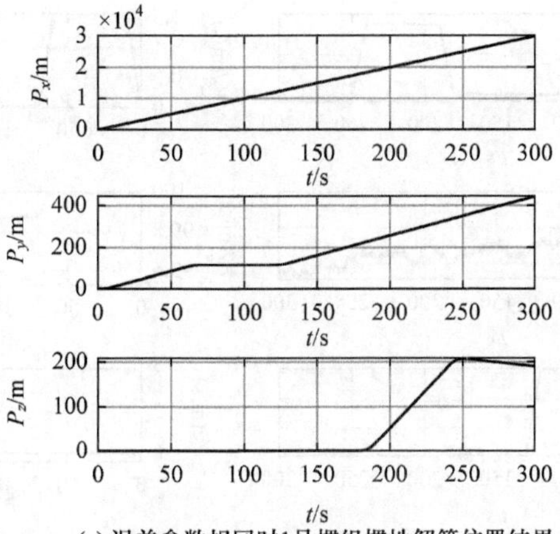

(c) 误差参数相同时1号惯组惯性解算位置结果

图 6-19　误差参数相同时 1 号惯组惯性解算结果

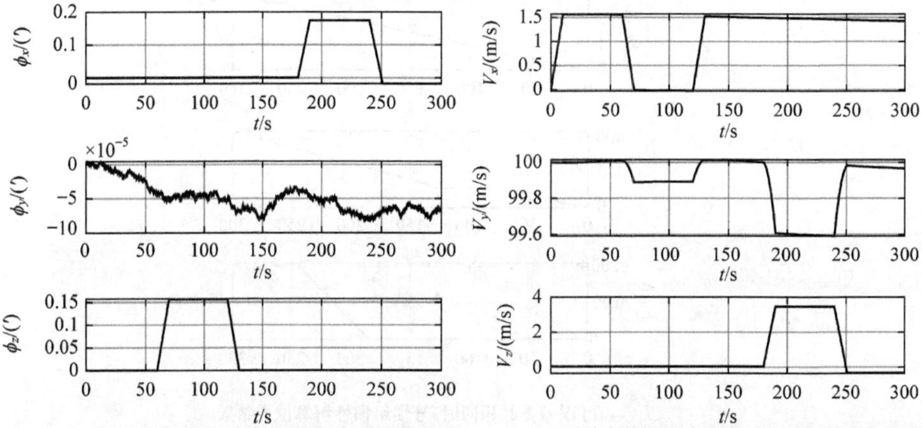

(a) 误差参数相同时2号惯组惯性解算姿态结果　　(b) 误差参数相同时2号惯组惯性解算速度结果

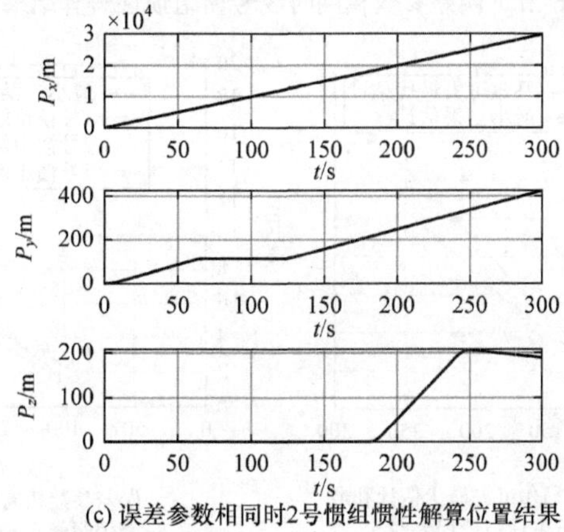

(c) 误差参数相同时2号惯组惯性解算位置结果

图 6-20　误差参数相同时 2 号惯组惯性解算结果

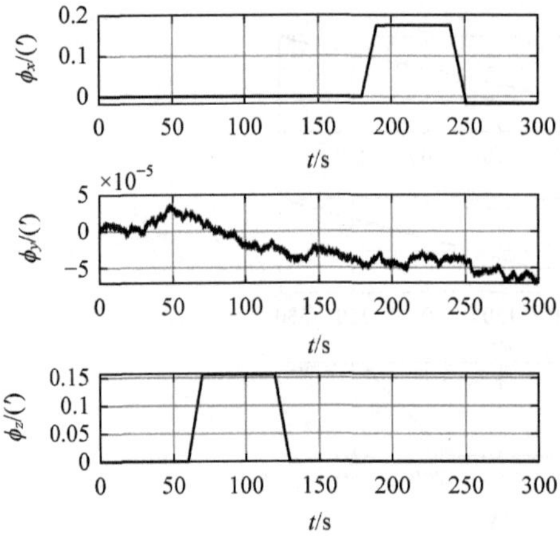

(a) 误差参数相同时3号惯组惯性解算姿态结果

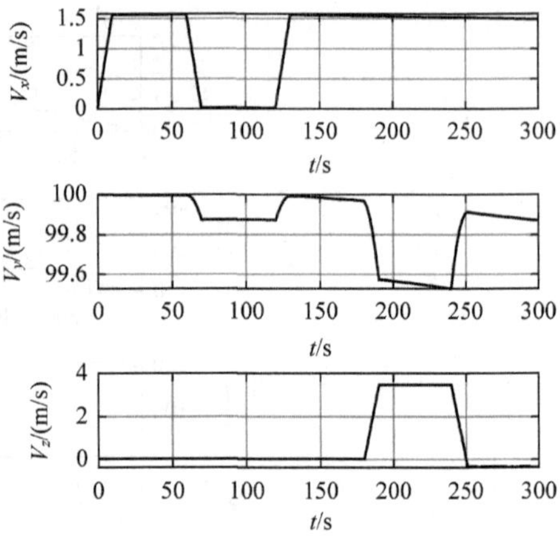

(b) 误差参数相同时3号惯组惯性解算速度结果

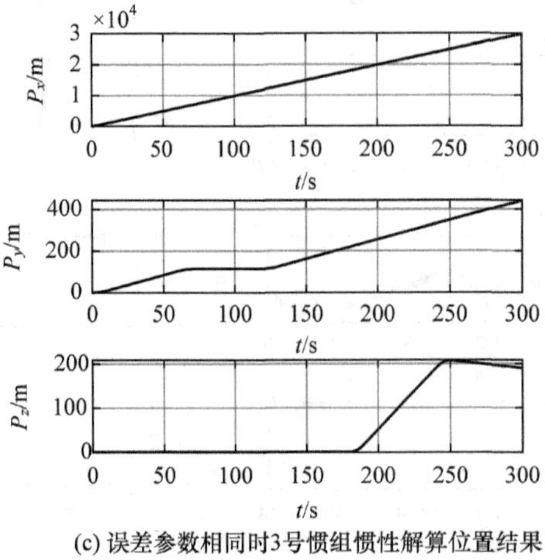

(c) 误差参数相同时3号惯组惯性解算位置结果

图 6-21　误差参数相同时 3 号惯组惯性解算结果

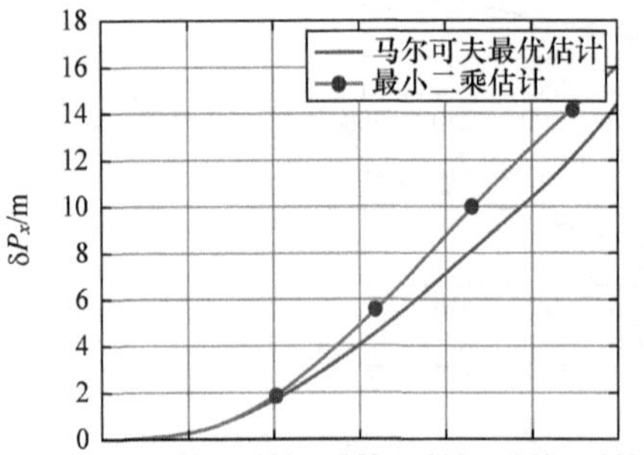

(a) 误差参数相同时马尔可夫最优估计和最小二乘估计融合x方向位置误差对比

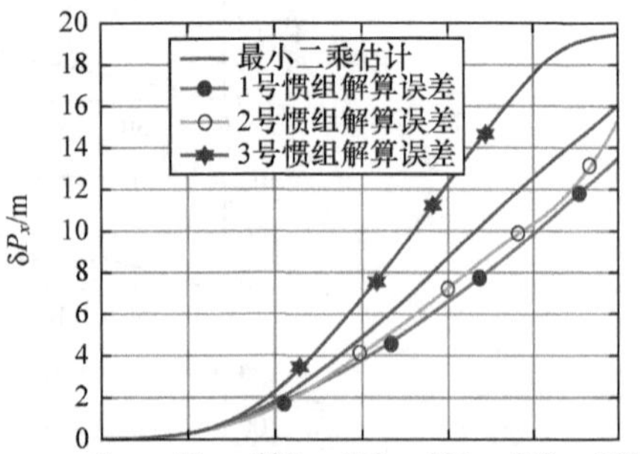

(b) 误差参数相同时最小二乘估计和三套惯组解算x方向位置误差对比

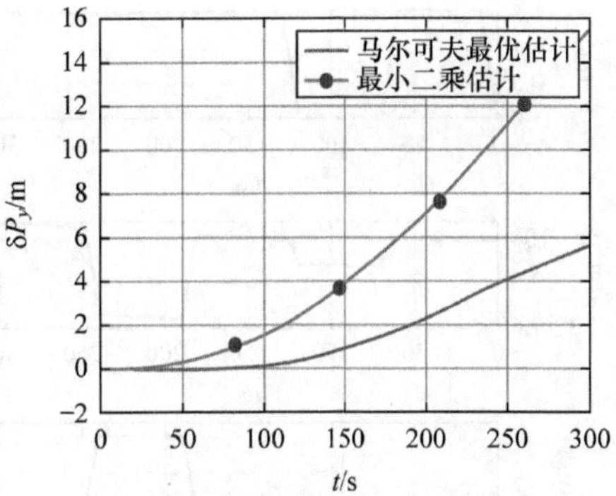

(c) 误差参数相同时马尔可夫最优估计和最小二乘估计融合y方向位置误差对比

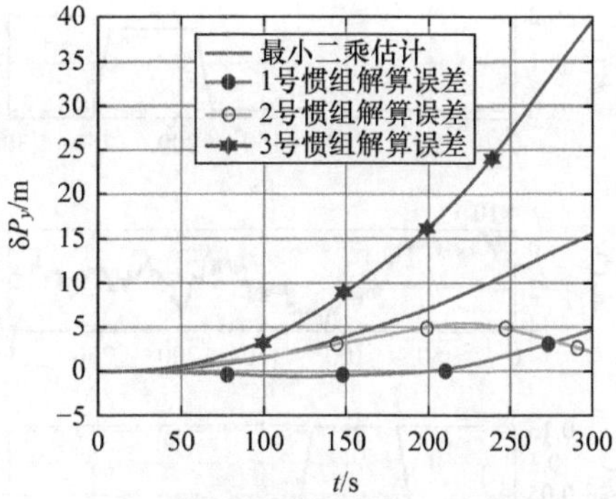

(d) 误差参数相同时最小二乘估计和三套惯组解算y方向位置误差对比

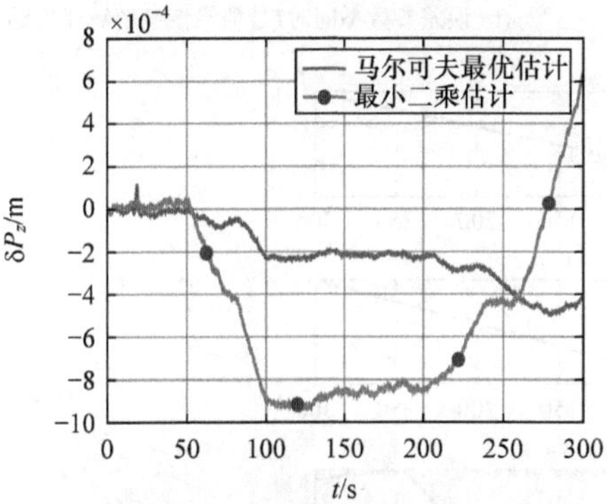

(e) 误差参数相同时马尔可夫最优估计和最小二乘估计融合z方向位置误差对比

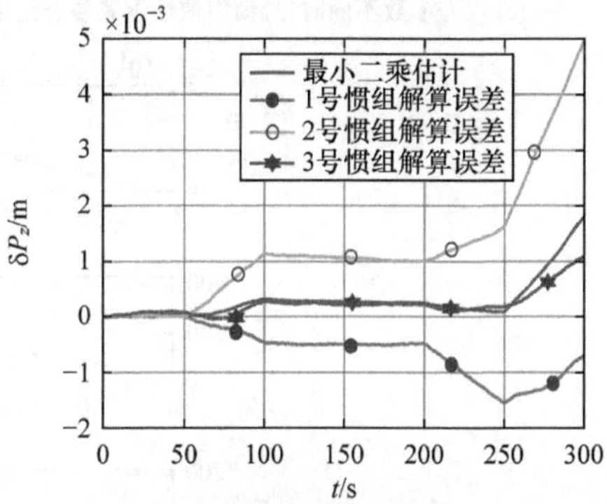

(f) 误差参数相同时最小二乘估计和三套惯组解算z方向位置误差对比

图 6-22　误差参数相同时马尔可夫最优估计和最小二乘估计融合结果对比

当三套惯组的误差参数不同时，1 号惯组为 $0.01°/\sqrt{\mathrm{h}}$ 与 $10\mu\mathrm{g}/\sqrt{\mathrm{Hz}}$，2 号惯组为 $0.02°/\sqrt{\mathrm{h}}$ 与 $20\mu\mathrm{g}/\sqrt{\mathrm{Hz}}$，3 号惯组为 $0.03°/\sqrt{\mathrm{h}}$ 与 $50\mu\mathrm{g}/\sqrt{\mathrm{Hz}}$。表 6-3 为三套惯组时间参数的估计结果。图 6-23～图 6-25 分别是三套惯组惯性解算结果，图 6-26 是误差参数不同时马尔可夫最优估计和最小二乘估计融合结果对比。

表 6-3　当三套惯组的误差参数不同时，时间参数的估计结果

惯组序号	t^3	t^2	t
1 号	8.0617×10^{-14}	5.2121×10^{-12}	-1.4978×10^{-10}
2 号	5.6568×10^{-14}	2.2692×10^{-11}	-3.9845×10^{-11}
3 号	2.6156×10^{-13}	2.1961×10^{-11}	-4.9936×10^{-10}

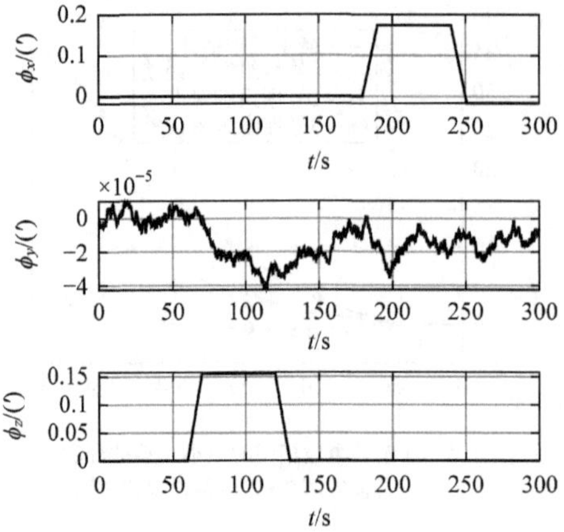

(a) 误差参数不同时1号惯组惯性解算姿态结果

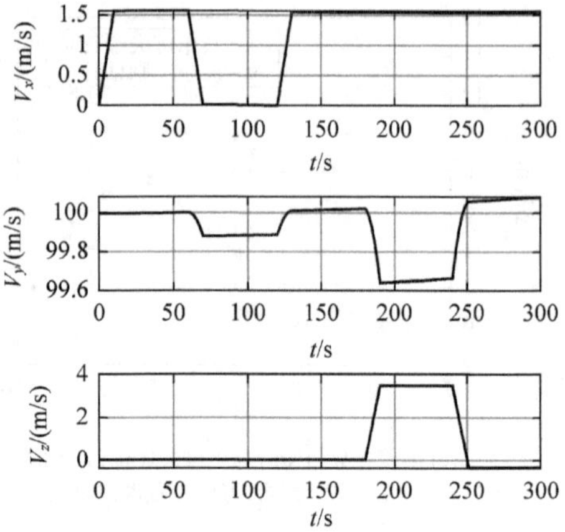

(b) 误差参数不同时1号惯组惯性解算速度结果

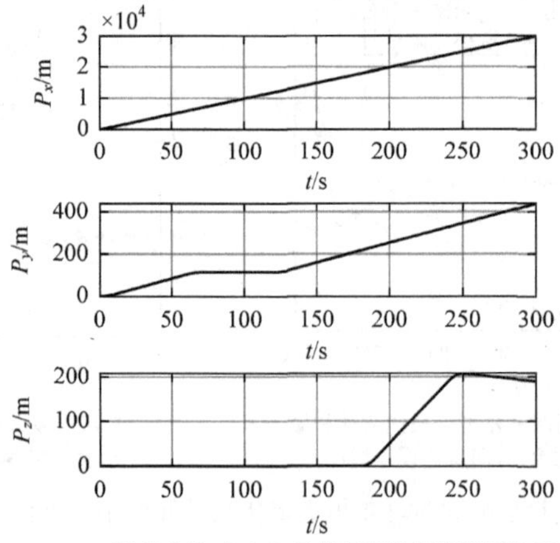

(c) 误差参数不同时1号惯组惯性解算位置结果

图 6-23　误差参数不同时 1 号惯组惯性解算结果

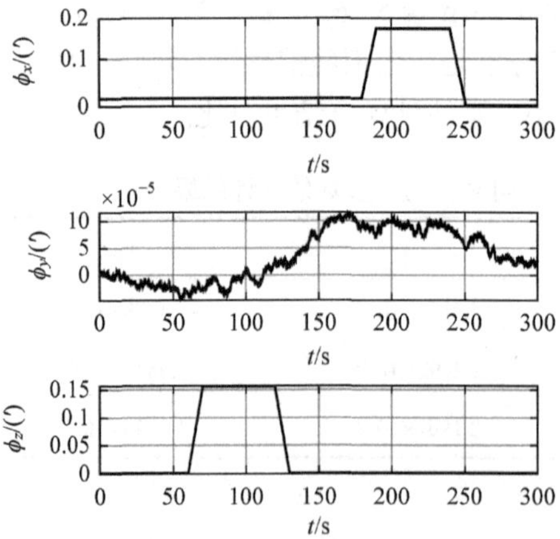

(a) 误差参数不同时2号惯组惯性解算姿态结果

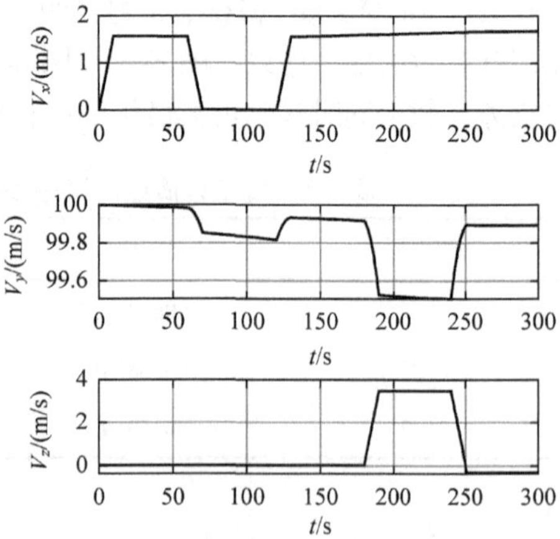

(b) 误差参数不同时2号惯组惯性解算速度结果

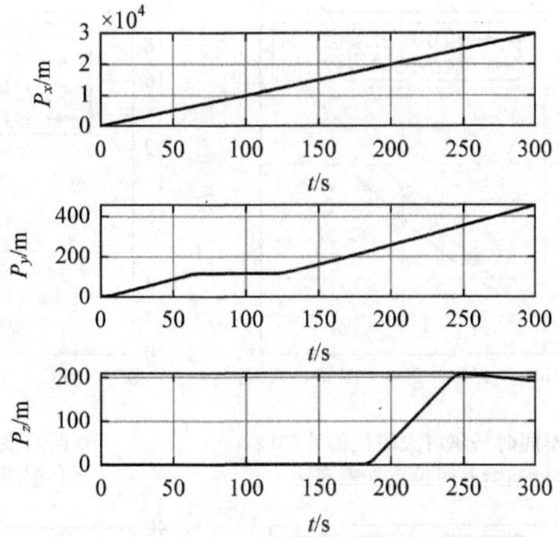

(c) 误差参数不同时2号惯组惯性解算位置结果

图 6-24 误差参数不同时 2 号惯组惯性解算结果

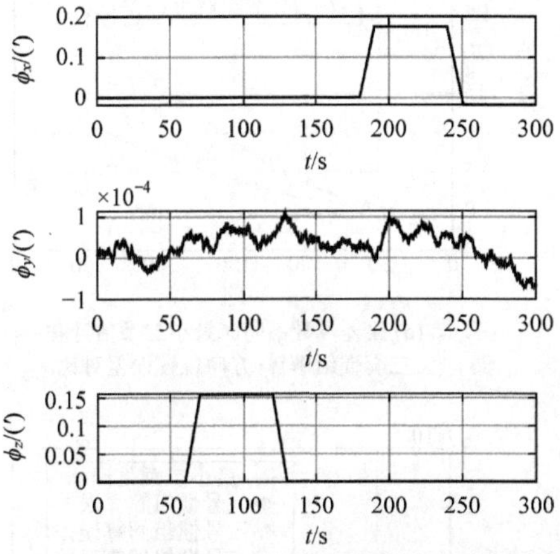

(a) 误差参数不同时3号惯组惯性解算姿态结果

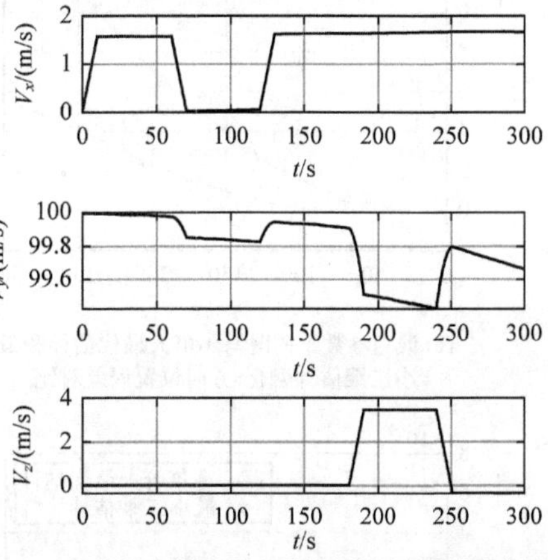

(b) 误差参数不同时3号惯组惯性解算速度结果

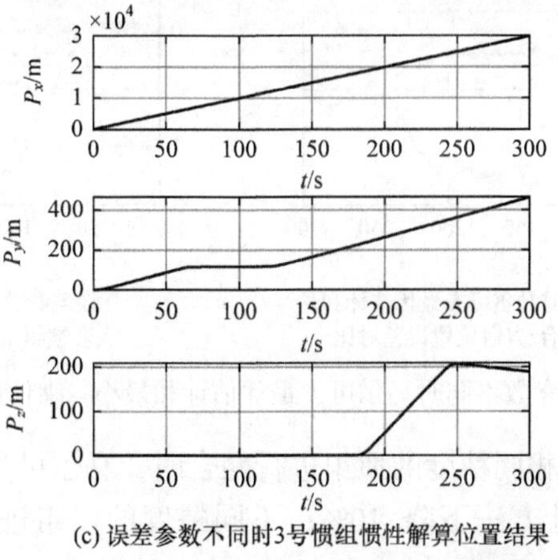

(c) 误差参数不同时3号惯组惯性解算位置结果

图 6-25 误差参数不同时 3 号惯组惯性解算结果

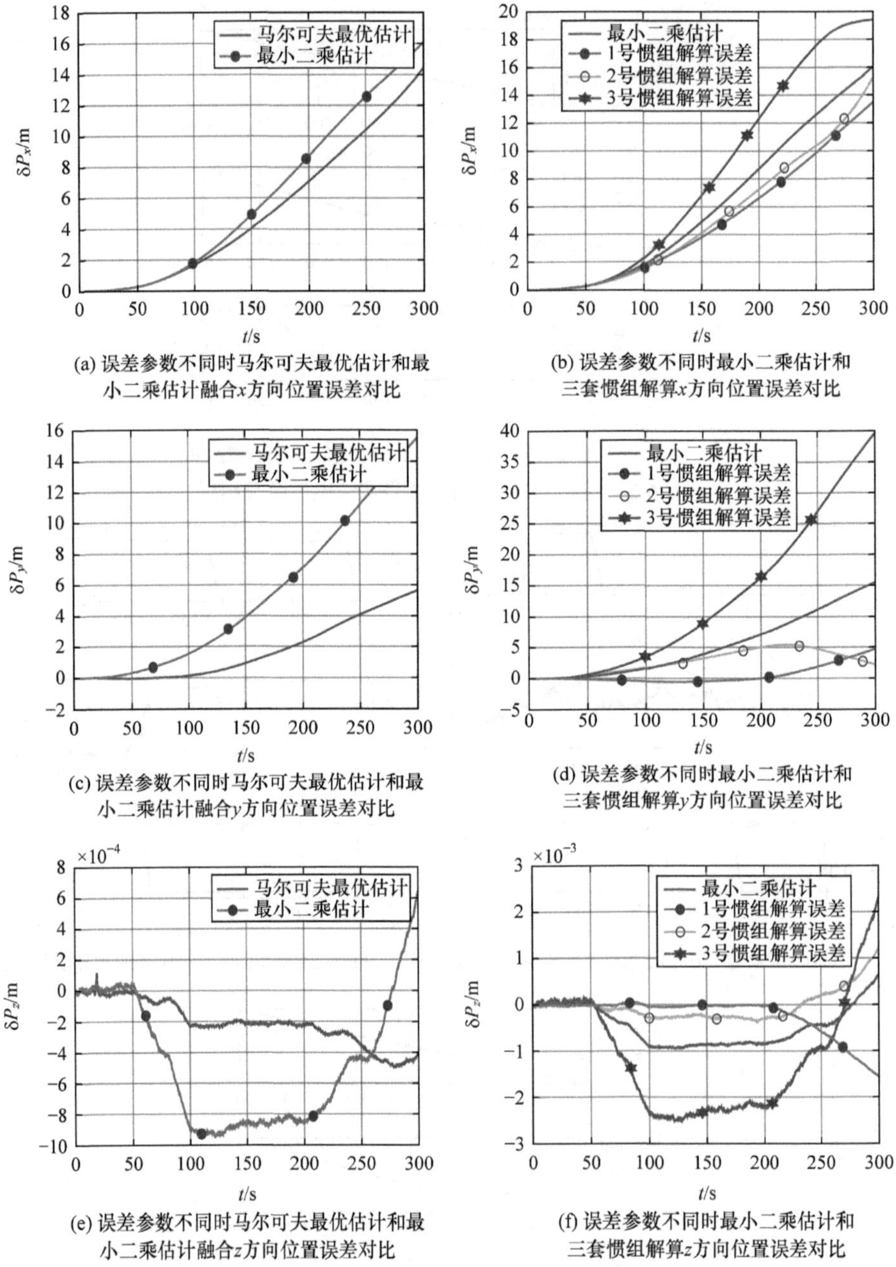

(a) 误差参数不同时马尔可夫最优估计和最小二乘估计融合x方向位置误差对比

(b) 误差参数不同时最小二乘估计和三套惯组解算x方向位置误差对比

(c) 误差参数不同时马尔可夫最优估计和最小二乘估计融合y方向位置误差对比

(d) 误差参数不同时最小二乘估计和三套惯组解算y方向位置误差对比

(e) 误差参数不同时马尔可夫最优估计和最小二乘估计融合z方向位置误差对比

(f) 误差参数不同时最小二乘估计和三套惯组解算z方向位置误差对比

图 6-26　误差参数不同时马尔可夫最优估计和最小二乘估计融合结果对比

仿真结果表明，相同精度的惯组进行融合时，马尔可夫最优估计方法的误差相较于最小二乘估计方法下降 10%；不同精度的惯组进行融合时，精度提升 15%～20%。

6.3.2　基于惯组间残差的卡尔曼滤波的同质数据融合方法

1. 数学方法

本小节提出的融合滤波方法流程如图 6-27 所示。

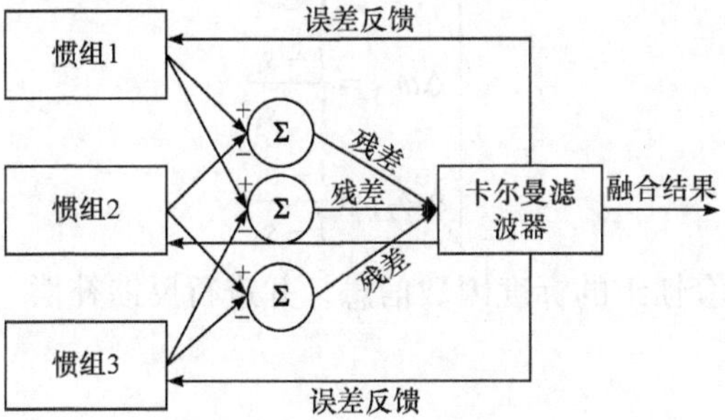

图 6-27　融合滤波方法流程

融合滤波方法以不同惯组间的数据残差为测量量，通过滤波求解出器件误差并反馈给惯组进行补偿，以提升融合精度。

假设惯组器件误差模型为

$$\begin{cases} \omega_{\text{measurement}} = (1-s)\omega_{\text{real}} + b_{\text{gyro}} + \varepsilon \\ a_{\text{measurement}} = (1-s)a_{\text{real}} + b_{\text{accel}} + \varepsilon \end{cases} \tag{6-40}$$

由于高精度外部数据不可用，因此以惯组间的残差作为测量量，对器件误差进行估计。

1) 零偏估计

以三套惯组为例，两两构建残差模型后进行滤波估计，状态量为姿态误差、速度误差、位置误差，以及两套惯组间的零偏差值。三次滤波估计后，可得到三组差值数据：

$$\begin{cases} b_{12} = b_1 - b_2 \\ b_{13} = b_1 - b_3 \\ b_{23} = b_2 - b_3 \end{cases} \tag{6-41}$$

因此可得出三套惯组的零偏信息，并进行反馈补偿。

2) 标度因数估计

由于标度因数与真实角速度和加速度数据相耦合，因此不能用常规组合导航方式进行估计，可以通过相邻时刻差值的方法消除耦合作用。

假设 t_k 与 t_{k+1} 时刻下的惯组数据为

$$\begin{cases} \omega_k = (1-s)\omega_{\text{real}\_k} + b_{\text{gyro}} \\ \omega_{k+1} = (1-s)\omega_{\text{real}\_k+1} + b_{\text{gyro}} \end{cases} \tag{6-42}$$

两者残差为

$$\Delta\omega = (1-s)(\omega_{\text{real}\_k+1} - \omega_{\text{real}\_k}) \tag{6-43}$$

相同时间间隔下，三套惯组的真值差$(\omega_{\text{real}_k+1} - \omega_{\text{real}_k})$相同，所以有

$$\begin{cases} \Delta\omega_{12} = \dfrac{1-s_1}{1-s_2} \\ \Delta\omega_{13} = \dfrac{1-s_1}{1-s_3} \\ \Delta\omega_{23} = \dfrac{1-s_2}{1-s_3} \end{cases} \tag{6-44}$$

因此可得出三套惯组的标度因数信息，并进行反馈补偿。

2. 仿真分析

设定补偿前的器件误差：陀螺仪标度因数误差 $s_{\text{gyro}} = 5\times10^{-4}$，零偏 $b_{\text{gyro}} = 0.01°/\text{h}$，加速度计标度因数误差 $s_{\text{accel}} = 5\times10^{-4}$，零偏 $b_{\text{accel}} = 100\mu\text{g}$。经过标定后，将标定结果补偿至原数据中。补偿前与补偿后的最小二乘估计融合结果对比如图 6-28 和图 6-29 所示。

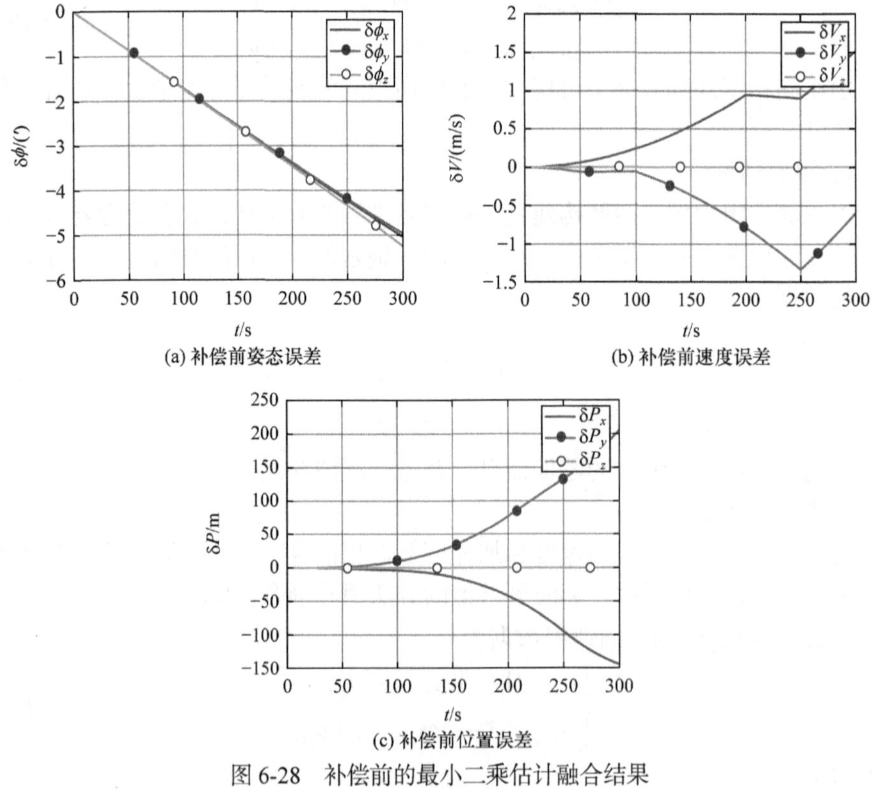

(a) 补偿前姿态误差　(b) 补偿前速度误差　(c) 补偿前位置误差

图 6-28　补偿前的最小二乘估计融合结果

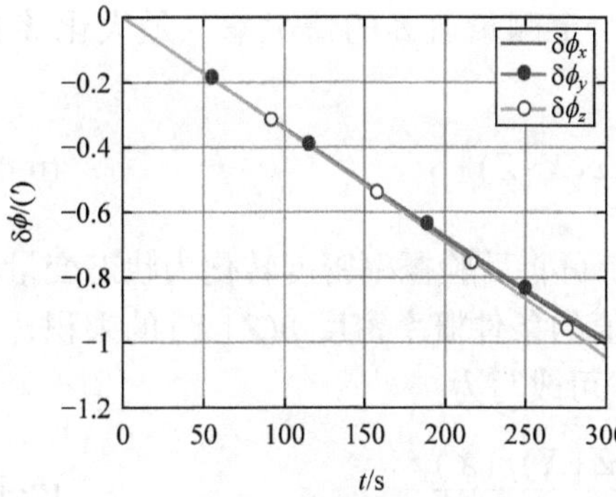

(a) 补偿后姿态误差

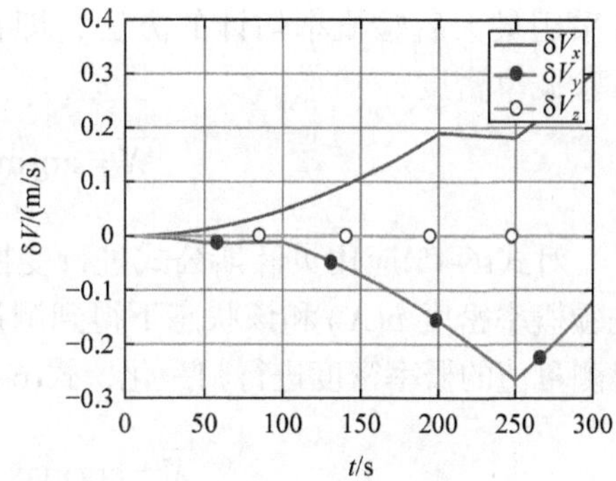

(b) 补偿后速度误差

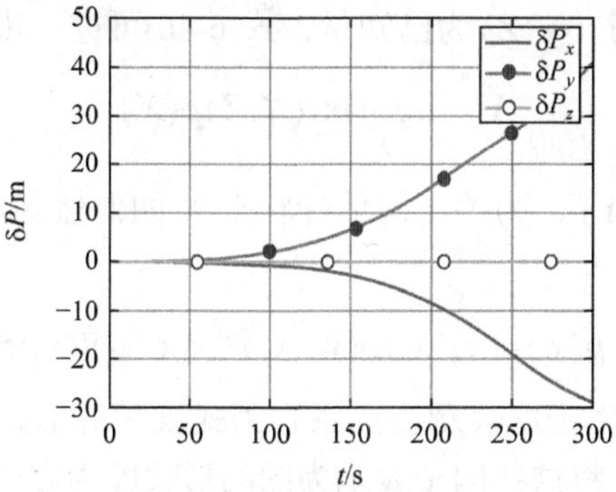

(c) 补偿后位置误差

图 6-29　补偿后的最小二乘估计融合结果

补偿后的导航误差比补偿前下降了 50%。最小二乘估计方法适用于高精度惯组与低精度惯组同时使用的冗余结构，因为相同精度时误差参数相同或相近的情况下将无法准确估计，且该方法只能估计出各个误差参数的差值，需要高精度惯组误差参数的支持。

6.3.3　基于因子图优化的同质数据融合方法

1. 数学方法

采用因子图算法中的位姿图优化算法解决多套惯组数据融合问题。

因子图算法将传感器融合视作状态估计问题，根据观测到的信息对当前的状态进行推断。由于测量值具有不确定性，虽然无法准确地反映所求变量的真实状态，但利用测量值可推断出真实状态的概率。因此，状态估计可用条件概率密度来表示：$p(X|Z)$。式中，X 为待估计的状态；Z 为传感器的测量值。当条件概率密度达到最大时，$\bar{X}$ 即为 X 的估计值。对状态 X 的估计，

可采用最大后验概率估计的方法，即在给定测量值 Z 的情况下，最大化 X 的后验概率密度：

$$\overline{X}=\underset{X}{\arg\max}\, p(X\mid Z) \tag{6-45}$$

对式(6-45)应用贝叶斯公式进行变换，可将后验概率密度转化为状态变量的先验概率密度 $p(X)$ 和该状态下得到测量值的条件概率密度 $p(Z\mid X)$ 的乘积，并对测量值的概率密度进行归一化，式(6-45)可改写为

$$\overline{X}=\underset{X}{\arg\max}\frac{p(Z\mid X)p(X)}{p(Z)} \tag{6-46}$$

当给定测量值 Z 时，$p(Z)$ 为已知量，式(6-46)可进一步改写为

$$\overline{X}=\underset{X}{\arg\max}\, l(X;Z)p(X) \tag{6-47}$$

式中，$l(X;Z)\propto p(Z\mid X)$，为关于待估计状态 X 的似然函数。因此，式(6-47)可展开为

$$p(X\mid Z)\propto p(x_1)p(x_2\mid x_1)p(x_3\mid x_2)\cdots l(x_1;z_1)l(x_2;z_2)l(x_3;z_3) \tag{6-48}$$

式(6-48)将条件概率密度表示为一系列因式乘积的形式，乘积中的每一项都可以表示为一个因子，将这些因子表示为图的形式即为因子图。因子图是一种基于马尔可夫链的图模型，在形式上可记为 $G=(\mathcal{F},\mathcal{X},\mathcal{E})$。因子图包括两种节点：变量节点，记为 $x_j\in\mathcal{X}$，表示待估计的状态；因子节点，记为 $f_i\in\mathcal{F}$，表示变量的后验概率密度，对应式(6-48)的各项因式。变量节点和因子节点之间通过边 $e_{ij}\in\mathcal{E}$ 编码，表示因子与相关变量之间的包含关系。因子图可以用公式表示不同的状态推断问题，是状态估计问题的图模型表示形式，它将节点的条件概率密度以因子节点的形式表示，因子节点只与其测量模型中出现的状态变量节点相连接。当一个新的传感器测量值加入因子图时，只需建立该传感器测量值的因子模型，并与相关的变量节点建立连接。因此，因子图具有表示直观、便于维护等特点。因子图结构如图 6-30 所示，图中方块表示位姿，圆表示惯组测量量，实线表示边。

由式(6-48)可得，因子图 G 的数学模型 $f(\mathcal{X})$ 是构成因子图因子的乘积：

$$f(\mathcal{X})=\prod_i f_i(\mathcal{X}_i) \tag{6-49}$$

式中，$\mathcal{X}_i$ 为与因子 f_i 相关的变量集合，每一个因子 f_i 都是变量 $\mathcal{X}_i$ 的函数。因子不仅可以表示后验概率密度，还可指定变量集合 $\mathcal{X}_i$ 上的因子函数 $f_i(\mathcal{X}_i)$。

由于传感器的测量模型具有不同的表示形式，这里将测量模型统一定义为

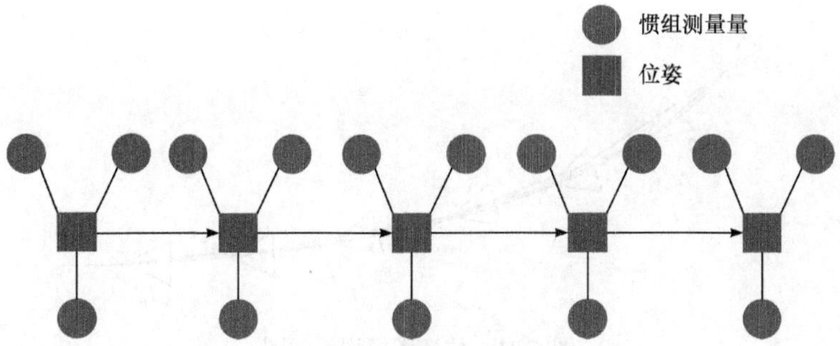

图 6-30　因子图结构示意图

$h_i(\mathcal{X}_i)$。式(6-49)中，因子函数 $f_i(\mathcal{X}_i)$ 可通过测量模型 $h_i(\mathcal{X}_i)$ 和实际测量值 $\tilde{z}_i$ 的代价函数定义，假设在协方差为 Σ 的噪声模型下，因子函数 $f_i(\mathcal{X}_i)$ 可表示为

$$f_i(\mathcal{X}_i)=\|h_i(\mathcal{X}_i)-\tilde{z}_i\|_{\Sigma}^2 \tag{6-50}$$

式中，$\|\cdot\|_{\Sigma}^2$ 为 Mahalanobis 距离。假设噪声符合高斯模型，因子函数 $f_i(\mathcal{X}_i)$ 可进一步表示为

$$f_i(\mathcal{X}_i)\propto\exp\left(-\frac{1}{2}\|h_i(\mathcal{X}_i)-\tilde{z}_i\|_{\Sigma}^2\right) \tag{6-51}$$

综合以上推导过程，对变量集合 $\mathcal{X}_i$ 进行估计，通过调整变量集合 $\mathcal{X}_i$ 的取值，使式(6-49)的函数值最大化，该过程对应着一个最优化问题，即

$$\overline{\mathcal{X}}=\arg\min_{\mathcal{X}}(-\lg(f(\mathcal{X})))=\arg\min_{\mathcal{X}}\frac{1}{2}\sum_i\|h_i(\mathcal{X}_i)-\tilde{z}_i\|_{\Sigma_i}^2 \tag{6-52}$$

与所求状态相关的代价函数通常是非线性的。对于式(6-52)表示的最优化问题，常通过非线性优化方法求解。求解非线性最优化问题，通常可采用高斯–牛顿法或列文伯格–马夸尔特法。

在优化求解过程的每一次迭代中，通过在线性化点 $\mathcal{X}$ 处对代价函数进行线性化，将原问题转化为一个关于下降矢量 Δ 的最小二乘估计问题：

$$\overline{\Delta}=\arg\min_{\Delta}(-\lg(f(\Delta)))=\arg\min_{\Delta}\sum_i\|A_i\Delta_i-b_i\|_2^2 \tag{6-53}$$

式中，A_i 为测量雅可比矩阵。当 Δ 确定时，通过 $\mathcal{X}\oplus\Delta$ 即可完成对变量状态的更新。

由于传感器为多套惯组，不存在组合导航中传感器频率不一致的情况，因此构建位姿图模型(图 6-31)对位置进行优化。

位姿图中的节点表示某惯组解算后的位姿，以 $T_1,T_2,\cdots,T_n$ 表示，边为两个位

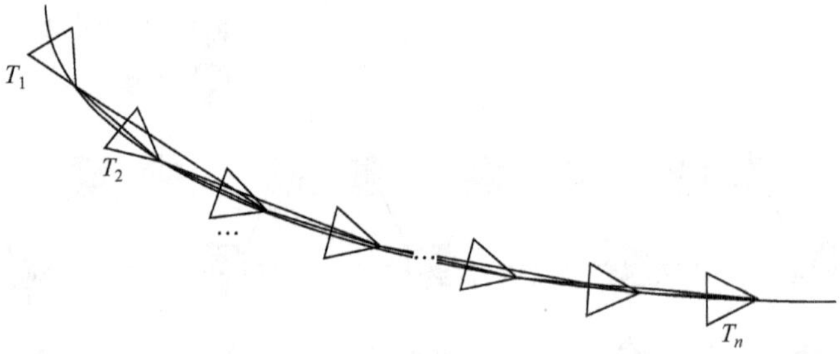

图 6-31　位姿图模型示意图

姿节点的估计，该估计来自于其余惯组积分。所有位姿边构成了一个图优化，本质上是一个最小二乘估计问题，优化变量为各个节点的位姿，边来自位姿观测约束。记 ε 为所有边的集合，总体目标函数为

$$J=\min_{J}\frac{1}{2}\sum_{i,j\in\varepsilon}e_{ij}^{\mathrm{T}}\Sigma_{ij}^{-1}e_{ij} \tag{6-54}$$

针对总体目标函数，可以用高斯-牛顿法、列文伯格-马夸尔特法求解。

需要注意的是，位姿图优化方法主要解决频率不一致的组合导航问题。由于多套惯组的频率一致且不存在多类型传感器，因此位姿图优化方法与普通最小二乘估计一致。

2. 仿真分析

使用图 6-18 的轨迹数据和误差参数进行分析，不同的惯组惯性解算结果如图 6-32～图 6-34 所示，位姿图优化与最小二乘估计融合位置误差对比如图 6-35 所示。

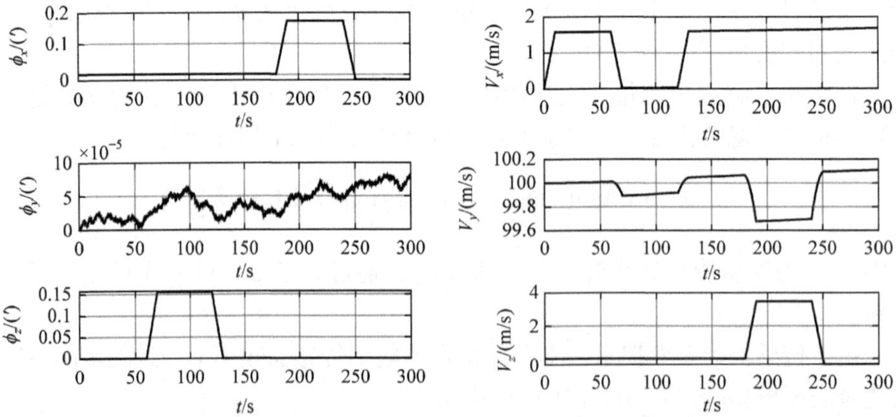

(a) 1号惯组惯性解算姿态结果　　(b) 1号惯组惯性解算速度结果

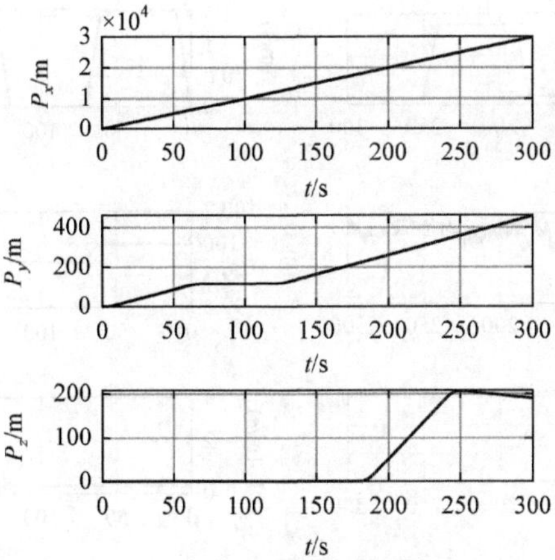

(c) 1号惯组惯性解算位置结果

图 6-32　1 号惯组惯性解算结果

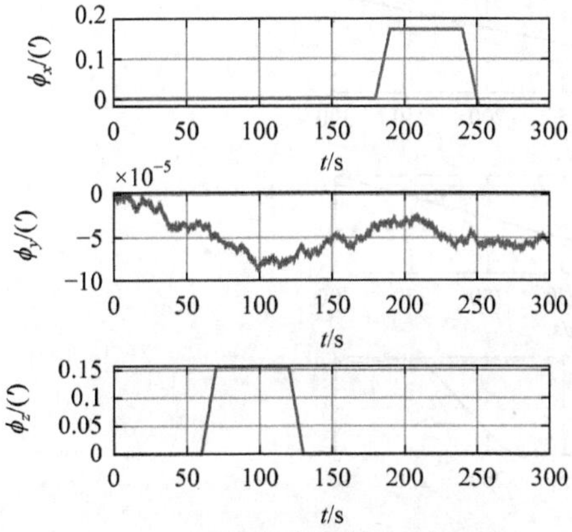

(a) 2号惯组惯性解算姿态结果

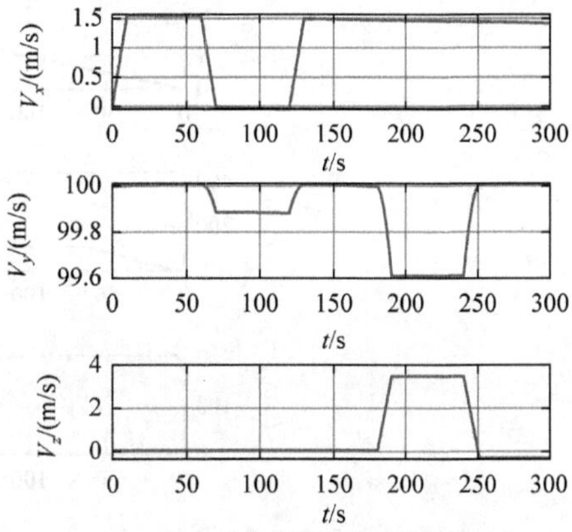

(b) 2号惯组惯性解算速度结果

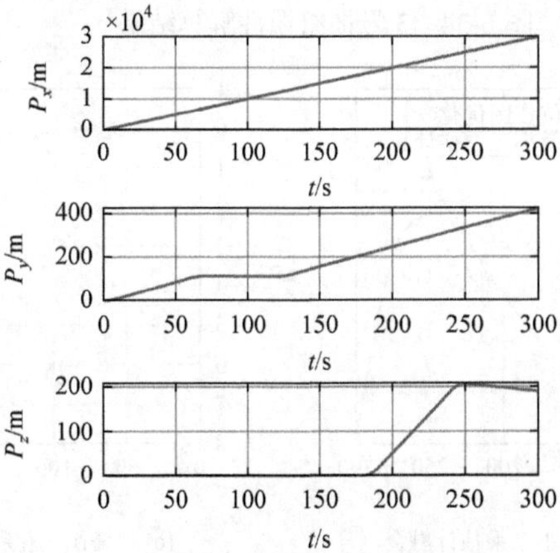

(c) 2号惯组惯性解算位置结果

图 6-33　2 号惯组惯性解算结果

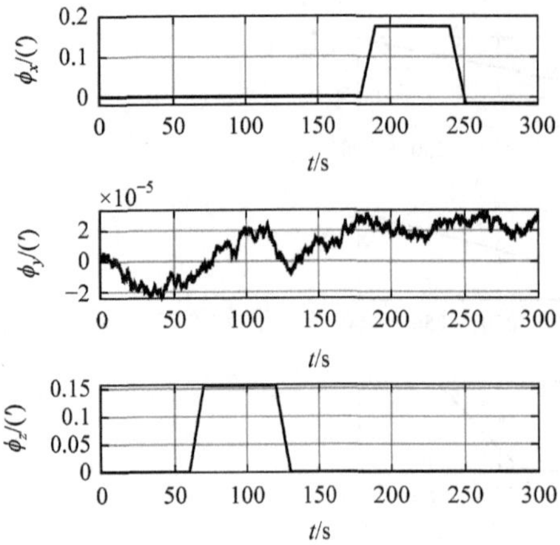

(a) 3号惯组惯性解算姿态结果

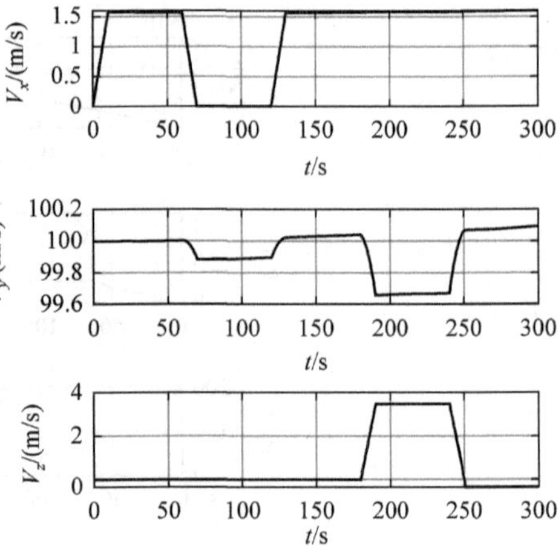

(b) 3号惯组惯性解算速度结果

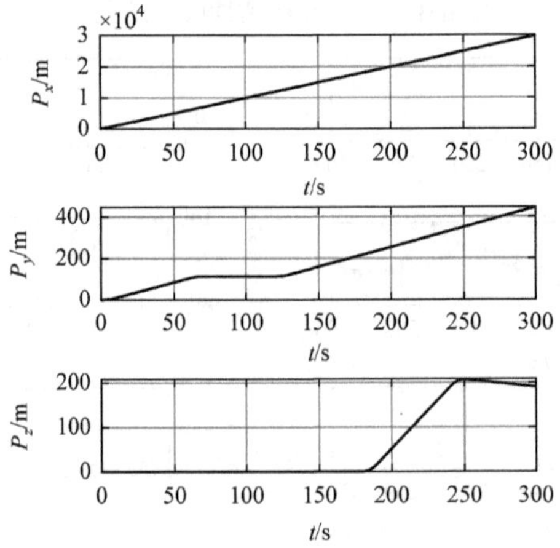

(c) 3号惯组惯性解算位置结果

图 6-34　3 号惯组惯性解算结果

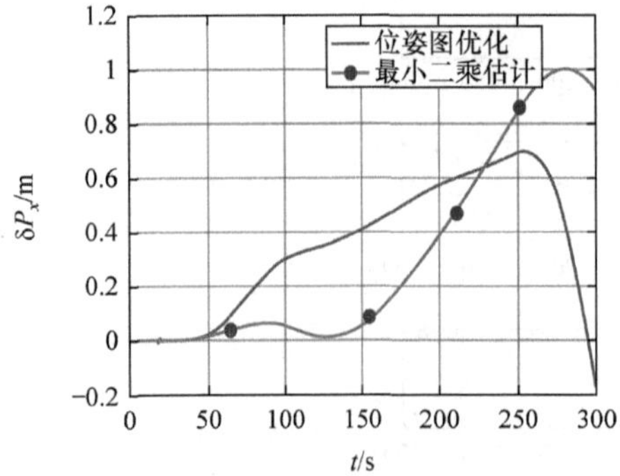

(a) 位姿图优化和最小二乘估计融合
x方向位置误差对比

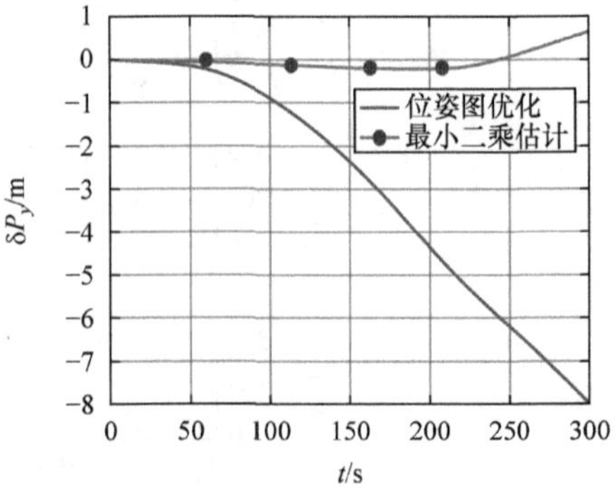

(b) 位姿图优化和最小二乘估计融合
y方向位置误差对比

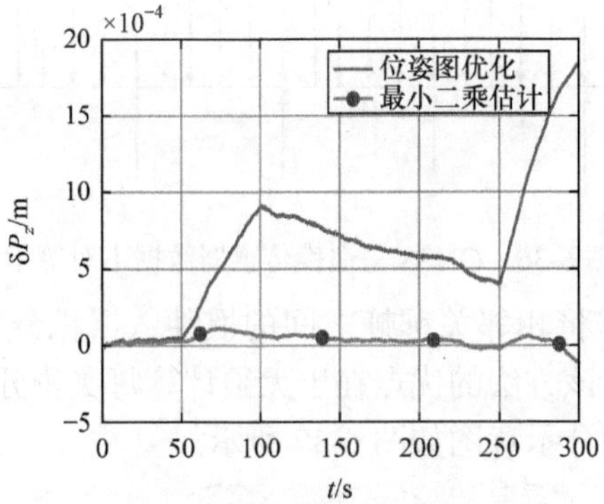

(c) 位姿图优化和最小二乘估计融合 z方向位置误差对比

图 6-35　位姿图优化与最小二乘估计融合位置误差对比

仿真分析结果表明，位姿图优化方法与最小二乘估计对多套惯组精度提升效果一致。原因在于位姿图优化方法主要解决惯组与 GNSS 或视觉相机的组合导航问题，构建的代价函数主要通过最小二乘估计原理进行优化。

6.4　基于因子图的 GNSS/RIMU 异质数据融合方法

纯惯性导航系统存在积分流程，导致定位误差持续累积。为解决该问题，需要结合外部高精度导航数据对惯性解算结果进行修正，常规方法为构建卡尔曼滤波系统，其通过构建残差测量量对惯性解算误差进行修正。大量仿真与实验证明，基于卡尔曼滤波系统的组合导航方法能够提升导航精度，抑制惯性解算的误差积累。但滤波方法仅利用单帧信息进行一步预测与一步更新，而待优化帧前的数帧均能够对其进行状态估计。因此本节根据该思路，针对如何利用数帧信息对待优化帧进行状态估计的问题进行研究，设计基于因子图的数据融合方法以提升导航精度。

6.4.1　因子节点设计

1. 惯性因子

惯性传感器具有较高的数据采集频率，往往能够达到几百甚至上千赫兹，而 GNSS 的数据采集频率远远低于惯性传感器。因此在 GNSS 与惯性传感器的时间戳完全对齐的条件下，两个相邻 GNSS 数据之间存在大量惯性传感器测量数据，如图 6-36 所示。

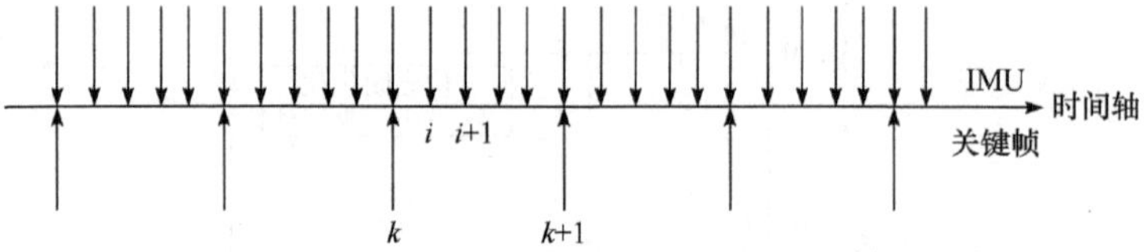

图 6-36 GNSS 与惯性传感器数据不对等示意图

为简化计算，需将相邻关键帧之间的惯性数据积分至关键帧，文献[106]提出一种预积分方法，该方法的优点在于无须计算每次积分时刻的初始值，大幅度降低计算成本，预积分示意图如图 6-37 所示。

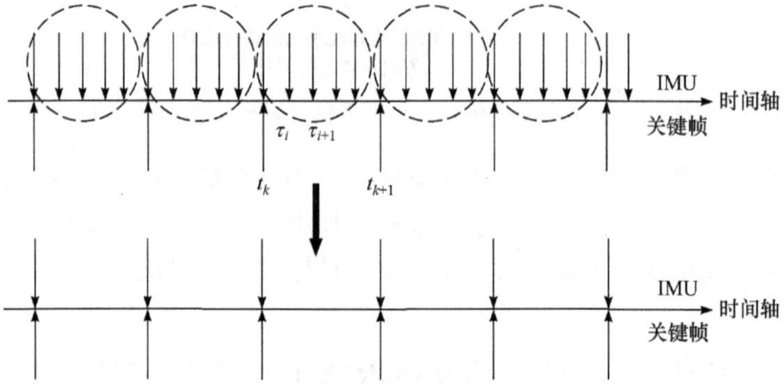

图 6-37 预积分示意图

对式(2-6)进行数值积分，可得

$$\begin{aligned}\boldsymbol{v}_{b_k}^n &= \boldsymbol{v}_{b_{k-1}}^n + \int_{t_{k-1}}^{t_k} \boldsymbol{C}_{b(t)}^n \boldsymbol{f}^b(t)\mathrm{d}t - \int_{t_{k-1}}^{t_k} (2\boldsymbol{\omega}_{ie}^n + \boldsymbol{\omega}_{en}^n) \times \boldsymbol{v}_{b(t)}^n \mathrm{d}t + \int_{t_{k-1}}^{t_k} \boldsymbol{g}^n(t)\mathrm{d}t \\ &= \boldsymbol{v}_{b_{k-1}}^n + \boldsymbol{C}_{b_{n(k-1)}}^n \Delta\boldsymbol{v}_{k-1,k}^{\mathrm{pre}} + \boldsymbol{g}_{k-1}^n \Delta t_{k-1,k} - \Delta\boldsymbol{v}_{k-1,k}^{\mathrm{cor}}\end{aligned} \tag{6-55}$$

式中，$b(t)$ 为 t 时刻的导航坐标系；$\Delta\boldsymbol{v}_{k-1,k}^{\mathrm{pre}}$ 为惯性解算速度预积分项，其具体形式为

$$\Delta\boldsymbol{v}_{k-1,k}^{\mathrm{pre}} = \int_{t_{k-1}}^{t_k} \boldsymbol{C}_{b(t)}^{b_{n(k-1)}} \boldsymbol{f}^b(t)\mathrm{d}t \tag{6-56}$$

$\Delta\boldsymbol{v}_{k-1,k}^{\mathrm{cor}}$ 为科氏加速度带来的补偿项，其具体表达式为

$$\Delta\boldsymbol{v}_{k-1,k}^{\mathrm{cor}} = 2\int_{t_{k-1}}^{t_k} (2\boldsymbol{\omega}_{ie}^n + \boldsymbol{\omega}_{en}^n) \times \boldsymbol{v}_{b(t)}^n \mathrm{d}t \tag{6-57}$$

对式(6-55)进行数值积分，可得

$$\begin{aligned}\boldsymbol{p}_{b_k}^n &= \boldsymbol{p}_{b_{k-1}}^n + \boldsymbol{v}_{b_{k-1}}^n \Delta t_{k-1,k} \\ &\quad + \iint_{t_{k-1}}^{t_k} \boldsymbol{C}_{b(t)}^n \boldsymbol{f}^b(t)\mathrm{d}^2t - \iint_{t_{k-1}}^{t_k} (2\boldsymbol{\omega}_{ie}^n + \boldsymbol{\omega}_{en}^n) \times \boldsymbol{v}_{b(t)}^n \mathrm{d}^2t + \iint_{t_{k-1}}^{t_k} \boldsymbol{g}^n(t)\mathrm{d}^2t \\ &= \boldsymbol{p}_{b_{k-1}}^n + \boldsymbol{v}_{b_{k-1}}^n \Delta t_{k-1,k} + \boldsymbol{C}_{b_{n(k-1)}}^n \Delta\boldsymbol{p}_{k-1,k}^{\mathrm{pre}} + \frac{1}{2}\boldsymbol{g}_{k-1}^n \Delta t_{k-1,k}^2 - \Delta\boldsymbol{p}_{k-1,k}^{\mathrm{cor}}\end{aligned} \tag{6-58}$$

式中，$\Delta \boldsymbol{p}_{k-1,k}^{\text{pre}}$ 表示位置预积分项，其为速度预积分项的再次积分，具体形式为

$$
\begin{aligned}
\Delta \boldsymbol{p}_{k-1,k}^{\text{pre}} &= \iint_{t_{k-1}}^{t_k} \boldsymbol{C}_{b(t)}^{b_{n(k-1)}} \boldsymbol{f}^b(t)\mathrm{d}^2 t \\
&= \int_{t_{k-1}}^{t_k} \Delta \boldsymbol{v}_{k-1,t}^{\text{pre}} \mathrm{d}t
\end{aligned}
\tag{6-59}
$$

设在 τ_i 时刻的速度预积分项为 $\Delta \boldsymbol{v}_{k,i}^{\text{pre}}$，则 τ_{i+1} 时刻的速度预积分项为

$$
\begin{aligned}
\Delta \boldsymbol{v}_{k-1,i+1}^{\text{pre}} &= \Delta \boldsymbol{v}_{k-1,i}^{\text{pre}} + \int_{\tau_i}^{\tau_{i+1}} \boldsymbol{C}_{b(t)}^{b_{n(k-1)}} \boldsymbol{f}^b(t)\mathrm{d}t \\
&= \Delta \boldsymbol{v}_{k-1,i}^{\text{pre}} + \int_{\tau_i}^{\tau_{i+1}} \boldsymbol{C}_{n}^{b_{n(k-1)}} \boldsymbol{C}_{b(t)}^{n} \boldsymbol{f}^b(t)\mathrm{d}t
\end{aligned}
\tag{6-60}
$$

位置预积分项为速度预积分项的再次积分。设 τ_i 时刻的位置预积分项为

$$
\begin{aligned}
\Delta \boldsymbol{p}_{k,i+1}^{\text{pre}} &= \Delta \boldsymbol{p}_{k,i}^{\text{pre}} + \int_{\tau_i}^{\tau_{i+1}} \Delta \boldsymbol{v}_{k,i}^{\text{pre}} \mathrm{d}t \\
&= \Delta \boldsymbol{p}_{k,i}^{\text{pre}} + \Delta \boldsymbol{p}_{i,i+1}^{b_{n(k-1)}}
\end{aligned}
\tag{6-61}
$$

设在 τ_i 时刻的姿态预积分项为 $\boldsymbol{C}_{k,i}^{\text{pre}} = \boldsymbol{C}_{b_{n(i)}}^{b_{n(k)}}$，则 τ_{i+1} 时刻的姿态预积分项为

$$
\boldsymbol{C}_{k,i+1}^{\text{pre}} = \boldsymbol{C}_{k,i}^{\text{pre}} \boldsymbol{C}_{b_i}^{b_{n(i-1)}} \tag{6-62}
$$

预积分可以用于在相邻关键帧之间建立约束，其表示前一时刻到后一时刻的预测值，因此后一时刻的解算值可以和前一时刻的预积分值构成残差，以约束后一时刻的状态。假设 $\boldsymbol{x}_k$ 与 $\boldsymbol{x}_{k+1}$ 分别为 t_k 时刻与 t_{k+1} 时刻的状态，可根据式(6-58)得出位置的残差函数，具体形式为

$$
\boldsymbol{f}_k^{\text{IMU\_}p} = (\boldsymbol{C}_{b_{k-1}}^n)^{\text{T}} \left(\boldsymbol{p}_{b_k}^n - \boldsymbol{p}_{b_{k-1}}^b - \boldsymbol{v}_{b_{k-1}}^n \Delta t_{k-1,k} - \frac{1}{2} \boldsymbol{g}_{k-1} \Delta t_{k-1,k}^2 + \Delta \boldsymbol{p}_{k-1,k}^{\text{cor}} \right) \tag{6-63}
$$

同理可得速度的残差函数为

$$
\boldsymbol{f}_k^{\text{IMU\_}v} = (\boldsymbol{C}_{b_{k-1}}^n)^{\text{T}} (\boldsymbol{v}_{b_k}^n - \boldsymbol{v}_{b_{k-1}}^n - \boldsymbol{g}_{k-1} \Delta t_{k-1,k} + \Delta \boldsymbol{v}_{k-1,k}^{\text{cor}}) \tag{6-64}
$$

姿态的残差函数用四元数表示为

$$
\boldsymbol{f}_k^{\text{IMU\_}\theta} = 2\left[(\boldsymbol{q}_{b_k}^n)^{-1} \boldsymbol{q}_{n_{k-1}}^n (t_k) \boldsymbol{q}_{b_{k-1}}^n \right] \tag{6-65}
$$

以姿态、速度、位置的残差函数构建的惯性因子在因子图算法中的位置如图 6-38 所示。

2. GNSS 因子

GNSS 测量方程为

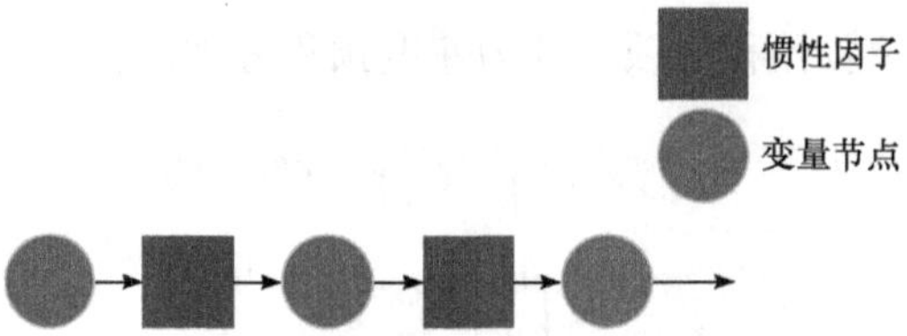

图 6-38　惯性因子位置示意图

$$\boldsymbol{z}_k^{\mathrm{GNSS}} = \boldsymbol{h}^{\mathrm{GNSS}}(\boldsymbol{x}_k) + \boldsymbol{n}^{\mathrm{GNSS}} \tag{6-66}$$

式中，$\boldsymbol{h}^{\mathrm{GNSS}}(\boldsymbol{x}_k)$ 为卫星信息的测量函数；$\boldsymbol{n}^{\mathrm{GNSS}}$ 为测量噪声。由式(6-66)定义 GNSS 的因子节点表达式为

$$\boldsymbol{f}_k^{\mathrm{GNSS}}(\boldsymbol{x}_k) = \boldsymbol{z}_k^{\mathrm{GNSS}} - \boldsymbol{h}^{\mathrm{GNSS}}(\boldsymbol{x}_k) \tag{6-67}$$

由式(6-67)可知，因子节点 $\boldsymbol{f}_k^{\mathrm{GNSS}}(\boldsymbol{x}_k)$ 仅与当前状态 $\boldsymbol{x}_k$ 相关，因此 GNSS 因子在因子图算法中的位置如图 6-39 所示。

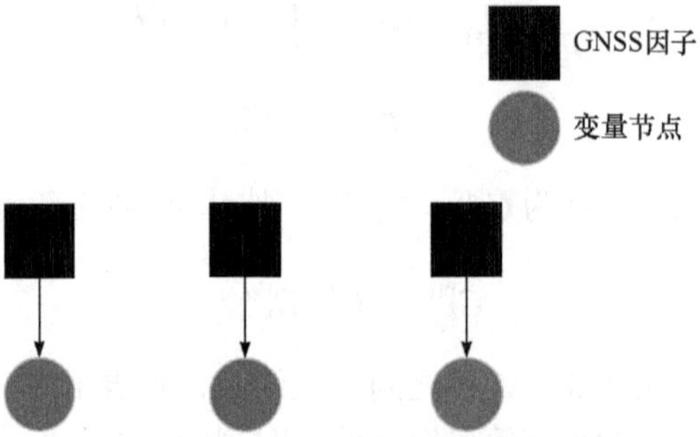

图 6-39　GNSS 因子位置示意图

如图 6-39 所示，每个 GNSS 因子所处时刻为关键帧，GNSS 因子对关键帧时刻的状态变量构成约束。

6.4.2　因子图模型

结合 6.4.1 小节设计的变量节点与因子节点，建立 GNSS 因子与冗余捷联惯组的惯性因子构成的因子图模型，其构造如图 6-40 所示。

如图 6-40 所示，关键帧处的变量节点同时受到惯性因子与 GNSS 因子的约束，且 GNSS 测量噪声与惯性传感器测量噪声不相关，因此待优化变量的代价函数可写为如下形式：

$$\begin{aligned}\overline{\boldsymbol{X}} &= \arg\min_{X}(-\lg(f(\boldsymbol{X}))) \\ &= \arg\min_{X}\frac{1}{2}\sum_i \left\| h_i(\boldsymbol{X}_i) - \tilde{z}_i \right\|_{\Sigma_i}^2 \\ &= \arg\min_{X}\frac{1}{2}\sum_i \left\{ \left\| f_i^{\mathrm{IMU}\_p} \right\|_{\Sigma_i}^2 + \left\| f_i^{\mathrm{IMU}\_v} \right\|_{\Sigma_i}^2 + \left\| f_i^{\mathrm{IMU}\_\theta} \right\|_{\Sigma_i}^2 + \left\| f_i^{\mathrm{GNSS}} \right\|_{\Sigma_i}^2 \right\}\end{aligned} \tag{6-68}$$

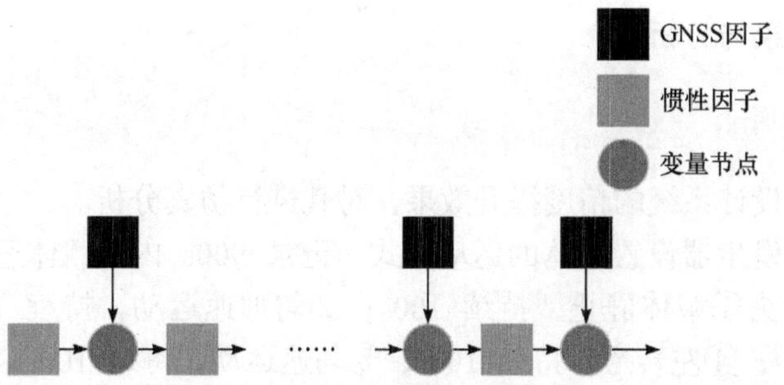

图 6-40　GNSS 因子与冗余捷联惯组的惯性因子构成的因子图模型

式中，$f(\boldsymbol{X})$ 为各个因子节点构成的残差函数的乘积，有

$$f(\boldsymbol{X})=\prod_i f_i(\boldsymbol{X}_i) \tag{6-69}$$

基于卡尔曼滤波方法的冗余捷联惯组数据融合流程，总体的精度提升模型如图 6-41 所示。

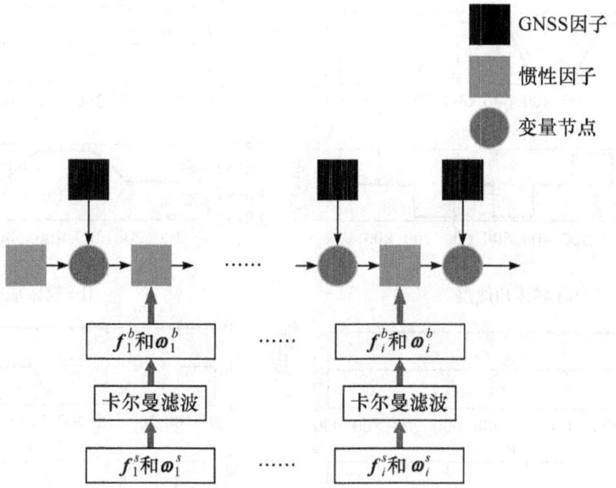

图 6-41　面向冗余捷联惯组的精度提升模型

系统的输入为冗余捷联惯组在传感器坐标系下的测量值 $\boldsymbol{f}^s$ 与 $\boldsymbol{\omega}^s$，经过卡尔曼滤波系统，传感器坐标系下的测量值被融合至载体坐标系的三轴。为弥补惯性系统的误差随时间累积的缺陷，设计基于因子图的数据融合方法。融合后的三轴数据用于计算关键帧之间的惯性数据预积分，其与外部 GNSS 导航数据同时对系统状态变量进行约束。建立基于残差的代价函数并对全局状态进行优化，以提升导航精度。

6.4.3 仿真结果与分析

1. 仿真条件

为验证所设计系统的精度提升效果，对其进行仿真分析。

通过轨迹发生器设置载体的运动方式，记录 900s 内的载体运动，其间运动方式依次设置为①载体静止，持续 100s；②匀加速运动，持续 10s；③匀速运动，持续 100s；④左转弯，持续 100s；⑤匀速运动，持续 100s；⑥右转弯，持续 100s；⑦匀速运动，持续 100s；⑧右转弯，持续 100s；⑨匀速运动，持续 100s；⑩匀减速运动，持续 10s；⑪匀速运动，持续 80s。载体运动过程的角速度、加速度、姿态、速度和位置轨迹如图 6-42 所示。

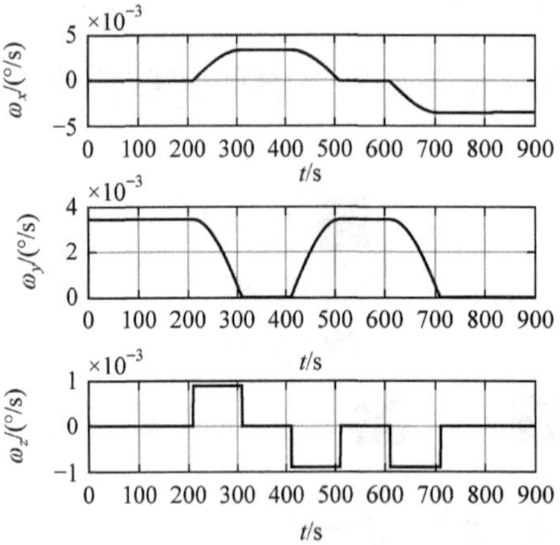

(a) 载体角速度

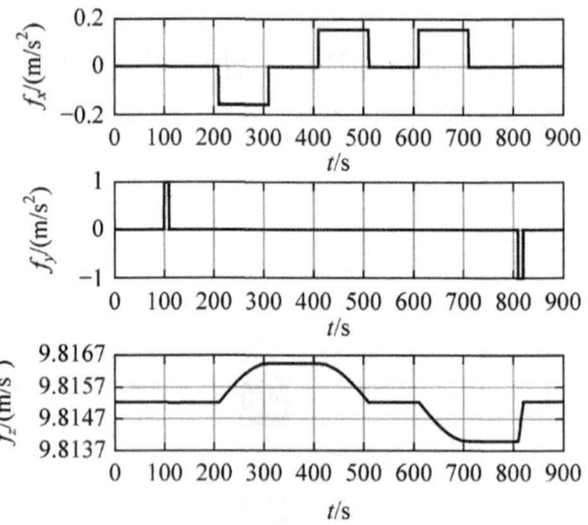

(b) 载体加速度

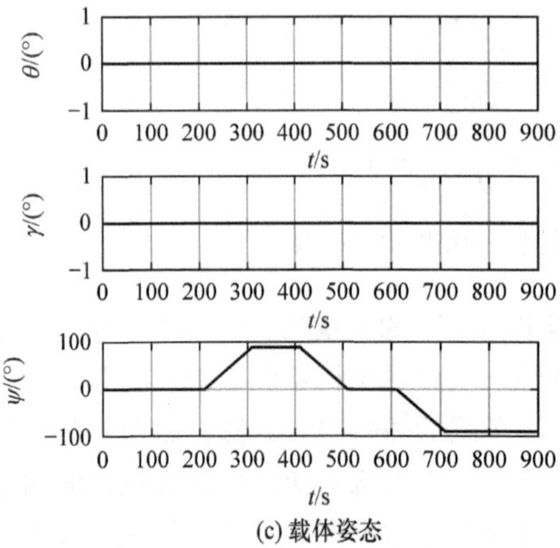

(c) 载体姿态

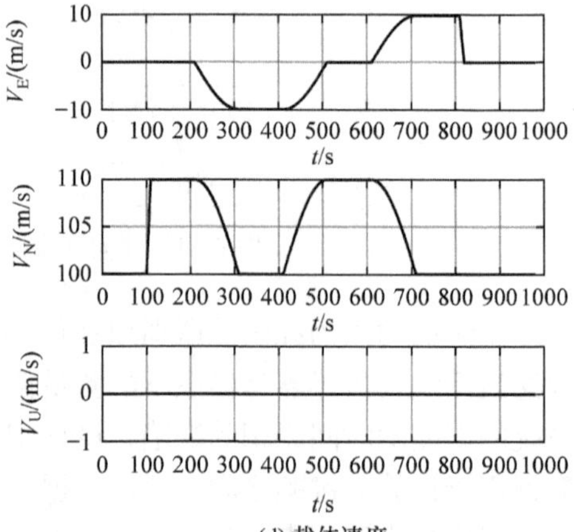

(d) 载体速度

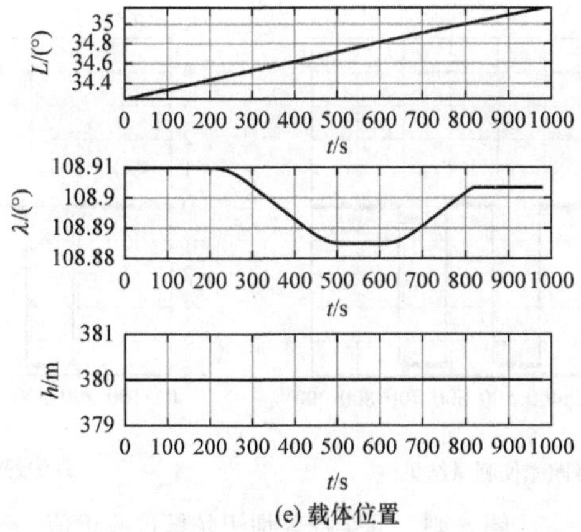

(e) 载体位置

图 6-42　载体运动过程的角速度、加速度、姿态、速度和位置轨迹

设置冗余捷联惯组的配置方式为正十二面体，编号设置同 3.5.2 小节。正十二面体的安装矩阵见式(3-41)，其中 $\gamma = 31.72°$ 。

陀螺仪白噪声设置为 $0.01°/\sqrt{\text{h}}$ ，加速度计白噪声设置为 $10\mu\text{g}/\sqrt{\text{h}}$ ，惯性传感器数据采集频率为 100Hz，GNSS 数据采集频率为 10Hz。不同编号的陀螺仪与加速度计的测量值如图 6-43 与图 6-44 所示。

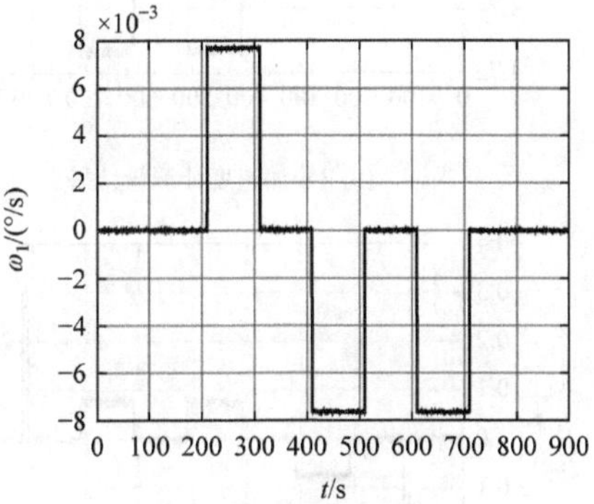

(a) 1号陀螺仪测量结果

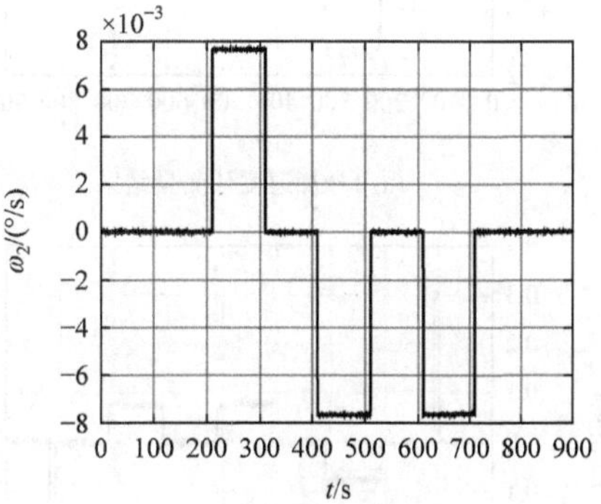

(b) 2号陀螺仪测量结果

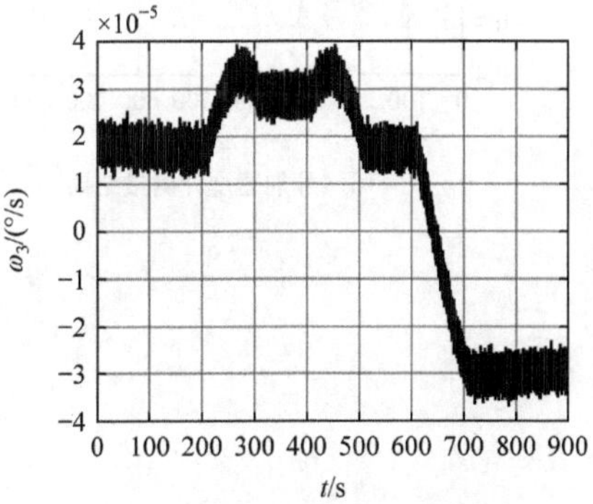

(c) 3号陀螺仪测量结果

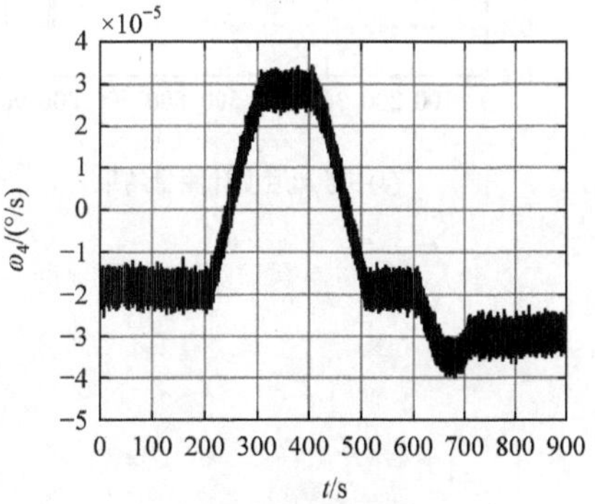

(d) 4号陀螺仪测量结果

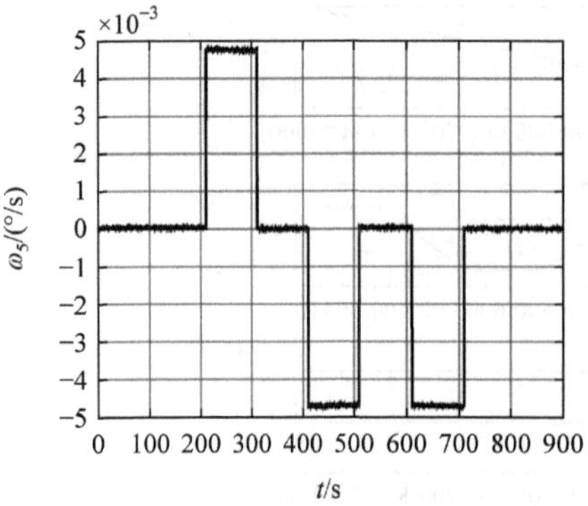

(e) 5号陀螺仪测量结果

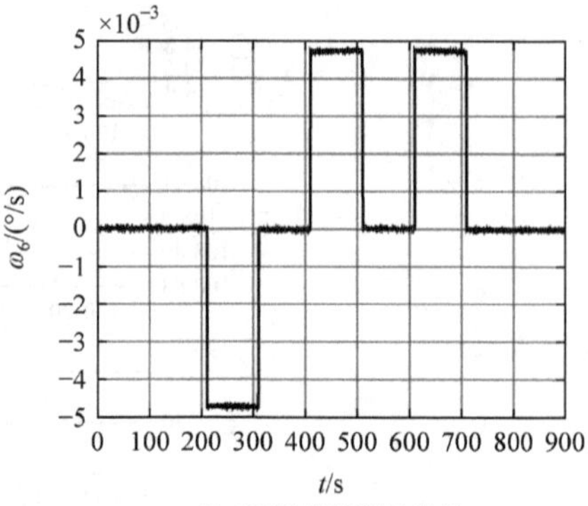

(f) 6号陀螺仪测量结果

图 6-43　冗余捷联惯组陀螺仪测量值

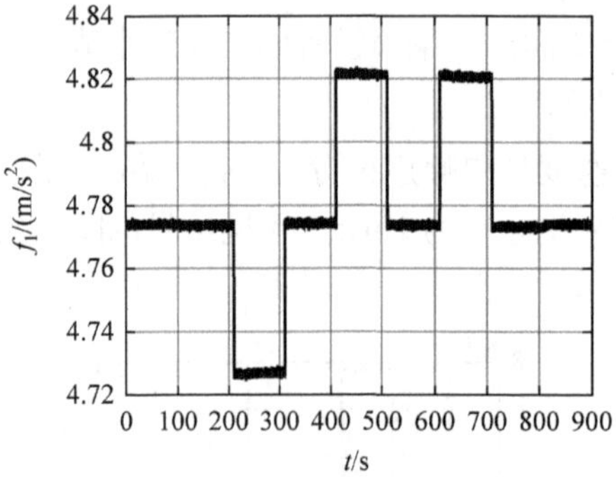

(a) 1号加速度计测量结果

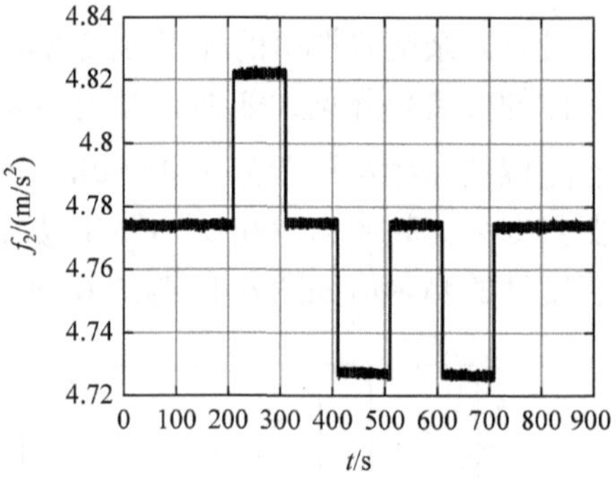

(b) 2号加速度计测量结果

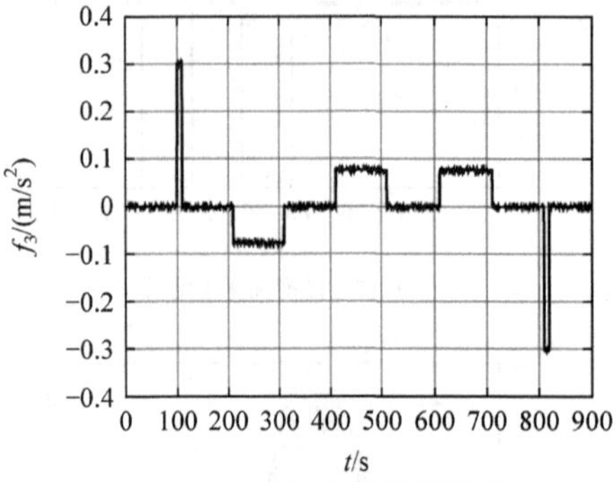

(c) 3号加速度计测量结果

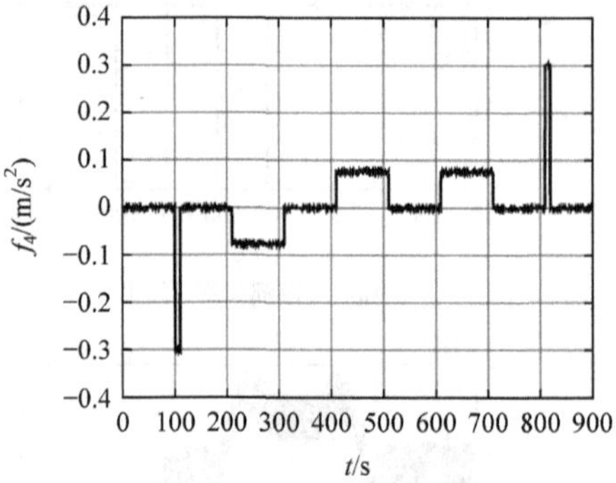

(d) 4号加速度计测量结果

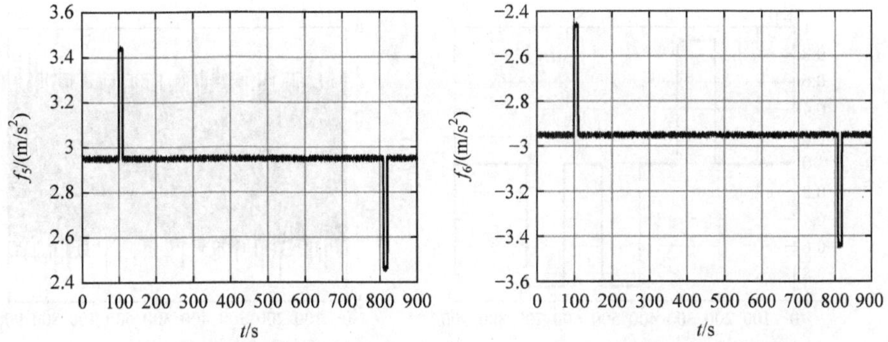

(e) 5号加速度计测量结果　(f) 6号加速度计测量结果

图 6-44　冗余捷联惯组加速度计测量值

2. 仿真分析

针对 6.3 节提出的基于滤波方法的精度提升技术进行仿真，将冗余捷联惯组的导航数据融合至载体坐标系，其角速度与加速度融合结果及其误差如图 6-45 与图 6-46 所示。

由图 6-45 与图 6-46 的仿真结果可知，融合后的角速度误差维持在 10^{-4}°/s 量

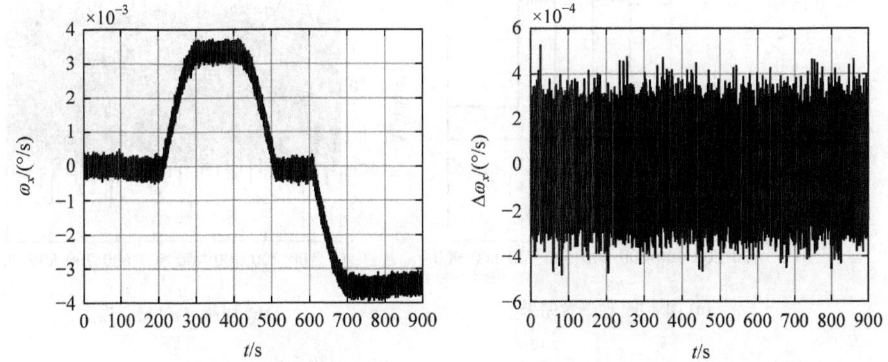

(a) 角速度x轴融合结果　(b) 角速度x轴融合误差

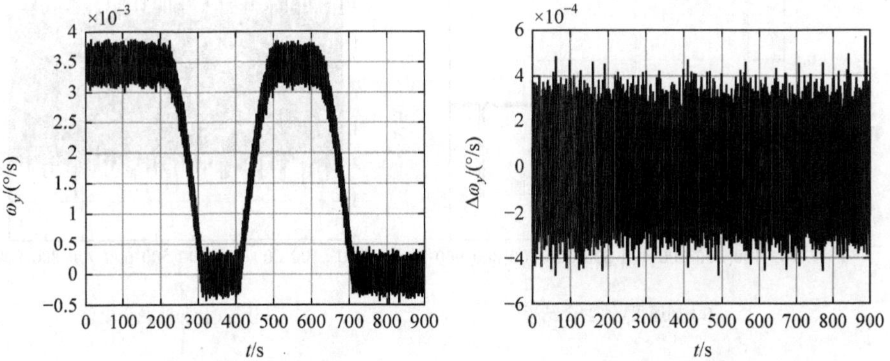

(c) 角速度y轴融合结果　(d) 角速度y轴融合误差

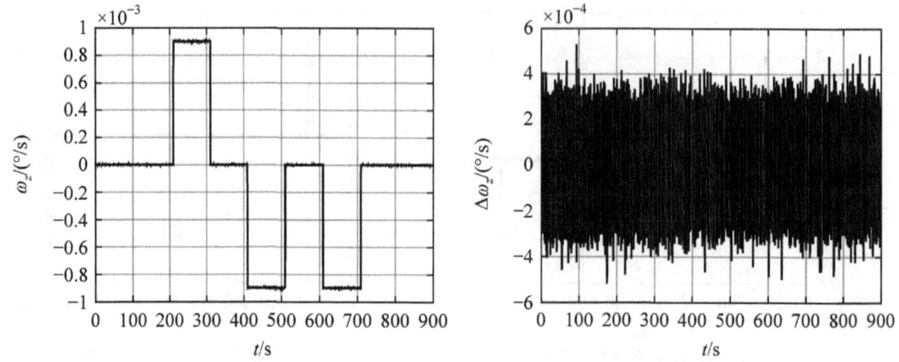

(e) 角速度z轴融合结果　　(f) 角速度z轴融合误差

图 6-45　角速度融合结果及其误差

级，加速度误差维持在 10^{-3}°/s 量级，相较于单传感器的噪声幅值，具有大幅度降低。由此得出结论：滤波算法有效降低了单传感器的噪声幅值，原因为最优滤波算法能够将各信号中最小的随机噪声进行组合，以此得到各信号的最优值。

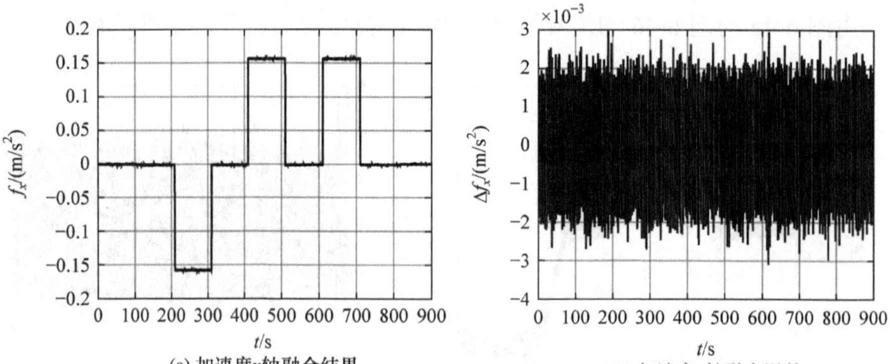

(a) 加速度x轴融合结果　　(b) 加速度x轴融合误差

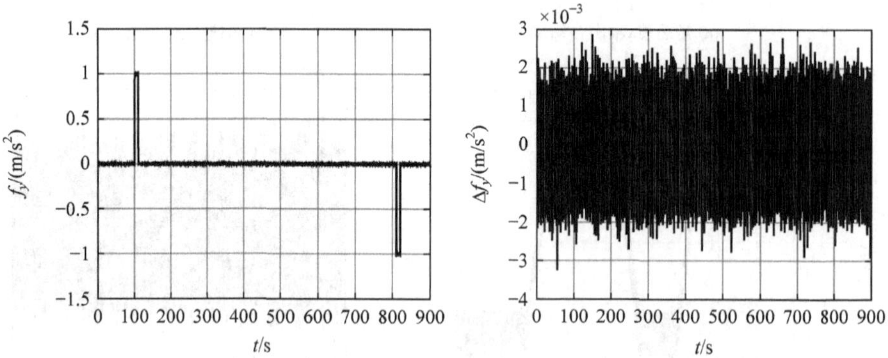

(c) 加速度y轴融合结果　　(d) 加速度y轴融合误差

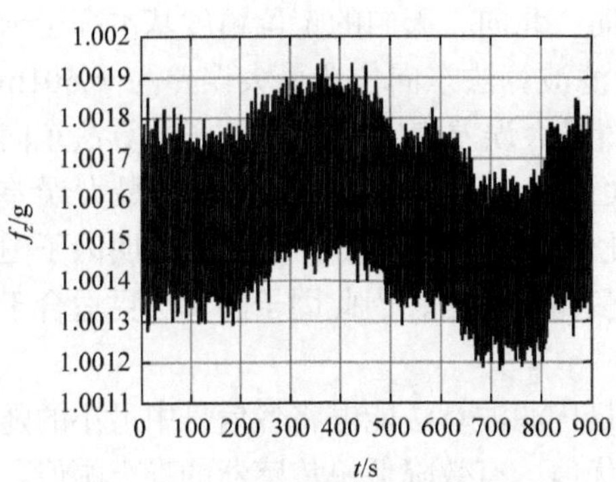

(e) 加速度z轴融合结果

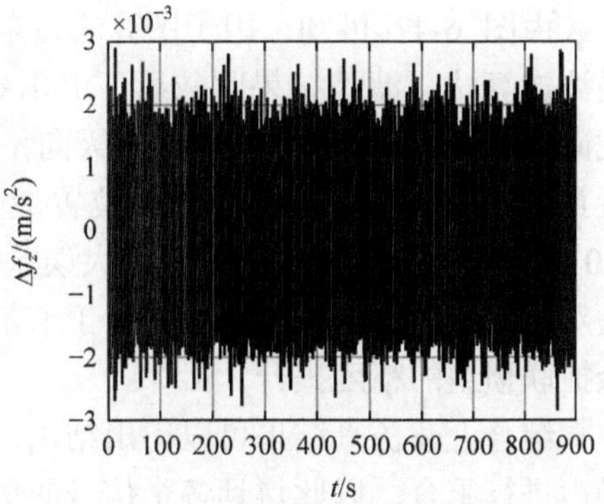

(f) 加速度z轴融合误差

图 6-46　加速度融合结果及其误差

滤波算法仅能够抑制随机游走误差的幅值，无法克服长时间运行带来的定位精度降低的问题。因此，利用滤波算法融合后的数据构建因子图系统，同时与当前组合导航中常用的卡尔曼滤波算法仿真进行对比，因子图算法与卡尔曼滤波算法位置误差对比如图 6-47 所示。

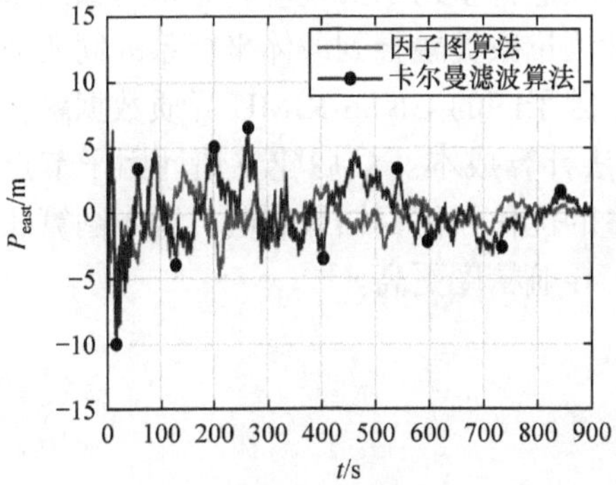

(a) 东向位置误差对比

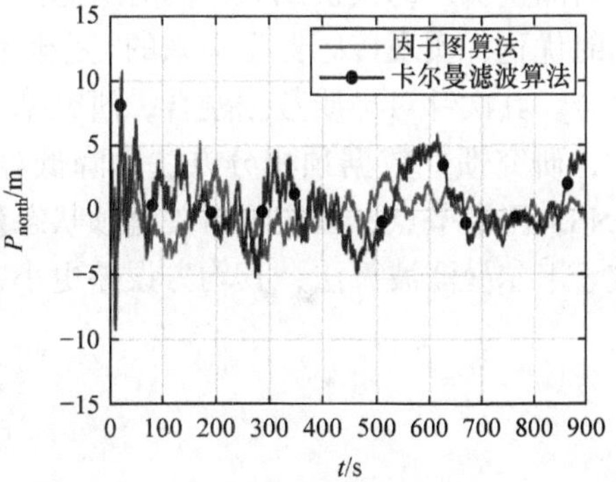

(b) 北向位置误差对比

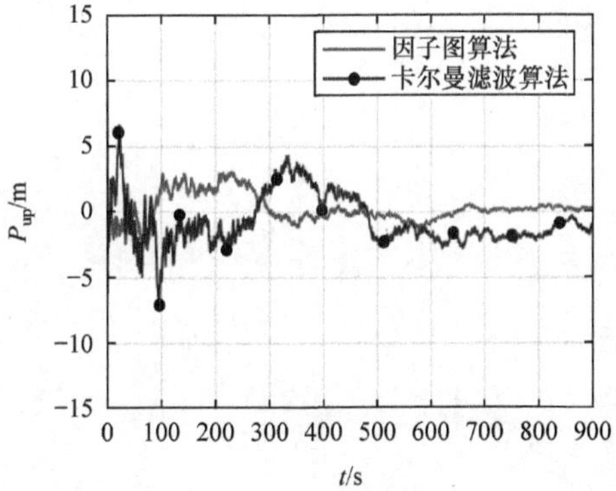

(c) 天向位置误差对比

图 6-47　因子图算法与卡尔曼滤波算法位置误差对比

由图 6-47 可知，因子图算法在东向、北向、天向的定位精度基本高于卡尔曼滤波算法。滤波结果收敛后，卡尔曼滤波算法东向位置最大误差为 6.501m，北向位置最大误差为 5.8144m，天向位置最大误差为 4.316m；因子图算法东向位置最大误差为 3.1646m，北向位置最大误差为 5.2652m，天向位置最大误差为 3.0768m。因子图算法的位置最大误差比卡尔曼滤波算法小 51%，说明因子图算法对随机游走噪声的抑制能力高于卡尔曼滤波算法，因此因子图算法更适合于冗余捷联惯组的精度提升。

综合上述仿真结果可以得出结论，最优滤波算法能够将各信号中最小的随机噪声进行组合，以此得到各个信号的最优值，有效降低单传感器的噪声幅值。因子图算法由于进行了全局状态优化，其精度明显高于卡尔曼滤波算法。

6.5　本章小结

本章首先研究基于滤波方法的冗余惯性测量数据融合方法，建立包括系统噪声与测量噪声的代价函数，同时对滤波系统进行重构以实现对状态量与输入量的同时优化，实现传感器坐标系的冗余惯性测量数据融合到载体坐标系的同质数据融合。其次针对异质数据融合，研究基于因子图的 GNSS/RIMU 异质数据融合方法，研究惯性数据预积分方法以降低算法计算成本。最后建立惯性因子节点与 GNSS 因子节点，以实现对关键帧状态量的优化，仿真结果表明，因子图算法相较于卡尔曼滤波算法，其均方误差更小，导航精度更高。

参 考 文 献

[1] 严恭敏. 捷联惯导系统与组合导航原理[M]. 西安: 西北工业大学出版社, 2019.

[2] ZHAO S, ZHANG H, WANG P, et al. Super odometry: IMU-centric LiDAR-Visual-Inertial estimator for challenging environments[C]. 2021 IEEE/RSJ International Conference on Intelligent Robots and Systems, Prague, 2021: 8729-8736.

[3] NING X, YUAN W, LIU Y. A tightly coupled rotational SINS/CNS integrated navigation method for aircraft[J]. Journal of Systems Engineering and Electronics, 2019, 30(4): 770-782.

[4] 赵琳, 程建华, 赵玉新. 船舶导航定位系统[M]. 哈尔滨: 哈尔滨工程大学出版社, 2011.

[5] WANG X, WU J, XU T. Analysis and verification of rotation modulation effects on inertial navigation system based on MEMS sensors[J]. Journal of Navigation, 2013, 66(5):751-772.

[6] PENG C, HUANG J, LEE H. Design of an embedded icosahedron mechatronics for robust iterative IMU calibration[J]. IEEE/ASME Transactions on Mechatronics, 2022, 27(3): 1467-1477.

[7] JAFARI M, ROSHANIAN J. Inertial navigation accuracy increasing using redundant sensors[J]. Journal of Science and Engineering, 2013, 1(1): 55-66.

[8] YANG C, SHIM D. Best sensor configuration and accommodation rule based on navigation performance for INS with seven inertial sensors[J]. Sensors, 2009, 9(11): 8456-8472.

[9] SABLYNSKI R, PORDON R. A report on the flight of Delta Ⅱ's redundant inertial flight control assembly (RIFCA)[C]. IEEE Position Location & Navigation Symposium, Palm Springs, 1998:8-9.

[10] ZHU T, REN Y, WANG L, et al. Accuracy improvement of a redundant inertial measurement unit brought about by the dual-axis rotational motion[C]. 2021 International Conference on Computer, Control and Robotics, Shanghai, 2021: 138-145.

[11] 富立，王新玲，岳亚洲. 基于可靠性分析的最优冗余配置数量确定方法[J]. 北京航空航天大学学报, 2010,36(9): 1030-1033.

[12] GHEORGHE M. Calibration techniques for skew redundant inertial measurement units[C]. 2nd International Conference on SEIA, Barcelona, 2016:72-78.

[13] SONG Z, ZHU Z. Fault diagnosis based on imbalance modified kernel fisher discriminant analysis[J]. Chemical Engineering Research and Design, 2010, 88(8): 936-951.

[14] RUIKIEWICZ R, STUELKE R, ELL T. Inertial measurement unit and method of constructing the same using two orthogonal surfaces: US20080208106[P]. 2010-03-11.

[15] MARTIN H, GROVES P, NEWMAN M, et al. A new approach to better low-cost MEMS IMU performance using sensor arrays[C]. 26th International Technical Meeting of the Satellite Division of the Institute of Navigation, Nashville, 2013: 2125-2142.

[16] SKOG I, NILSSON J, HANDEL P. An open-source multi inertial measurement unit (MIMU) platform[C]. International Symposium on Inertial Sensors and System, Laguna Beach, 2014: 1-4.

[17] DUK-SUN S, CHEOL-KWAN Y. Optimal configuration of redundant inertial sensors for navigation and FDI performance[J]. Sensors, 2010, 10(7): 6497-6512.

[18] 李雪莲, 孙尧, 莫宏伟, 等. 一种基于 MIMU 的九陀螺冗余配置[J]. 哈尔滨工业大学学报, 2009, 41(5): 90-94.
[19] 梁海波. 基于陀螺冗余的微惯性系统关键技术研究[D]. 哈尔滨: 哈尔滨工程大学, 2011.
[20] 李荣冰, 刘建业, 孙永荣. MEMS-IMU 构型设计及惯性器件安装误差标定方法[J]. 中国惯性技术学报, 2007, 15(5): 526-529.
[21] 吴风喜, 刘海颖, 华冰. 斜装冗余传感器的分布式导航系统研究[J]. 宇航学报, 2015, 36(2): 173-178.
[22] JIN H, ZHANG H. Fault-tolerant redundant sensor system and its reliability calculation[J]. Aerospace Control, 1998, 2: 3-5.
[23] CHENG J, DONG J, CHEN D. Symmetrical and sideling redundancy configuration scheme of SINS using four gyroscopes[J]. Transducer and Microsystem Technologies, 2015, 34(2): 16-19.
[24] CHENG J, DONG J, RENE L, et al. A novel optimal configuration form redundant MEMS inertial sensors based on the orthogonal rotation method[J]. Sensors, 2014, 14(8): 13661-13678.
[25] HARRISON J V, GAI E G. Evaluating sensor orientations for navigation performance and failure detection[J]. IEEE Transaction on Aerospace and Electronic Systems, 1977, 13(6): 631-643.
[26] 戴晓强. 冗余惯性导航系统的关键技术研究[D]. 哈尔滨: 哈尔滨工程大学, 2016.
[27] CHENG J, SUN X, MOU H. A modified GLT double faults isolation approach based on MLE and RPV for six-gyro redundant SINS[J]. IEEE Access, 2019, 7: 5312-5332.
[28] CHENG J, SUN X, LIU P, et al. An improved residual chi-square test fault isolation approach in four-gyro SINS[J]. IEEE Access, 2019, 7: 174400-174411.
[29] SHIM D S, YANG C K. Optimal configuration of redundant inertial sensor for navigation and FDI performance[J]. Sensors, 2010, 10(7): 6497-6512.
[30] XUE L, YANG B, WANG X, et al. Design of optimal estimation algorithm for multi-sensor fusion of a redundant MEMS gyro system[J]. IEEE Sensors Journal, 2020, 15(21): 7481-7488.
[31] XUE L, WANG X, YANG B, et al. Analysis of correlation in MEMS gyroscope array and its influence on accuracy improvement for the combined angular rate signal[J]. Micromachines, 2018, 9(1): 22-39.
[32] 刘鲁源, 陈玉柱, 陈刚, 等. 基于小波变换的陀螺漂移建模与实验研究[J]. 中国惯性技术学报, 2004, 12(1): 61-65.
[33] 戴邵武, 陈强强, 聂子健, 等. 捷联惯导系统在线标定综述[J]. 导航定位与授时, 2018, 5(1): 12-16.
[34] YE L, GUO Y, DO L, et al. A fast-converge, real-time auto-calibration algorithm for triaxial accelerometer[J]. Measurement Science and Technology, 2019, 30: 1-12.
[35] LIU Y, LI C, WU J. A practical and lowcost calibration method for MIMU[C]. 2017 3rd IEEE International Conference on Control Science and Systems Engineering, Beijing, 2017:359-363.
[36] 邓志红, 刘亚辰, 王清哲, 等. 转台角位置基准误差对激光捷联惯导标定的影响分析[J]. 中国惯性技术学报, 2009, 17(4): 498-504.
[37] 严恭敏, 秦永元. 激光捷联惯组的双轴位置转台标定仿真[J]. 中国惯性技术学报, 2007, 15(1): 123-127.
[38] LU J, HU M, YANG Y, et al. On-orbit calibration method for redundant IMU based on satellite navigation & star sensor information fusion[J]. IEEE Sensors Journal, 2020, 20(9): 4530-4543.
[39] NIE P, YAO J, YI D. A method of error separation for fiber optical gyroscope based on star sensor measurement[C]. 2010 International Conference on Optoelectronics and Image Processing, Haikou, 2010: 32-35.
[40] LU J, LIANG S, YANG L. Analytic coarse alignment and calibration for inertial navigation system on swaying base assisted by star sensor[J]. IET Science, Measurement & Technology, 2018, 12(5): 673-677.
[41] YUAN R, SONG N, ZHANG G, et al. Autonomous detection of angle random walk and quantization noise of fiber

optic gyro in attitude determination system of satellite[J]. IEEE Sensors Journal, 2013, 13(1): 211-216.

[42] YUAN R, SONG N, JIN J. Autonomous estimation of angle random walk of fiber optic gyro in attitude determination system of satellite[J]. Measurement, 2012, 45(6): 1362-1366.

[43] CHO Y, PARK W, PARK C. Novel methods of mitigating lever arm effect in redundant IMU[J]. IEEE Sensors Journal, 2021, 21(7): 9465-9474.

[44] GHEORGHE M. Advanced calibration method for 3-axis MEMS accelerometers[C]. 2016 International Semiconductor Conference, Sinaia, 2016: 81-84.

[45] 梁晴. 多表冗余激光惯组故障检测与隔离技术研究[D]. 大连: 大连理工大学, 2018.

[46] CHENG J, LIU P, WEI Z, et al. Self-calibration scheme of RIMU based on AEKF[C].Conference on Global Oceans Singapore U.S. Gulf Coast, Biloxi, 2020: 1-6.

[47] GAO C, WEI G, WANG L, et al. A Systematic calibration modeling method for redundant INS with multi-Sensors non-orthogonal configuration[J]. Micromachines, 2022, 13(10):1684-1701.

[48] CHO S, PARK C. A calibration technique for a redundant IMU containing low-grade inertial sensors[J]. ETRI Journal, 2005,27(4): 418-426.

[49] WANG S, MENG N. A new multi-position calibration method for gyroscope's drift coefficients on centrifuge[J]. Aerospace Science and Technology, 2017, 68: 104-108.

[50] DONG C, REN S, CHEN X. A separated calibration method for inertial measurement units mounted on three-axis turntables[J]. Sensors, 2018, 18(9): 2846-2860.

[51] WANG L, LI K, ZHANG J, et al. Soft fault diagnosis and recovery method based on model identification in rotation FOG inertial navigation system[J]. IEEE Sensors Journal, 2017, 17(17): 5705-5716.

[52] ZHANG Q, WANG L, LIU Z, et al. Innovative self-calibration method for accelerometer scale factor of the missile-borne RINS with fiber optic gyro[J]. Optics Express, 2016, 24(19): 21228-21243.

[53] GANG X, FENG Q, JING M, et al. A self-calibration method based on one-time electrification before launching for inertial navigation system[C]. 2016 IEEE Chinese Guidance, Navigation and Control Conference, Nanjing, 2016: 1138-1143.

[54] CHENG J, LIU P, KANG Y. A novel calibration algorithm for RIMU based on derivative UKF[C]. 2019 Chinese Control Conference, Guangzhou, 2019: 4032-4036.

[55] TIAN L, ZHANG C, LI H, et al. A novel storage-period self-calibration method of missile-borne SINS with redundant configuration[J]. IEEE Sensors Journal, 2022, 22(13): 13078-13087.

[56] GREWAL M S, HENDERSON V D. Application of Kalman filtering to the calibration and alignment of inertial navigation systems[J]. IEEE Transactions on Automatic Control, 1991, 36(1): 3-13.

[57] OLLI S, TUUKKA N, SAKU S, et al. A multi-position calibration method for consumer-grade accelerometers, gyroscopes, and magnetometers to field conditions[J]. IEEE Sensors Journal, 2017, 17(11): 3470-3481.

[58] PODDAR S, KUMAR A. Scale-free PSO for in-run and infield inertial sensor calibration[J]. Measurement, 2019, 147: 106849.

[59] WU Z, WANG W. Magnetometer and gyroscope calibration method with level rotation[J]. Sensors, 2018, 18(3):748-766.

[60] NEMEC D, JANOTA A, HRUBOS M, et al. Intelligent real-time MEMS sensor fusion and calibration[J]. IEEE Sensors Journal, 2016, 16(19): 7150-7160.

[61] LUKEN M, MISGELD B, RUSCHEN D, et al. Multi-sensor calibration of low-cost magnetic, angular rate and gravity systems[J]. Sensors, 2015, 15(10): 25919-25936.

[62] STEBLER Y, GUERRIER S, SKALOUD J, et al. Generalized method of wavelet moments for inertial navigation filter

design[J]. IEEE Transactions on Aerospace and Electronic Systems, 2014, 50(3): 2269-2283.
[63] 何富君, 刘小磊. 传感器的故障诊断技术研究[J]. 科学技术与工程, 2010, 10(6): 6481-6487.
[64] 赵占祥, 李兴国, 娄国伟, 等. 陀螺仪冗余系统的方案配置及故障检测与识别[J]. 制导与引信, 2004, 25(4): 30-34.
[65] 潘鸿飞, 任尚云, 袁立群. 捷联惯导系统故障诊断与处理技术研究[J]. 上海航天, 2002(6): 37-39.
[66] 黄徽. 余度 MEMS-IMU 的特性分析及系统关键技术研究[D]. 南京: 南京航空航天大学, 2009.
[67] 熊凯, 张洪钺. 基于局部方法的余度惯性组件故障诊断[J]. 北京航空航天大学学报, 2006, 32(7):783-787.
[68] BENVENISTE A, BASSEVILLE M, MOUSTAKIDES G. The asymptotic local approach to change detection and model validation[J]. IEEE Transactions on Automatic Control, 1987, 32(7): 583-592.
[69] 金宏, 张洪钺, 金忠. 对特定传感器故障敏感的最优奇偶向量检测与隔离方法[J]. 航空学报, 1997, 18(4): 481-483.
[70] JIN H, ZHANG H. Optimal parity vector sensitive to designated sensor fault[J]. IEEE Transactions on Aerospace and Electronic Systems, 1999, 35(4): 1122-1128.
[71] 贾鹏, 张洪钺. 基于奇异值分解的冗余惯导系统故障诊断[J]. 宇航学报, 2006, 27(5): 1076-1080.
[72] DUK S, CHEOL K. Geometric FDI based on SVD for redundant inertial sensor systems[C]. Proceedings of the 5th Asian Control Conference, Melbourne, 2004(2): 1094-1100.
[73] 霍庚, 杜军波. 奇异值分解故障检测法在捷联惯导中的研究[J]. 舰船电子工程, 2012, 32(1): 43-44.
[74] 贾鹏, 张洪钺. 基于冗余惯性组件故障诊断方法的比较研究[J]. 系统仿真学报, 2006(Z2):274-278.
[75] 马龙, 代超璠, 裴昕, 等. MEMS 陀螺仪冗余配置故障检测方法[J]. 系统工程与电子技术, 2017, 39(10): 2298-2304.
[76] 张汉国, 张洪钺. 改进的容错惯性导航系统[J]. 航空学报, 1990, 11(1): 46-52.
[77] 魏春岭, 张洪钺. 多传感器斜置系统故障检测的奇偶向量补偿方法[J]. 北京航空航天大学学报, 2001, 27(6): 698-701.
[78] 尤敏, 邱红专, 张洪钺.考虑传感器误差的故障检测[J]. 上海海运学院学报, 2001, 22(3): 56-59.
[79] 杨柏军, 潘鸿飞, 才晓锋. 惯性冗余系统奇偶向量法故障检测与识别技术研究[J]. 战术导弹技术, 2009(4): 68-72.
[80] STEVEN R, PAUL M, ELIEZER G, et al. In-flight parity vector compensation for FDI[J]. IEEE Transactions on Aerospace and Electronic Systems, 1983, 19(5): 558-675.
[81] 王社伟, 张洪钺. 冗余配置捷联惯导系统故障检测门限的确定[J]. 航空学报, 2000, 21(4): 303-307.
[82] YANG C, SHIM D. FDI using multiple parity vectors for redundant inertial sensors[J]. European Journal of Control, 2006, 12(4): 437-449.
[83] MAGILL D. Optimal adaptive estimation of sampled stochastic processes[J]. IEEE Transactions on Automatic Control, 1965, 10(4): 434-449.
[84] 孙湘钰. 冗余式捷联惯导系统故障检测与隔离关键技术研究[D]. 哈尔滨: 哈尔滨工程大学, 2020.
[85] 蒋丽英, 栗文龙, 崔建国, 等. 基于 PCA 与 DBN 的航空发动机气路系统故障诊断[J]. 沈阳航空航天大学学报, 2019, 36(1): 57-62.
[86] YANG T, HUANG S. Fault diagnosis based on improved deep belief network[C]. 2017 5th International Conference on Enterprise Systems, Beijing, 2017: 305-310.
[87] GU N, PAN H, HE P. Bearing fault diagnosis method based on EMD-CNNs[C]. 2017 3rd International Conference on Computer Science and Mechanical Automation, Chengdu, 2017:466-473.
[88] XIE Y, ZHANG T. Feature extraction based on DWT and CNN for rotating machinery fault diagnosis[C]. Chinese Control and Decision Conference, Chongqing, 2017: 3861-3866.
[89] ABDELLATIF S, AISSA C, HAMOU A, et al. A deep learning based on sparse auto-encoder with MCSA for broken rotor bar fault detection and diagnosis[C]. 2018 International Conference on Electrical Sciences and Technologies in Maghreb, Algiers, 2018, 2: 1-6.

[90] WANG Y, YANG H, YUAN X, et al. Deep learning for fault-relevant feature extraction and fault classification with stacked supervised auto-encoder[J]. Journal of Process Control, 2020, 92: 79-89.

[91] SKOG I, NILSSON J, HANDEL P, et al. Inertial sensor arrays, maximum likelihood, and cramer-rao bound[J]. IEEE Transactions on Signal Processing, 2016, 64(16): 4218-4227.

[92] SHEN Q, LIU J, ZHOU X, et al. A multi-model combined filter with dual uncertainties for data fusion of MEMS gyro array[J]. Sensors, 2019, 19(1): 85-102.

[93] SONG J, SHI Z, DU B, et al. The filtering technology of virtual gyroscope based on taylor model in low dynamic state[J]. IEEE Sensors Journal, 2019, 19(13): 5204-5212.

[94] BAYARD D, PLOEN S. High accuracy inertial sensors from inexpensive components: US20030383475[P]. 2005-04-19.

[95] TANENHAUS M, CARHOUN D, GEIS T, et al. Miniature IMU/INS with optimally fused low drift MEMS gyro and accelerometers for applications in GPS-denied environments[C]. 2012 IEEE/ION Position, Location and Navigation Symposium, Myrtle Beach, 2012: 259-264.

[96] TANENHAUS M, GEIS T, CARHOUN D, et al. Accurate real time inertial navigation device by application and processing of arrays of MEMS inertial sensors[C]. IEEE/ION Position, Location and Navigation Symposium, Indian Wells, 2010: 20-26.

[97] LUCIAN G, MIHAELA B. A redundant aircraft attitude system based on miniaturized gyro clusters data fusion[C]. IEEE EUROCON, Zagreb, 2013: 1992-1999.

[98] LUO Z, LIU C, YU S, et al. Design and analysis of a novel virtual gyroscope with multi-gyroscope and accelerometer array[J]. Review of Scientific Instruments, 2016, 87(8): 1-8.

[99] SONG J, SHI Z, DU B, et al. The data fusion method of redundant gyroscope system based on virtual gyroscope technology[J]. IEEE Sensors Journal, 2019, 19(22): 10736-10743.

[100] JAFARI M. Optimal redundant sensor configuration for accuracy increasing in space inertial navigation system[J]. Aerospace Science and Technology, 2015, 47: 467-472.

[101] SUN J, TAO L, NIU Z, et al. An improved adaptive unscented Kalman filter with application in the deeply integrated BDS/INS navigation system[J]. IEEE Access, 2020, 8:95321-95332.

[102] VOUCH O, MINETTO A, FALCO G, et al. On the adaptivity of unscented particle filter for GNSS/INS tightly-integrated navigation unit in urban environment[J]. IEEE Access, 2021, 9: 144157-144170.

[103] ZHANG H, LIU E, ZHANG B, et al. RUL prediction and uncertainty management for multisensor system using an integrated data-level fusion and UPF approach[J]. IEEE Transactions on Industrial Informatics, 2021, 17(7): 4692-4701.

[104] WANG G, XU X, ZHANG T. M-M estimation based robust cubature Kalman filter for INS/GPS integrated navigation system[J]. IEEE Transactions on Instrumentation and Measurement, 2021, 70: 1-11.

[105] INDELMAN V, WILLIAMS S, KAESS M, et al. Factor graph based incremental smoothing in inertial navigation systems[C]. 2012 15th International Conference on Information Fusion, Singapore, 2012: 2154-2161.

[106] FORSTER C, CARLONE L, DELLAERT F, et al. On-manifold preintegration for real-time visual-inertial odometry[J]. IEEE Transactions on Robotics, 2017, 33(1): 1-21.

[107] ZENG Q, CHEN W, LIU J, et al. An improved multi-sensor fusion navigation algorithm based on the factor graph[J]. Sensors, 2017, 17(3): 641-656.

[108] CHIU H, WILLIAMS S, DELLAERT F, et al. Robust vision-aided navigation using sliding-window factor graphs[C]. IEEE International Conference on Robotics and Automation, Karlsruhe, 2013: 46-53.

[109] ZHANG H, XIA X, NITSCH M, et al. Continuous-time factor graph optimization for trajectory smoothness of GNSS/INS navigation in temporarily GNSS-denied environments[J]. IEEE Robotics and Automation Letters, 2022,

7(4): 9115-9122.

[110] 王诗强. 面向空间目标接近操作的视觉惯导深组合导航方法研究[D]. 哈尔滨: 哈尔滨工业大学, 2019.

[111] 张添钧. 冗余惯组安装误差标定与数据融合方法研究[D]. 西安: 西北工业大学, 2023.

[112] ZHANG T, ZHANG T, HU R, et al. Online calibration of RIMU based on multistage EKF [J]. IEEE Sensors Journal, 2023, 23(14): 15741-15752.

[113] 夏宇强, 张林, 陈善秋. 一种常规机动下机载 SINS/GPS 组合导航系统的可观测性分析[J]. 导航与控制, 2020, 19(2): 43-51.

[114] 邢丽. GNSS 拒止条件下捷联惯性导航系统性能增强关键技术研究[D]. 南京: 南京航空航天大学, 2018.

[115] SHEN K, WANG M, FU M, et al. Observability analysis and adaptive information fusion for integrated navigation of unmanned ground vehicles[J]. IEEE Transactions on Industrial Electronics, 2020, 67(9): 7659-7668.

[116] 武唯强, 任子君, 张通, 等. 改进的四陀螺冗余捷联惯组故障诊断与隔离方法[J].指挥控制与仿真, 2015, 37(1): 128-131.

[117] 张通, 符文星, 任子君, 等. 冗余惯组故障检测与隔离的广义似然比解耦矩阵构造新方法[J].固体火箭技术, 2017, 40(4):532-536.

[118] 任子君, 符文星, 张通, 等.冗余捷联惯组故障诊断的奇异值分解新方法[J]. 仪器仪表学报, 2016, 37(2): 412-419.

[119] ZHANG T, WANG F, FU W. Fault detection and isolation for redundant inertial measurement unit under quantization[J]. Applied Sciences, 2018, 8(6):865.

[120] FU W, ZHANG T, REN Z. A new decoupling matrix construction method for fault detection and isolation of a redundant strapdown inertial measurement unit[J]. Transactions of the Japan Society for Aeronautical and Space Sciences, 2017, 60(1): 60-63.

[121] WANG F, ZHANG T, FU W. An improved principal component analysis algorithm on FDI of redundant inertial measurement unit[C]. 2018 37th Chinese Control Conference, Wuhan, 2018: 6082-6086.